IT에 의한 뉴 비즈니스 세상

기초편

정한민 지음

이담
Books

학교를 떠나 정보 기술(IT)과 씨름한 지 벌써 20년이 다 되어 갑니다. 그동안 뼈저리게 느낀 점은 영원히 IT 전문가인 사람은 없으며, 심지어 오랫동안 IT 전문가로 인정받는 것조차 너무나 힘든 일이라는 것입니다. 가끔씩 '만일 내가 딱 1년만 IT와 떨어져서 외딴섬에서 혼자 살다 돌아온다면 과연 어떤 일이 벌어질까?'와 같은 재미없는 상상을 하곤 합니다. IT 전문가라고 자부할 수 있는 저조차도 다시 돌아오는 순간에 Culture Shock에 버금가는 충격을 빋을 것임에 틀림없습니다.

요즘은 누구나 다 알고 있거나 들어본 월드와이드웹(World Wide Web)이 이전 세대가 아닌 현재 세대의 산물이라는 것을 아시는지요? 과거에는 혁신적 발명이 그 지위를 상당기간 이어갔지만, 지금은 불과 10~20년 전만 해도 널리 알려지고 사용되어 왔던 고퍼, 텔넷이나 PC통신과 같은 용어들이 역사의 뒤안길로 이미 사라졌을 정도로 IT 진화 속도가 상당히 빨라졌습니다. 이는 비단 기술에만 국한되는 현상은 아닙니다. 2~3년 전 휴대전화 시장에서 군림하던 모토로라, 소니에릭슨이 순식간에 패배자로 밀려났으며, 절대적 지위를 유지하던 노키아도 곧 1위 자리를 내줄 것이라는 예상이 나오고 있습니다.

그럼 IT 발전 속도만 빨라지고 있는 것일까요? 우리의 일상적인 삶도 그 영향을 크게 받고 있다고 할 수 있습니다. 얼마 전만 하더라도 걸어 다니면서, 기차나 버스를 타고 가면서 자유롭게 인터넷에 접속하는 것이 '당연히' 불가능하다고 생각했었지만, 지금은 누구나 이런 생활을 즐기고 있을 정도로 보편화되어 가고 있습니다. 과거 상식이 더 이상 통하지 않게 되는 세상! 바로 그것이 IT 가 만드는 세상인 것입니다.

몇 년 전부터 최신 IT 동향에 대해 관심을 가지고, 여러 세미나와 특강에서 그 내용을 소개해 왔습니다. 처음에는 제가 주로 연구하고 있는 분야를 중심으로 소개하였으나, IT에 대한 종합적인 통찰력을 주기에 부족하다는 것을 깨달았습니다. 그 이유는 정보 기술들이 상호 밀접하게 맞물려 있고, 그것을 이해하지 못하는 상황에서 단편적인 지식을 주입하는 것은 공허한 메아리와 같기 때문입니다. 예를 하나 들어 보겠습니다. 2011년 2월에 IPv4 체계 주소가 고갈되었다는 뉴스가 있었습니다. 약 40억 개 수준의 인터넷 주소가 바닥이 났다는 의미입니다. 이 문제를 해결하기 위해 IPv6 체계로 전환해야 한다는 사실을 일단 접어두고, 왜 40억 개나 되는 주소가 고갈되었는지 그 이유를 생각해 보면, PC, 휴대전화, 각종 전자 제품들이 인터넷에 접속하기 위해 새로운 주소를 끊임없이 요구하고 있기 때문입니다. 저만 하더라도 PC, 노트북, 태블릿 컴퓨터, TV, 홈 시어터, 휴대전화 등이 인터넷 주소를 달라고 아우성치고 있습니다. 스마트폰, IPTV도 결국은 전화 기능, TV 기능이 되는 컴퓨터이기 때문에 인터넷 주소가 필요할 수밖에 없습니다. 이 기기들이 결국 사물의 인터넷(Internet of Things)이라는 새로운 IT 패러다임을 이끌 것이며, 서비스 역시 클라우드 컴퓨팅 기반으로 전환될 운명에 놓여 있다는 사실을 알아차릴 수 있어야 이 뉴스에 대한 통찰력을 얻을 수 있는 것입니다.

그렇지만 아쉽게도 아직까지 IT 지식의 전달이 특정 정보 기술을 중심으로 한 단편적 전달 방식에 머무르고 있는 상황입니다. 지식 전달 수준을 조금이나마 끌어올릴 수 있다면, 그리고 통찰력을 얻기 위한 단초를 제공해줄 수 있다면 이 책의 목적이 충분히 달성되는 것이라고 저는 생각합니다. 솔직히 저는 책을 통해 여러분들과 간접적으로 만나는 방식보다 직접 눈을 마주치거나 주고받는 이메일 등을 통해 서로 간의 생각과 지식을 교환하는 방식을 훨씬 즐깁니다만, 이 책이 그런 자리를 제공하는 데 일조한다면 더없이 기쁘겠습니다.

제 머리로부터 바로 끄집어낸 거친 뼈에 살을 붙여 주고 화장을 해주신 김평 박사님, 서동민 박사님, 이미경 선임연구원님께 이 글을 빌려 다시 한번 진심 어린 감사의 말씀을 전합니다. 저의 상사로서 인생의 친구로서 이 외도를 웃음으로 지켜봐 주신 성원경 박사님께도 감사드립니다. 아울러 이 책의 출판을 강요(?)하신 김완규 팀장님과 강태우 팀장님께도 무척 감사드리고 싶은데, 이분들의 도움이 없었다면 이 책은 아직까지도 제 머릿속에서만 남아 있었을 것입니다. 마지막으로 저술을 위해 주말에도 출근하는 저에게 격려를 아끼지 않았던 사랑하는 지윤과 두 딸 지민, 지인에게도 고마운 마음을 전합니다.

2011년 6월

정한민

C O N T E N T S

CHAPTER

I

정보 서비스의 발전

1. 미래 정보 서비스

　궁금해씨는 오늘 고객과 중요한 회의가 있어 아침부터 서둘러 나옵니다. 처음 방문한 지역이라 긴장이 되기도 하여 지하철을 타고 가면서 최신 가요로 마음을 가라앉히면서 회의 때 어떤 내용을 애기할지 되새겨 보기도 합니다. 드디어 목적지 역에 도착을 하고 주변 안내도를 통해 출구 번호까지 확인하고 밖으로 나옵니다. 아직 봄에 접어들기 전이라서 가로수들에 꽃이 피기 전이었습니다. 문득 가로수 이름과 꽃이 개화된 모습이 궁금해졌습니다. 궁금해씨가 스마트폰을 꺼내 나무의 가지를 비추며 만물박사 서비스를 호출하니, 지루하게 기다릴 틈도 없이 바로 가지에 만개한 꽃의 이미지가 겹쳐지면서 꽃에 대한 설명이 나타나네요(<그림 1-1> 참조).

　'아! 맞다. 벚꽃이었지.' 궁금해씨는 이제야 생각이 났고 꽃에 대한 설명도 읽어 보며 잠시나마 긴장을 풀 수 있었습니다. 자, 다시 정신 차리고 서둘러 고객사로 출발합니다. 가는 길에 같은 팀원인 도와줘씨를

<그림 1-1> 증강 현실 기반 백과사전 서비스 예[1]

---

1) http://petitinvention.files.wordpress.com/2008/04/future_search3-2_petitinvention.jpg

〈그림 1-2〉 증강 현실 기반 위치 서비스 예[2)]

만나 회의 안건에 대한 얘기도 하면서 고객사 근처에 도착했네요. 아, 그런데 오피스 빌딩이 밀집한 지역이라 어느 빌딩이 고객사 빌딩인지 확인하기가 쉽지 않아 둘은 또다시 긴장의 늪으로 빠져들고 있습니다. 도와줘씨는 그저 궁금해씨 얼굴만 쳐다보고 있는데, 궁금해씨는 번뜩 스마트폰을 이용해 고객사 빌딩을 찾는 것이 좋겠다는 생각이 듭니다. 도와줘요~ 만물박사 서비스! 궁금해씨가 주변 빌딩을 비추자 각 빌딩의 이름이 보이기 시작하네요. 미팅 장소가 스타빌딩 8층이었기 때문에 스타빌딩이 보일 때 8층을 누르니 고객사 이름이 스마트폰에 겹쳐져서 보입니다(<그림 1-2> 참조).

---

2) http://petitinvention.files.wordpress.com/2008/02/future_search2_petitinvention.jpg?w=590

<그림1 3> 증강 현실 기반 건물 내 위치 서비스 예[3]

아울러 고객사 전화번호도 같이 보이는데, 가볍게 터치하니 전화가 걸립니다. 담당자에게 오늘 회의 장소를 확인하는데, 회의 장소가 3층 제12회의실로 변경되었다고 하네요. 8층 회의실인 줄 알고 8층에서 헤맸다면 고생할 뻔했습니다. 자, 이제 빌딩도 찾았으니 빨리 서둘러 가야겠습니다. 궁금해씨와 도와줘씨는 스타빌딩 3층으로 올라갑니다. 엘리베이터가 열리니 수많은 방들이 나타납니다. 아무래도 회의가 많은 회사이다 보니 회의실들과 사무실들이 섞여 있나 봅니다. 궁금해씨는 이번에도 만물박사 서비스를 이용해서 회의실을 찾아보기로 합니다. 복도를 비추니 3층에 있는 회의실들과 사무실들 목록이 나오고, 거기서 제12회의실을 선택하니 동선이 저절로 스마트폰에 비추어집니다(<그림 1-3> 참조).

안도의 한숨을 쉬고, 동선을 따라 바로 이동하여 드디어 고객과 만납니다. 비록 영어로 회의하는 것이지만, 궁금해씨도 영어는 자신이 있는지라 고객과의

---

3) http://petitinvention.files.wordpress.com/2008/03/other_purposes-1.jpg

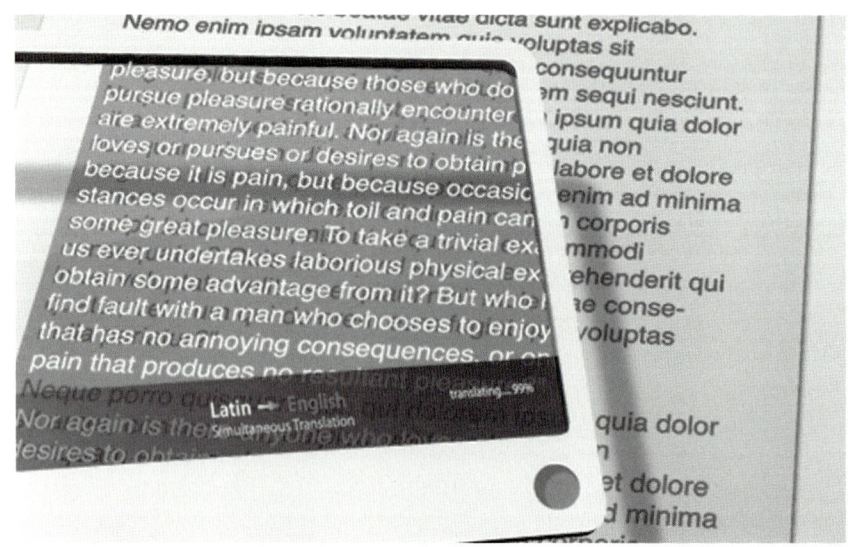

〈그림 1-4〉 증강 현실 기반 번역 서비스 예[4)]

회의를 순조롭게 진행하고 있던 와중에 갑자기 고객이 하나의 문서를 내밀었습니다. 회의 문서들 중에 섞여 있는 것을 발견하긴 했는데 라틴어로 쓰여 있어 무슨 문서인지 모르겠다면서 혹시 해석할 수 있겠냐는 것입니다. '내가 무슨 언어학자도 아니고 왜 이런 걸 나에게 물어봐?'라고 속으로 투덜거렸지만 고객인지라 대꾸는 못하고, 조심스럽게 스마트폰을 꺼내 만물박사 서비스에게 부탁합니다. 번역을 원하는 언어를 영어로 선택하고 문서에 비추니 번역 결과가 화면에 떠오르기 시작합니다(〈그림 1-4〉 참조).

내용을 보니 고대 역사에 대한 설명 자료군요. 이 회의와는 아무 상관없는 것 같은데⋯. 고객에게 설명해주니 대학교에 다니는 자기 딸이 역사를 전공하는데 그 문서가 작업 중 섞여 버린 것 같다면서 고맙다고 얘기하며 크게 웃네요. 덕분

---

4) http://petitinvention.files.wordpress.com/2008/03/other_purposes-2.jpg

〈그림 1-5〉 증강 현실 기반 요리 정보 서비스 예[5]

에 회의 분위기가 아주 좋아졌고, 궁금해씨와 도와줘씨가 바라던 대로 소기의 목적을 달성할 수 있게 되었습니다. 자, 이제 회의도 끝났고 맛있는 식사하러 가야겠죠. 고객이 기분이 좋아져서 맛있는 점심을 대접하겠다고 합니다. 궁금해씨가 다음 달 꼭 여행을 위해 몸매 관리 중이어서 고칼로리 음식을 자제해야 하지만 사주겠다는데 말릴 수는 없지 않겠습니까? 이탈리안 레스토랑에 도착해서 이것저것 주문을 해줍니다. 보기에도 칼로리가 높아 보이는데, 입맛은 마구 당기네요. 주문해준 요리 중에 튀김 요리의 칼로리와 영양 성분, 요리법 등을 만물박사 서비스로 살펴봅니다(〈그림 1-5〉 참조).

고객은 신기한 듯 자기도 써보고 싶다고 하여 이 요리 저 요리 확인해 보네요. 오늘은 회의도 그렇고 식사도 그렇고 아주 만족스러운 시간이 된 것 같아 궁금해씨는 너무 기분이 좋아집니다. 며칠 전부터 아내가 소파를 사자고 노래를 불렀는데 큰마음 먹고 하나 사주어야겠다는 생각을 합니다. 집에 돌아와서 아내

5) http://petitinvention.files.wordpress.com/2008/05/future_search4-2_petitinvention.jpg

〈그림 1-6〉 증강 현실 기반 가구 배치 시뮬레이션 서비스 예[6]

에게 오늘 있었던 기분 좋은 회의와 식사 등의 얘기를 하고, 드디어 소파 얘기를 꺼냅니다. 마침 곧 보너스가 나온다고 하니 마음에 드는 소파를 하나 골라 보라고요. 만물박사 서비스에서 소파 목록을 끄집어내어 소파를 놓을 자리에 하나씩 소파 이미지들을 끌어다 놓아 봅니다. 색상도 바꾸어 보면서 집과 어울리는 소파를 찾아보니 검정 소파가 잘 어울리는 것 같네요(〈그림 1-6〉 참조).

내일 매장에 가서 비슷한 소파를 사기로 결정했습니다. 저녁 먹고 쉬고 있으니 아들 녀석이 숙제라고 하면서 별자리에 대해 설명해 달라고 하네요. 아는 별자리라고는 W 모양의 카시오페이아나 북두칠성밖에 없는데 난감하긴 합니다. 일단 아이를 데리고 옥상으로 올라가니 마침 맑은 하늘에 많은 별들이 반짝이고 있네요. "자, 저건 북두칠성이야. 국자 모양으로 생겼지? 또 궁금한 별자리가 있니?" "예. 오리온자리와 처녀자리는 어떤 거예요?" 궁금해씨는 역시나 급해지

---

6) http://petitinvention.files.wordpress.com/2008/08/future_search7-2.jpg

니 만물박사 서비스에게 SOS를 칩니다. 밤하늘을 스마트폰으로 비추자 별자리와 별 이름들이 하나씩 떠오르기 시작합니다(<그림 1-7> 참조).

"얘야, 저기 보이는 별자리가 헤라클레스를 상징하는 오리온자리란다. 멋있지?" 이렇게 위기를 넘긴 궁금해씨는 만물박사 서비스에게 무척 감사하며

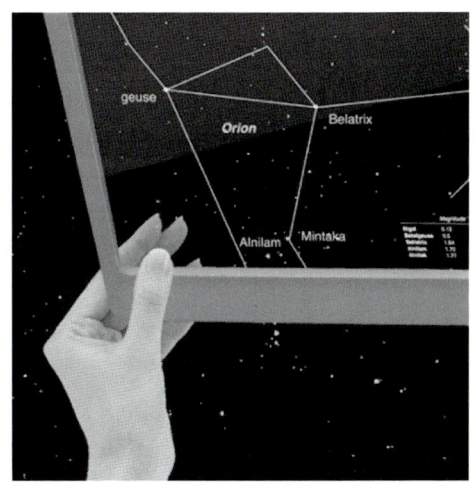

〈그림 1-7〉 증강 현실 기반 별자리 서비스 예[7]

오늘 하루의 기분 좋은 일정을 마무리합니다.

자, 어떠신가요? 제가 만물박사 서비스라고 부른 미래 정보 서비스가 우리 생활을 많이 변화시킬 수 있을 것 같다는 생각이 드시는지요? 2009년만 하더라도 제가 이런 미래상을 설명드리면 다들 그런 시대가 언제 오나 하는 의구심 어린 시선으로 저를 바라보셨습니다만, 현실은 무서운 속도로 미래 정보 서비스 실현을 위해 달려가고 있음을 피부로 확실히 느끼고 있습니다. 이와 같은 미래 정보 서비스들은 이미 스마트폰에 증강 현실(Augmented Reality) 기법이 더해져 실현되었습니다. 일본의 Tonchidot 社가 개발한 Sekai Camera는 자신이 위치한 지역을 아이폰의 카메라로 비출 경우 반경 300m 이내에서 다른 사용자들이 올린 특정 사물에 대한 평가나 일상생활에서의 사진, 음성, 텍스트 등을 확인할 수 있으며(<그림 1-8> 참조), 별자리 정보를 보여주는 Sky Map 서비스(<그림

---

7) http://nuevosinterfaces.files.wordpress.com/2009/03/future_search3-1_petitinvention1.jpg?w=460&h=460

〈그림 1-8〉 Sekai Camera 서비스 예[8]

〈그림 1-9〉 Sky Map 서비스 예[9]

---

8) http://www.tnooz.com/wp-content/uploads/2009/12/sekai1.jpg
9) http://www.locvideos.com/p6znyx0gjb4/Sky-Map-Astronomy-App-for-Android.html

1-9> 참조)는 자이로 센서, 디지털 나침반(Digital Compass) 등 스마트폰에 내장된 각종 센서들을 이용하여 현실과 정보를 결합시켜 사용자에게 보여줍니다. 앞으로 이와 유사한 서비스들은

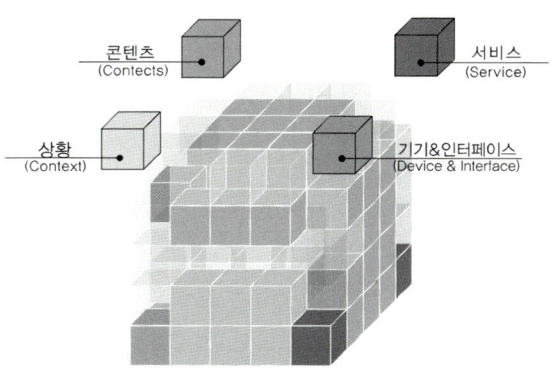

〈그림 1-10〉 미래 정보 서비스의 네 가지 키워드

봇물치럼 쏟아져 나올 것이고 또 빠른 속도로 진화를 거듭할 것입니다.

그러면 미래 정보 서비스를 실현하기 위해 필요하다고 생각하는 네 가지 주요 키워드들을 살펴보겠습니다(<그림 1-10> 참조). 본 저서는 이 키워드들을 중심으로 풀어나가겠습니다.

• 상황(Context): 상황이란 사용자가 기기와 상호작용하는 시점에서 얻을 수 있는 각종 주변 정보를 의미합니다. 사용자 정보(User Profile), GPS(Global Positioning System), RFID(Radio Frequency IDentification), USN(Ubiquitous Sensor Network) 등 각종 센서들로부터 획득한 정보들이 여기에 속합니다. 상황을 인지할 수 있다면 풍부한 서비스가 가능해집니다. 어느 사용자가 검색을 하든 동일한 검색 결과를 보여주는 검색 서비스 역시 사용자 위치, 개인 정보에 따라 차별화된 서비스를 제공해 줄 수 있는 것이죠.

- 기기 & 인터페이스(Device & Interface): 미래에는 사용자가 언제 어디서나 인터넷을 끊김 없이 이용할 수 있는 환경이 구축될 것입니다. 이를 유비쿼터스 (Ubiquitous) 세상이라고도 하죠. 사용자가 인터넷을 이용할 때 사용해야 하는 것이 기기들인데 현재는 데스크톱 PC, 노트북, 스마트폰 등으로 제한되어 있지만, 미래에는 여기에 더해 가전 기기, 센서를 포함할 뿐만 아니라 심지어 가구, 옷조차도 인터넷과 접속할 수 있는 기기로서 활용될 것입니다. <스마트폰>이나 <사물의 인터넷> 등에서 좀 더 자세히 다루도록 하겠습니다. 아울러, 사용자와 기기 간 접점에 해당하는 사용자 인터페이스 또한 빠른 속도로 발전하고 있는데, 심지어 화면이나 터치 패드도 존재하지 않는 극단적인 인터페이스까지 등장하고 있습니다. <사용자 인터페이스>에서 심도 있게 다루도록 하겠습니다.

- 서비스(Service): 앞에서 궁금해씨의 시나리오를 통해 만물박사 서비스를 보여 드렸습니다. 지금은 특정 응용 프로그램을 인터넷을 통해 내려받거나 CD, DVD로 설치해야 목적에 맞는 서비스를 이용할 수 있습니다. 그렇지만 요즘 주목받고 있는 클라우드 컴퓨팅(Cloud Computing) 서비스는 인터넷만 이용할 수 있다면 언제 어디서나 서비스를 받을 수 있는 방식으로, 향후 서비스 방식을 주도해 나갈 것입니다. 여기에 더해, 미리 정해진 특정 기능만 수행하는 서비스 뿐만 아니라 만물박사 서비스처럼 사용자 요구를 받아 특정 서비스를 연계시켜주는 브로커(Broker) 서비스, 여러 서비스들이 결과를 조합하여 제공하는 파이프라이닝(Pipelining) 서비스 등 다양한 스마트 서비스들이 등장할 것으로 보입니다. 이와 같은 서비스의 진화는 기기의 이동성(Mobility)을 극대화시킬 수 있는 동력을 제공합니다. 현재처럼 프로세서나 메모리가 풍부한 기기가 있어야 응

용 프로그램을 실행시킬 수 있는 것이 아니라 인터넷으로 클라우드 컴퓨팅 서비스를 이용할 수 있는 최저 수준의 컴퓨팅 하드웨어 사양만을 요구할 것이기 때문입니다.

• 콘텐츠(Contents): 서비스가 똑똑해지려면 무엇부터 바뀌어야 할까요? 예를 하나 들어, 네이버에서 신문 기사를 하나 본다고 할 때 사람들은 별다른 어려움 없이 읽고 해석할 수 있습니다. 컴퓨터도 그럴까요? 결코 그렇지 않습니다. 컴퓨터는 컴퓨터가 해석할 수 있는 방식으로 쓰인 콘텐츠만을 소화할 수 있기 때문입니다. 결국 현재 우리가 보고, 쓰고, 소비하고 있는 웹은 사람을 위한 웹이며, 컴퓨터를 위한 웹이 결코 아닙니다. 콘텐츠의 진화는 스마트 서비스를 실현시키기 위한 가장 기본적 요건입니다. <링크드 데이터>나 <시맨틱 웹>에서 좀 더 자세히 다루겠지만, 향후 사람을 위한 웹과 컴퓨터를 위한 웹이 공존하는 웹이 올 것이라고 예측되고 있습니다.

물론 이 네 가지 키워드만 가지고 미래 정보 서비스를 실현시킬 수는 없겠지만, 이들이 필수적이라는 데는 이견이 없을 것입니다. 앞으로 하나씩 살펴보면서 미래 세상에서 우리가 누릴 수 있는 혜택들을 펼쳐 보겠습니다.

◎ 스마트폰 내 각종 센서들

최신 스마트폰에는 위치와 조도, 가속도, 시각, 청각, 터치 등의 감각을 느낄 수 있는 6~7가지 이상의 센서가 집약돼 있습니다. 특히 이 같은 각각의 센서가 별도로 동작하는 것이 아니라 유기적인 센서의 조합으로 사용자에 대한 정보를 파악하고 이를 통해 보다 개인화되고, 차별화된 서비스를 제공하는 경향을 보이고 있습니다. 아래는 가장 대표적인 스마트폰 센서들에 대해 설명하고 있습니다.

◦ 카메라(이미지) 센서: 빛을 감지해 그 세기의 정도를 디지털 영상 데이터로 변환해주는 센서입니다. 일반적으로 신호전하를 결합해 출력단자 앞에서 일괄 변환하는 CCD(Charge – Coupled Device) 방식을 사용하며, 최근 2,000만 화소 제품이 시장에 출시되기 시작했습니다.

◦ 마이크로폰(음향) 센서: 물리적인 소리를 공기 압력의 변화에 의해 전기적인 신호로 변환하는 센서입니다. 현재 ECM(Electret Condenser Microphone)이 보편적으로 사용 중이나 최근 개발된 MEMS(MicroElectrical – Mechanical System) 마이크로폰은 ECM보다 감도가 뛰어나며 디지털 인터페이스를 갖춰, 스마트폰에 탑재가 확대되고 있습니다.

◦ 주변광 센서: 주변 밝기를 감지해 스크린 밝기를 자동으로 조절해 주는 센서입니다. 스마트폰의 전력 소모량을 줄이고 눈의 피로감을 덜 수 있도록 밝은 곳에서는 화면 조

도를 높이고, 어두운 곳에서는 낮추는 기능 등에 활용됩니다.

◦근접 센서(Approximity sensor): 기기 전면부에 사물이 가까이 있는지를 감지하는 무접촉 방식의 검출 센서입니다. 보통 통화를 위해 스마트폰을 얼굴에 가까이 가져가거나 주머니 등에 넣는 경우, 화면이 자동으로 꺼지거나 터치가 되지 않도록 하는 기능 등에 활용됩니다.

◦중력 센서(G센서): 중력이 어느 방향으로 삭용하는시를 밤시해 물체 움직임을 감지하는 센서입니다. 스마트폰의 스크린 방향을 판단해 가로, 세로 자동으로 보정해 주는 기능 등에 활용됩니다.

◦GPS 센서: 위성위치 확인 시스템을 통해 물체의 시간 및 위치 정보를 획득하는 센서입니다. GPS(Global Positioning System) 수신기의 소형화, 경량화로 스마트폰에 탑재가 보편화되었습니다.

◦가속도 센서: 단위 시간당 물체 속도의 변화, 충격 등 동적 힘의 변화를 감지하는 센서로 압전소자를 활용한 기술입니다. 압전소자는 압력을 받으면 전기를 발생시키는 물질인데, 압력의 세기와 전압의 크기가 비례합니다. 현재는 기울기 변화, 흔들림 등 물체의 움직임까지도 감지가 가능해 스마트폰에 탑재가 증가하고 있습니다.

•지자기 센서(디지털 나침반): 지구 자기장의 흐름을 파악해 나침반처럼 방위각을 탐지하는 센서입니다. 위치 정보를 인식하기 위해 사용되며, 일반적으로 스마트폰 내비게이션 어플리케이션과 함께 활용됩니다.

•자이로센서: 자이로센서는 자이로스코프를 말하는 것으로, 자이로스코프는 오래전부터 항공기와 선박의 자세 제어장치로 많이 쓰였던 물건입니다. 스마트폰에서는 물체의 관성력을 전기신호로 검출하며, 주로 회전각을 감지하는 센서로 활용됩니다. 특히 가속도 센서와 연계할 경우, 보다 정교한 모션 센싱이 가능합니다.

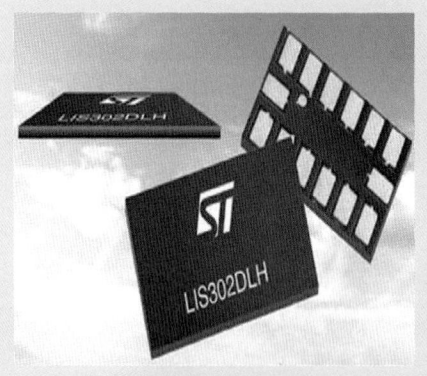

〈그림 1〉 가속도 센서　　　　　　　〈그림 2〉 자이로 센서

[내용 출처] http://blog.naver.com/ruc1?Redirect=Log&logNo=70097525994

2. 웹 – 발전 과정

우리가 흔히 인터넷이라고 말하는 웹, 정확히 말해서 월드 와이드 웹(WWW: World Wide Web)이 현재 세상의 트렌드를 지배하는 시대에 와 있습니다(<그림 1–11> 참조). 웹 포털을 통해 뉴스와 핫이슈를 살펴보고, 웹 사이트에서 이벤트에 응모하고 할인 쿠폰도 내려받으며, 블로그·트위터·페이스북 등을 통해 소셜 컴퓨팅을 즐기는 등 이제는 우리와 절대 떨어질 수 없는 삶의 일부가 되어 버렸습니다. 스마트폰이 널리 보급되기 시작한 이후로는 움직이면서도 인터넷을 통해 마음껏 즐기는 소위 유비쿼터스(Ubiquitous) 세상에 점점 다가가고 있는 우리의 모습을 문득 발견하게 됩니다.

그럼 과연 우리가 이런 웹의 혜택을 누리게 된 게 얼마나 오래되었을까요? 사람은 망각의 동물이라 잘 기억하지 못하는 게 당연합니다만, 꽤 오래전부터

〈그림 1–11〉 웹에 의해 둘러싸인 지구의 은유적 모습[1]

---

1) http://fc07.deviantart.net/fs47/i/2009/151/f/0/World_Wide_Web_by_ChrissieCool.jpg

이미 우리가 즐겨온 것이라는 생각이 들기도 합니다. 10년? 20년? 30년? 아니면 그보다 더 오래전? <그림 1–12>를 보면서 기술의 발전 과정을 한번 되짚어 보겠습니다.

한 세대를 평균 15년으로 가정할 때, 인류가 언어를 사용하기 시작한 이후 1,700여 세대가 흘렀습니다. 그 이후 약 1,400여 세대 동안은 별다른 문명의 발전을 이루지는 못했었죠. 그 이유는 현 세대의 산물이 다음 세대로 제대로 이어져서 축적되지 못했기 때문일 것입니다. 약 300여 세대 전(약 4,500년 전)부터 산물의 축적이 본격적으로 이루어졌는데 그 이유는 글자를 발명했기 때문입니다. 이때 4대 문명이라 일컫는 거대 문명들이 탄생하고 발전을 거듭하기 시작한 것입니다. 문자의 사용은 인쇄 기술의 발명으로 이어져 35세대 쯤 전(약 525년 전)에 인쇄라는 획기적인 발명을 통해 극소수 권력층에 한정되어 있던 과거 유산과 정보가 일반인들에게 퍼지기 시작했습니다. 재능은 있지만 권력층에서 멀어져 있던 사람들이 실력을 발휘하기 시작한 것이죠. 특히 우리나라의 인쇄술은

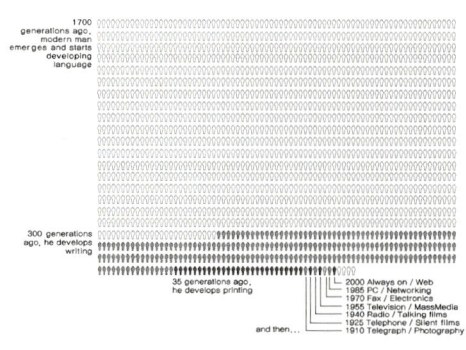

일찍이 발달하여 통일신라 시대의 목판 인쇄술과 고려 시대의 금속 활자 등은 세계에서 최초로 사용한 기술이기도 합니다. 또한 개인이나 집단이 서로 정보를 주고받기 위한 유무선 통신 기술은 1835년에는 미국의 모스가 유선 전신기를 발

<그림 1–12> 인류가 언어를 사용하기 시작한 이후의 발전 과정[2]

명, 1876년에는 미국의 벨이 유선전화기를 발명, 1897년에는 이탈리아의 마르코니가 무선 전신기를 발명함으로써 정보의 확산 속도는 불이 붙기 시작하였습니다. 20세기에 들어와서는 라디오와 텔레비전 방송을 이용하여 최신의 정보를 많은 사람들에게 동시에 전달할 수 있게 되었으며, 최근에는 통신 위성과 컴퓨터의 발달로 통신 기술이 대단히 빠른 속도로 발전하고 있습니다. 또한 휴대용 화상 전화기 등 각종 통신 장비를 이용한 정보의 실시간 교환이 더욱 다양하고 생동감 있게 이루어지고 있습니다.

이번에 얘기하고자 하는 주제인 웹은 과거 몇 세대 전도 아닌 바로 현 세대의 산물인 것입니다. 물론 인터넷을 통해 다른 컴퓨터와 통신을 한 시기는 1990년대에도 이루어졌었지만 복잡한 명령어를 외우지 않더라도 간단히 마우스로 원하는 문서를 클릭해서 볼 수 있게 된 것은 웹 브라우저를 통해서인 것입니다. 여기서의 핵심 개념은 하이퍼링크(Hyperlink)입니다. 하이퍼링크는 문서와 문서를 연결하기 위해 사용하는 링크를 의미하는데 예전에는 하나의 문서를 보다가

관련된 내용을 보고 싶을 경우 해당하는 내용을 담고 있는 문서를 직접 찾아 실행하고 살펴봐야 했습니다. 시간도 오래 걸릴뿐더러 정확한 내용을 찾았는지도 확신

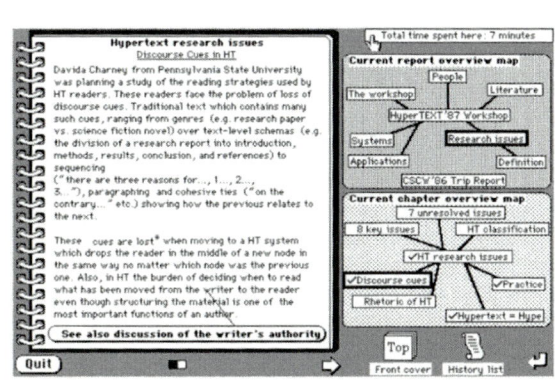

〈그림 1–13〉 하이퍼텍스트(Hypertext) 개념도 [3]

3) http://www.useit.com/alertbox/hypercard.gif

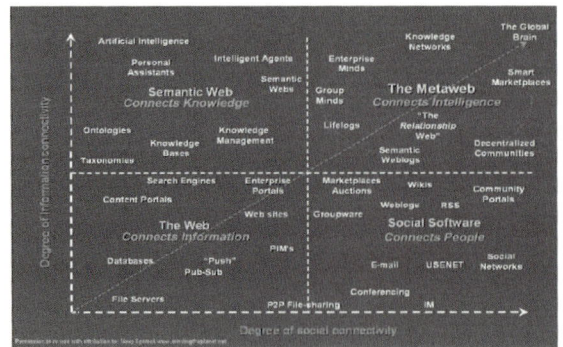

〈그림 1-14〉 웹의 발전 과정[4]

할 수 없었습니다.

지금은 포털 사이트에서 이 기사 저 기사를 편하게 마우스를 통해 볼 수 있을 뿐만 아니라 전자상거래 사이트에서 원하는 물건을 판매하는 쇼핑몰로 아주 쉽게 이동할 수 있습니다. 즉, 웹 문서로 표현된 정보들 간의 연결 고리 역할을 해주는 아주 중요한 개념입니다. 여기서 문득 궁금한 점이 과연 현재의 웹, 또는 과거의 웹처럼 연결의 대상이 정보에만 해당될 것이냐 하는 것입니다. 또, 우리가 과연 몇 세대의 웹(웹도 진화한다고 생각하는 경우)에 살고 있으며,

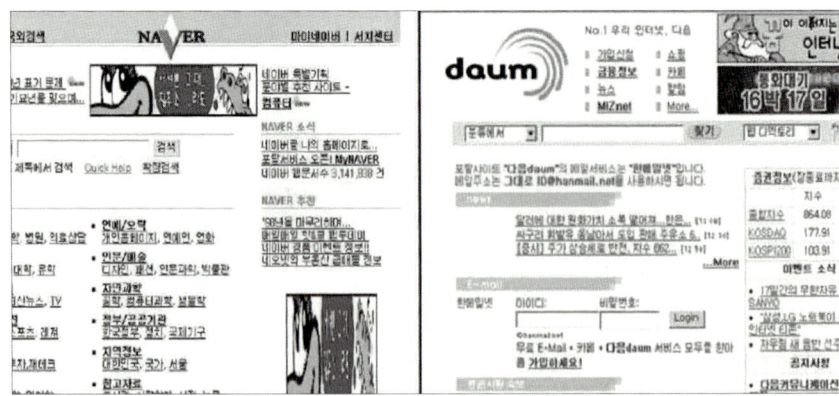

〈그림 1-15〉 '네이버'와 '다음'의 최초 홈페이지[5]

---

4) http://novaspivack.typepad.com/nova_spivacks_weblog/metaweb_graph.GIF
5) http://cafefiles.naver.net/data40/2009/4/6/260/%BB%F5_%BE%CB%BE%BE_bmp_%C6%C4%C0%CF_nax710.jpg
   http://cafe.naver.com/gogoomas.cafe?iframe_url=/ArticleRead.nhn%3Farticleid=56939

앞으로 어떻게 발전하겠느냐 하는 것입니다. 하나씩 풀어나가 보겠습니다.

<그림 1–14>는 웹의 발전 과정을 네 개의 사분면으로 펼쳐 놓은 그림입니다. 왼쪽 아래가 1세대 웹, 오른쪽 아래가 2세대 웹, 즉 웹 2.0, 왼쪽 위가 3세대 웹, 오른쪽 위가 4세대 웹이라고 볼 수 있습니다. 지금부터 편하게, 웹 1.0, 웹 2.0, 웹 3.0, 웹 4.0이라고 부르겠습니다.

웹 1.0은 정보(Information)를 이어주는 웹입니다. 여기서의 정보라 함은 웹 문서에 담겨 있는 정보를 의미하며, 정보들 간의 연결은 하이퍼링크를 통해 이루어집니다. 웹을 통해 우리가 얻은 가장 큰 산물의 하나이죠. 이전에는 원하는 정보가 어디에 있었는지 알지 못해 불완전한 검색엔진의 도움을 받아야 했지만, 하이퍼링크 덕분으로 현재 문서 또는 정보와 관련된 정확한 정보가 무엇이 있는지 마우스만으로도 얻을 수 있게 된 것입니다. <그림 1–5>는 최초의 '네이버'와 '다음' 홈페이지인데요, 지금은 보기 힘든 밑줄로 표시된 하이퍼링크를 적나라하게 보실 수 있습니다. 정보 간 연결이 눈에 바로 들어오시죠? 밑줄 쳐져 있는 링크를 클릭하면 바로 연결되어 있는 해당 정보를 얻을 수 있다는 사실 이것만으로도 인류는 큰 혜택을 보게 된 것입니다.

제 기억으로는 2006~2008년도에 우리나라에서 웹 2.0 열풍이 심하게 불었습니다. 누구나 웹 2.0이라는 용어를 들어보았고 무엇인가 웹의 진화가 이루어 졌구나라고 생각했을 것입니다. 웹 2.0에 대한 정의와 특징은 별도로 설명드리고, 여기서는 그 연결 대상이 사람(People)이라는 점을 말씀드리고 싶습니다. 정보를 연결하던 웹 1.0과 달리 웹 2.0은 사람을 연결함으로써 또 다른 시너지 효과를 얻게 됩니다. 그 전까지 웹에 관심이 없던 사람들조차 싸이월드, 네이버 블로그, 지식人 등에 관심을 가지게 되었습니다. 그전까지만 해도 웹을 통해 얻을 수 있는 정보는 피가 흐르지 않는 다소 딱딱한 정보밖에 없었지만, 웹 2.0을 통해 사람의 피가 흐르는 따스함을 웹을 통해서 얻게 된 것이기 때문입니다(<그림 1-16> 참조). 잘 아는 사람뿐만 아니라 잘 모르는 사람과도 일촌 관계를 맺음으로써 설렘을 느끼고 새로운 정보도 교환하면서 웹이 친숙해질 수 있게 된 계기를 마련한 것입니다. 우스갯소리로 누가 무엇을 물어보았는데 모르는 경우에 '지식인에게 물어봐!'라는 말을 할 정도로 사람들의 집단 지성(Collective Intelligence)이 큰 역할을 하기도 합니다.

우리는 현재 웹 ?.0에 와 있을까요? 제가 가끔 세미나나 특강 시간에 던지는 질문이기도 합니다. 대부분의 사람들은 웹 2.0 또는 웹 3.0이라고 대답하지만, 엉뚱하게 웹 1.0 또는 웹 4.0이라고 대답하는 경우도 있긴 합니다. 아마도 웹의 혜택을 너무 못 누리셨거나 너무 많이 누리셔서 그런 대답이 나온 게 아닌가 하는 생각이 들곤 합니다. 전문가들의 대략적인 의견들을 모아 보면 재미있게도

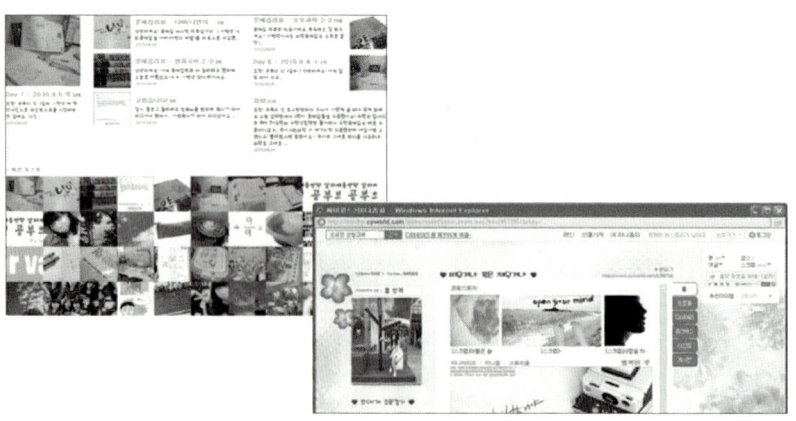

〈그림 1-16〉 웹 2.0 시대에서 사람들을 연결하는 네이버 블로그와 싸이월드의 예[6]

---

6) 네이버 블로그(http://blog.naver.com), 싸이월드 홈페이지(http://www.cyworld.com)

현재는 웹 2.0에서 웹 3.0으로 넘어가는 시기인 것 같습니다. 웹 3.0을 대표하는 링크드 데이터(Linked Data)나 시맨틱 웹 기술이 태동한 이후 이제 그 성과를 서서히 보이고 있어 웹 2.0과 바통 터치를 할 준비를 하고 있다고 보여집니다.

웹 3.0의 연결 대상은 지식(Knowledge)입니다. 데이터, 정보, 지식과 같은 용어들은 다 비슷해 보이는데 무엇이 다른 것인지 혼돈스럽기만 합니다. 이론이 많이 있겠지만, 제 나름대로 정리한다면, 센서나 사람들로부터 쉼 없이 쏟아져 나오는 것들을 데이터라고 한다면, 본인에게 관심이 있거나 도움이 되는 데이터를 정보라고 할 수 있으며, 정보들을 서로 연결하여 의사 결정을 가능하게 해줄 수 있는 수준으로까지 정제된 정보를 지식이라고 할 수 있습니다. 좀 더 쉽게 풀어 쓰면, 정보를 습득해서 우리 나름대로의 방식으로 정리해서 머릿속에 넣어 놓은 것이 지식입니다. 수학 문제 풀 때 공식을 외우는 것은 정보라고 볼 수 있지만 공식을 응용해서 유사한 문제를 풀어나가는 것은 그 공식을 지식화시켜 놓지 않았다면 불가능합니다.

현재 대다수가 모르는 사이에 수많은 정보들이 지식화되어 가고 있습니다. 여기에는 링크드 데이터나 시맨틱 웹 기술들이 큰 기여를 하고 있죠(<그림 1–17> 참조). 이들에 대해서는 다른 곳에서 설명드리겠습니다. 지식이 연결된 웹은 사람들을 위한 웹이 아닙니다. 물론 사람들이 궁극적으로 혜택을 보기는 하지만 기본적으로는 기계, 컴퓨터를 위한 웹입니다. 컴퓨터가 지능이 있다고 생각하시나요? 컴퓨터는 불행히도 지능이 전혀 없습니다. 우리가 명령한 작업만 충실히 프로그램 코드에 따라 수행할 뿐입니다. 우리가 농담을 던지면 컴퓨터가 그 것을 받아주고 웃어주지 않죠. 컴퓨터가 지능을 가지려면 상식을 포함해서 사람 수준의 지식을 가져야 하는데 결코 쉬운 일이 아닙니다. 예를 들어, "'대

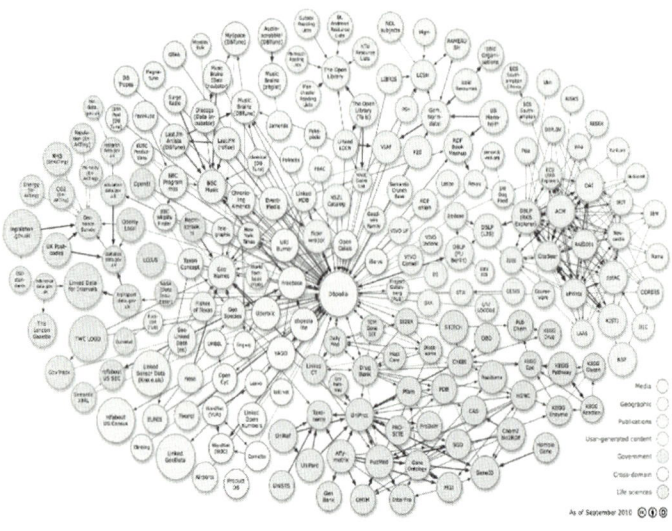

〈그림 1-17〉 링크드 데이터[7]

한민국'이 나라 이름이고, 영어로는 'Korea'라고 하며, 수도는 '서울'이며, 서울의 인구는 약 1,000만 명이다."라는 정보는 컴퓨터에 입력시킬 수 있겠지만, 나라가 무슨 뜻인지, 영어가 무슨 말인지부터 하나하나 이해시키는 게 너무 어려운 일입니다. 어린아이에게 말을 가르칠 때를 생각해 보시면, 그 어려움을 느끼실 수 있을 겁니다. 처음에 하나를 설명하면, 그건 또 뭐야라고 계속 말꼬리를 물면서 질문하죠. 처음에는 잘 설명해주다가도 점점 드는 생각이 얘가 나를 놀리나? 하는 생각까지도 들 정도죠. 그럴 수밖에 없는 것이 이 세상의 지식은 따로 떨어져서 존재하지 않기 때문입니다. 개념 간에 서로 끊임없이 연결되어 있어 하나를 알기 위해서는 또 다른 것을 알아야 하는 경우가 비일비재합니다. 이런 어렵고 시간 소모적인 과정을 거쳐야 비로소 그 개념을 이해하고 자기 나름의 지식

7) http://richard.cyganiak.de/2007/10/lod/lod-datasets_2010-09-22_colored.html

〈그림 1-18〉 영화 「터미네이터」의 한 장면[8]

으로 만들 수 있습니다. 웹 3.0의 실현이 왜 어려운 것인지 조금이나마 이해하

셨으면 저는 만족합니다.

그럼 왜 이런 어려운 과정을 거쳐 웹 3.0을 만들고 있는 것일까요? 바로 궁극

적인 목표인 지능(Intelligence)을 연결하기 위해서입니다. 웹 4.0의 연결 대상이

기도 하죠. 여기서의 지능은 사람들의 지능을 의미하는 것이 아니라 컴퓨터의

지능을 의미하는 것입니다(〈그림 1-18〉 참조). 영화 「터미네이터」 재미있게 보

셨나요? 영화에서 보면 스카이넷과 로봇들이 서로 대화하면서 인간들을 공격

합니다. 끔찍한 현실일 수도 있지만, 이것이 가능한 이유가 로봇들이 지능을 가

지고 있기 때문입니다. 지능이란 지식을 갖춘 상태에서 지식 내에 숨겨진 의미

를 파악하고 새로운 지식을 스스로 창출할 수 있는 능력을 의미합니다. 예를

들어, 고등학교 수업 시간 때 배운 삼단 논법을 보면, '소크라테스는 사람이다.

---

8) http://www.youtube.com/watch?v=ObhNPFTuXLY

사람은 죽는다.'와 같은 사실들로부터 '고로, 소크라테스는 죽는다.'라는 사실을 추론해 낼 수 있습니다. 주어진 지식을 활용해서 새로운 사실을 발견해 내고 이를 통해 지식을 넓혀 나갈 수 있다면 지능이 있다고 얘기할 수 있는 것이죠. 만일 컴퓨터가 습득할 수 있는 지식이 있고 이를 배울 수 있는 능력이 있다면 컴퓨터는 인간이 100년 가까이 시간을 들여 얻을 수 있는 지식을 단 하루 만에도 얻을 수 있게 된다고 합니다. 무협 소설에서 60년을 의미하는 1갑자의 내공을 컴퓨터는 하루도 안 되어 습득하게 되는 것이죠. 그렇게 된다면 터미네이터에 등장하는 로봇들의 지능도 현실화가 될 수 있는 것입니다. 웹 4.0은 앞으로 15~20년 뒤인 2025~2030년쯤이면 실현될 수 있다고 하니 컴퓨터의 지능을 통한 혜택을 볼 수 있을지 없을지는 머지않아 결정되리라 보여 집니다.

왜 컴퓨터에게 지식을 주입하고, 지능을 갖게 하려는 시도들을 하고 있는 것일까요? 설마 인류를 멸망하게 하려고 하는 것은 아니겠지요? 그 이유는 사람들을 보다 편하게 만들기 위해서입니다. 예를 하나 들어 보겠습니다. 궁금해씨는 가까운 방학 기간에 자녀들의 교육 겸 문화 생활을 위해서 박물관 투어를 계획하고 있습니다. 대영 박물관이나 루브르 박물관을 상상해 보죠. 예술 작품은 너무 많은데 박물관 구경에 필요한 시간은 부족하기 때문에 박물관에서는 관람객들이 꼭 봐야 하는 작품들을 대상으로 'Must to See'라는 문구와 함께 작품과 위치가 표시된 지도들을 비치하고 있습니다. 하지만 궁금해씨는 본인이 원하는 화풍과 작가들의 작품만을 찾아서 박물관에서 보기를 원하지만 예술 작품을 찾는 것도, 작품들의 위치를 파악하는 것도 쉽지 않은 일들입니다. 또한 박물관의 휴일과 입장 시간도 고려한 일정 짜기가 쉽지만은 않죠. 만일, 컴퓨터가 이 작업들을 대신 해준다면 어떨까요? 궁금해씨는 단지 간단한 조건들

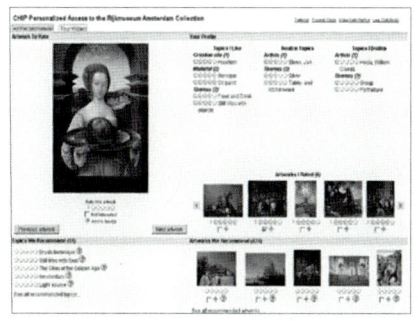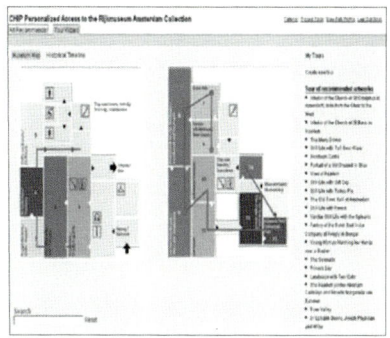

〈그림 1-19〉 가상 박물관 예술작품 추천 및 투어 프로그램[9]

만 알려주면서 말이죠. 어떤 화풍을 원하고, 몇 시간 정도의 시간을 관람에 사용할 수 있는지 등의 조건을 통해서 모든 일정이 조정된다면 어떨까요? 하나의 서비스로 이 작업들을 수행하려면 혼자서 다 처리할 수 없기 때문에 각 부문별 서비스들과 대화(Communication)를 하면서 처리해야 합니다. 궁금해씨의 일정 관리 서비스, 박물관의 작품 추천 서비스, 박물관 예약 서비스 등의 다양한 부분별 서비스가 서로 맞물려서 최종 일정이 나오겠죠. 또한 조건에 상충되는 경우 이를 조율할 수도 있어야 하고요. 그렇지만 궁금해씨가 일일이 그런 부분들을 확인하고 조율하지 않더라도 훨씬 빠른 시간에 작업을 처리할 수 있을 것입니다. 이것이 웹 3.0, 웹 4.0을 통해 컴퓨터에게 지식과 지능을 주려는 이유인 것입니다.

---

9) http://www.chip-project.org/demo/

◎ 하이퍼링크(Hyperlink)

하이퍼링크(Hyperlink)는 하이퍼텍스트 문서 안에서 직접 모든 형식의 자료를 가리킬 수 있는 참조 고리입니다. 이를테면 동영상, 글, 음악, 그림, 프로그램, 파일, 글의 특정 위치 등을 지정할 수 있습니다. 이는 하이퍼텍스트의 핵심 개념이며, HTML을 비롯한 마크업 언어에서 구현하고 있습니다. 이 용어는 단순히 링크(Link: 고리)라고 줄여 말하기도 합니다.

사용자는 하이퍼텍스트 문서 내의 밑줄 쳐진(Underlined) 요소 또는 문서 내의 나머지 부분과 다른 색으로 표시된 요소(링크된 요소)를 클릭함으로써 하이퍼링크를 기동 또는 활성화(Activate)합니다. 그렇게 함으로써 같은 하이퍼텍스트 문서 내의 한 요소와 다른 요소의 연결을 선택하여 검색할 수 있고, 다른 인터넷 호스트에 있는 월드 와이드 웹 (WWW) 서버상의 하이퍼텍스트 문서 내 다른 요소와의 연결을 선택하여 검색할 수도 있습니다. 한마디로, 누르면 웹 사이트나 프로그램 등으로 이동하는 것입니다.

하이퍼링크는 HTML에서 <A> 태그를 통해 구현됩니다. 일반적으로 태그는 사용자에게는 보이지 않습니다. <그림 1>은 <A> 태그를 포함하고 있는 하이퍼텍스트 문서의 소스를 <그림 2>는 <그림 1>을 웹브라우저를 통해 본 화면을 보여줍니다.

<A> 태그의 기본 형식은 <그림 1>과 같이 글자에 하이퍼링크를 연결하기 위한 <A HREF="URL" TARGET="링크방법">글자 </A>와 그림에 하이퍼링크를 연결하기 위한 <A HREF="URL" TARGET="링크방법"> <IMG SRC="URL"> </A>가 있습니다. 여기서, URL은 하이퍼링크를 연결할 HTML 문서, 이미지, 기타 파일의 경로를 지정하는

속성이고 TARGET은 다른 웹 브라우저 창이나 프레임세트 기능을 이용하여 프레임 창에 하이퍼링크로 연결한 문서가 나타나도록 하는 속성입니다. 속성 값으로는 새 웹 브라우저 창에 출력하는 "_blank", 프레임 문서의 구조에서 하이퍼링크로 연결한 문서를 현재 프레임이 포함된 상위 프레임 창에 출력하는 "_parent", 프레임 문서의 구조라 하더라도 웹 브라우저의 화면 전체 창 형태로 출력하는 "_top" 그리고 현재와 같은 웹 브라우저 창에 출력하는 "_self"가 있습니다.

```
<HTML>
<TITLE>하이퍼링크 실습</TITLE>
<BODY>
1. 네이버 웹사이트로 이동<BR>
<A HREF="http://www.naver.com" TARGET="_blank">NAVER</A> <BR> <BR>
2. 다음 웹사이트로 이동<BR>
<A HREF="http://www.daum.net" TARGET="_self">DAUM</A> <BR> <BR>
3. 구글 웹사이트로 이동<BR>
<A HREF="http://www.google.co.kr" TARGET="_blank">
                <IMG SRC="google.jpg"> </A> <BR>
</BODY>
</HTML>
```

〈그림 1〉 〈A〉 태그를 포함하고 있는 하이퍼텍스트 문서의 소스

〈그림 2〉〈그림 1〉에 대한 웹브라우저 실행 화면

[내용 출처] http://ko.wikipedia.org/wiki/%ED%95%98%EC%9D%B4%ED%8D%BC%EB%A7%81%ED%81
%AC

[내용 출처] http://terms.naver.com/item.nhn?dirId=205&docId=18973

◎ 웹 2.0(Web 2.0)

2004년 10월 오라일리미디어사(O'reilly Media, Inc.)의 대표인 팀 오라일리(Tim O'reilly)에 의해 도입된 개념입니다. 웹 2.0은 기술을 뜻하는 용어가 아니라 웹이 곧 플랫폼이라는 의미로, 인터넷만 있다면 어느 곳에서도 데이터를 생성, 공유, 저장, 출판 및 비즈니스가 가능합니다. 2006년 타임지가 선정한 올해의 인물로 '유(You)'가 뽑히며 세계적인 트렌드로 인정받은 UCC (User Created Content)가 웹 2.0의 대표작이라 할 수 있습니다.

사용자들이 붙이는 태그(사용자들이 자료마다 직접 붙이는 꼬리표)인 플리커(Flickr)나 딜리셔스(del.icio.us), 사용자 인터페이스인 검색창의 추천 검색어, 검색로봇이 수많은 웹 페이지를 돌아다니며 링크를 읽어 들여 이를 바탕으로 데이터의 우선 순위를 나타내 주는 구글의 페이지랭크나 아마존의 도서 리뷰 시스템, 이베이(e-Bay)의 평판(Reputation) 시스템도 웹 2.0의 특징을 나타내 주는 대표적인 예입니다.

또한 사용자가 직접 만들어가는 미디어인 블로그(Blog)와 위키피디아(Wikipedia), 두 개의 블로그를 서로 연결하는 링크를 만들어주는 트랙백(Track Back), 관심 있는 블로그의 최신 글 목록을 몇백 개든 한꺼번에 받아볼 수 있게 해주는 RSS(Really Simple

Syndication)와 아마존, 아이튠즈(iTunes), 구글의 애드센스 등도 웹2.0의 개념을 잘 반영했습니다.

팀 오라일리는 웹 2.0의 특징을 다음의 핵심 요소들로 정리했습니다.

∘ 개방과 참여, 공유로 대표되는 인터넷 환경

∘ 가벼워진 웹 S/W와 풍부한 사용자 경험이 바탕

∘ 플랫폼으로서의 웹

∘ 집단지성의 원동력이 되는 데이터

∘ 참여 구조에 의한 네트워크 효과

∘ (오픈 소스 개발과 같이) 여러 시공간에 흩어져 있는 독립적인 개발자들이 공동으로 참여해 혁신하는 시스템이나 사이트

∘ 콘텐츠와 서비스 신디케이션을 통한 가벼운 비즈니스 모델

∘ 기존의 소프트웨어 개발 사이클과는 다른 "영원한 베타"

∘ 롱테일의 힘을 극대화시키는 소프트웨어(하나의 장치에서만 동작한다는 기존의 소프트웨어 관념을 뛰어넘어 여러 이기종 장치에서 하나의 소프트웨어로서 구동됨)

[내용 출처] http://100.naver.com/100.nhn?docid=824783

[내용 출처] http://ko.wikipedia.org/wiki/%EC%9B%B9_2.0

3. 사물의 인터넷(Internet of Things)

　실세계를 구성하는 사물들이 컴퓨팅 파워를 가지고 온라인으로 연결되면서 사물 환경이 실시간 웹으로 연결되는 '사물의 인터넷' 시대가 도래하고 있습니다. 정보를 수집하고 활용하는 주체가 인간 대 인간, 인간 대 사물, 사물 내 사물 관계로 확장되면서 사물에 대한 기본 정보, 위치, 상태 모니터링 및 원격 조정이 가능해지고 있습니다. 즉, 사물들이 센서와 무선 네트워크로 연결되어 다양한 사업 비즈니스에 활용되고 개인의 의사 결정에 영향을 주면서 기존의 웹 환경이 실시간 웹(Real World Web)[1] 시대로 발전되고 있습니다.

　물리적 세계와 웹이 실시간 연동이 되는 '사물의 인터넷'으로 발전하면, 사물 통신에 사용되는 주요 기술 및 서비스 인프라는 스마트 시티, 산업 자동화, 환경 재해 감시 및 원격 조정, 재난 예방, U-Health, 그린 IT 등을 위한 미래 산업 전반에 활용되는 인프라로 발전할 수 있습니다. 2008년에 타임지가 뽑은 올해 최고의 발명품으로 '사물의 인터넷'이 채택되었고 현재 인터넷에 연결된 컴퓨터는 5억 대 내외로 추정되지만, 2020년 1,000억 대가 넘는 사물(기기)들이 인터넷에 연결될 것으로 전망되고 있습니다. 우리는 이러한 시대를 대비하여 기술 개발, 인프라 구축 및 응용 서비스 개발 등 전략적으로 준비하여 새로운 기회를 갖도

---

1) 인터넷에서 사용자들로 하여금 창작자가 정보를 만들어내는 즉시 수신할 수 있도록 하는 기술 혹은 서비스.
(http://ko.wikipedia.org/wiki/%EC%8B%A4%EC%8B%9C%EA%B0%84_%EC%9B%B9)

<그림 1-20> 인간과 실시간 웹의 결합[2]

록 하여야 합니다.[3]

현실 세계에 있는 사물들에 대한 정보를 인터넷을 통해 확인할 수 있게 되면, 웹 문서로 구성된 현재의 인터넷 세상에서의 서비스 역시 엄청나게 바뀔 수 있습니다. 집을 알아보기 위해 길을 가다가 매물로 나온 집을 보고 집 앞에 붙어 있는 QR(Quick Response) 코드나 바코드 등을 휴대전화로 찍으면 바로 매물 정보를 확인할 수 있게 됩니다. 집 크기, 가격, 연락처 등 매물 정보가 자세하게 나와 있어 부동산에 직접 들르지 않더라도 집주인이나 중개인과 바로 통화하고 집을 볼 수 있는 것이죠(<그림 1-21> 참조). 이렇듯 인터넷을 통해서 뉴스,

2) http://infosthetics.com/archives/2010/05/the_future_of_data_overload_as_envisioned_ for_2020.html#extended
3) http://www.dt.co.kr/contents.html?article_no=2009091802012369697021

〈그림 1-21〉 QR 코드를 이용하여 인터넷을 통해 부동산 매물 정보를 확인하는 예[4]

블로그 등 문서만을 볼 수 있는 한계에서 벗어나 우리 주변의 수많은 사물들의
정보를 직접 확인할 수 있게 됩니다. 최근에는 포도주, 자동차 등의 상품 마케
팅에도 활용되어 QR 코드나 바코드를 통해 정보를 확인할 수 있는 시대에 와
있습니다.[5]

지금은 내비게이션을 통해 길 안내를 받기도 하고, 교통 정보를 간단히 확
인하기도 하지만, 사물의 인터넷 세상에서는 GPS(Global Positioning System),
RFID(Radio Frequency Identification), USN(Ubiquitous Sensor Network) 등이 제
공하는 각종 센서 정보를 통해 실시간 교통 상황뿐만 아니라 차량 위치 추적,

---

4) http://www.american.com/graphics/2007/november/Internet%20of%20Things.JPG
5) 스마트폰 사용자가 와인의 넥택에 있는 QR코드를 스마트폰으로 스캔 후, 연결된 모바일 이벤트 사이트에서 시리
얼 넘버를 등록하면 된다는 기사(http://www.bizplace.co.kr/biz_html/magazine/view.php?seq_no=36382&co
de=content 79)

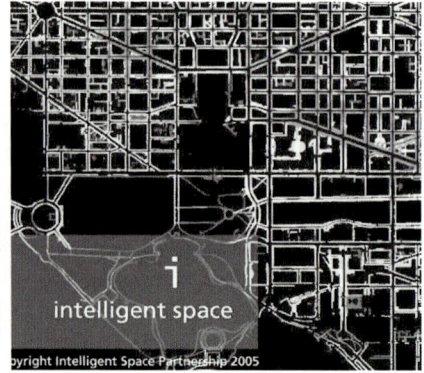

〈그림 1-22〉 사물의 인터넷에서의 교통 시스템 예[6]　〈그림 1-23〉 USN에 의해 구축된 도로상에서 실
시간 교통량을 보여주는 인텔리전트
스페이스 예[7]

위치 기반 서비스가 언제 어디서든지 제공될 수 있습니다(<그림 1-22> 참조).
유비쿼터스(Ubiquitous)[8] 세상이 실현된다는 의미지요. 몇 년 전 경기 지역에서
의 살인 사건 때 해당 지역을 오고 가던 수천 대의 차량을 조회하고 추적하여
어렵게 범인을 잡은 적이 있는데요, 예를 들어, USN 기반으로 도로 정보망을
구축하였다면, 그리고 차량에 RFID 칩이 들어 있었다면 골목 하나까지도 놓치
지 않고 실시간 추적이 가능했을 것입니다(<그림 1-23> 참조). TV나 라디오에
서 제공하는 교통 방송은 주요 지점에 CCTV들을 설치해 놓고 중앙 통제소에
서 상황을 확인하여 정리한 결과를 내보내고 있습니다만(<그림 1-24> 참조),
지선이나 골목까지 일일이 확인하지는 못하고 있죠.

　사물의 인터넷 세상에서 인터넷으로 정보를 확인할 수 있는 대상은 어디까지

---

6) http://blog.pucp.edu.pe/media/3166/20090526-internet-of-things1.jpg

7) http://www.girardin.org/fabien/blog/wp-content/washington_dc_street_accessiblity.jpg

8) 사용자가 네트워크나 컴퓨터를 의식하지 않고 장소에 상관없이 자유롭게 네트워크에 접속할 수 있는 정보통신
환경(http://100.naver.com/100.nhn?docid=770800).

〈그림 1-24〉 교통정보센터의 주요 지점 CCTV 화면 예[9]

일까요? HorizonWatch[10]와 Cybject[11]는 회사, 조직, 도시, 국가, 생태계, 기계뿐만 아니라 사람까지도 인터넷상에서 연결되고 도구화되고 지능화될 것이며 (<그림 1-25> 참조), 이를 통해 세상의 모든 사물들은 서로 정보를 주고받을 수 있다고 예측하고 있습니다.

웹 2.0 커뮤니티에서도 'Web Squared'라는 개념을 새롭게 제시하며, 기존에 사람들에 의해 만들어졌던 집단 지성(예를 들어, 네이버의 지식인, Tripadvisor[12]의 호텔 추천과 같이 수많은 사람들의 의견을 통해 해당 정보를 정확하게 만들어주는 효과를 얻을 수 있습니다.)이 센서들에 의해서도 만들어질 수 있음을

9) http://img.etnews.co.kr/photonews//0902/200902050203_05035118_1045874451_l.jpg
10) http://www.slideshare.net/HorizonWatching/horizonwatch-2009-trends-1275272
11) http://cybject.wordpress.com/2010/02/07/2010-technology-forecast-the-internet-of-things-slowly-comes-of-age/
12) 전 세계 지역별 호텔, 항공권, 식당, 관광정보, 후기 등이 수록된 여행정보 사이트(http://www.tripadvisor.com).

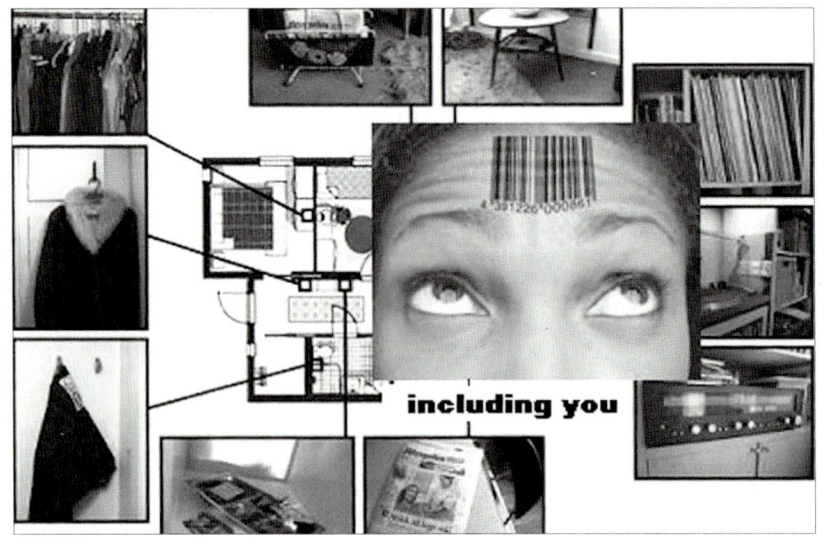

<그림 1-25> 가정에서 사물들이 각종 센서들과 인터넷에 의해 연결된 예[13]

상기시키며, 웹이 실세계와 결합되는 세상을 준비할 필요가 있다고 강조하기 시작했습니다.

현재 우리가 하루에 CCTV에 찍히는 횟수를 아시나요? 여러 뉴스들이 그 횟수를 얘기하고 있는데, 대략 평균적으로 100번 이상이라고 합니다.[14] 생각보다 많은가요? 적은가요? 물론 대도시에 사시는 분이나 대기업에 다니시는 분은 좀 더 많이 찍힐 수도 있고, 시골에 계신 분은 평균보다 덜 찍힐 수도 있겠죠. 그렇지만, 현재는 우리의 일상을 정확히 기록하는 것이 어렵다는 것은 확실합니다. 지하철이나 버스에서 사용하는 교통카드도 이동 상황을 어느 정도 기록해주긴 하지만, 얼마든지 피해갈 수 있는 여지가 있습니다. 불행하게도 사물의 인터넷 세상에서는 감시를 피해갈 수 있는 확률이 현격히 또는 제로로 떨어질 것

---

13) http://endtimesworldnews.punt.nl/upload/internet_of_things.jpg
14) http://news.mt.co.kr/mtview.php?no=2010092807401537663&type=1

같습니다. Wikipedia[15]에 따르면, 500억에서 100조 개에 이르는 사물들이 인터넷과 연결될 것이며, 모든 사람들은 적어도 1,000개에서 5,000개의 인터넷과 연결된 사물들에 의해 둘러싸일 것이라고 합니다. 하루에 100번 정도 기록되던 일상이 매초 끊임없이 기록될 수 있게 된다는 것을 의미합니다. '빅브라더(Big Brother)는 잠들지 않는다.'는 말이 실감나는 시대가 되는 것입니다.

  사물의 인터넷 세상이 되면 모든 사물 정보가 인터넷을 통해 접근 가능하게 된다고 했는데, 이 많은 정보를 한 번에 찾아줄 수 있는 서비스도 나올까요? 포털 서비스들이 통합 검색 서비스를 제공하는 이유는 사용자 질의에 대해 여러 소스들(예를 들어, 블로그, 뉴스, 이미지, 동영상 등)로부터 얻은 검색 결과를 한 번에 보여줌으로써 정보 획득 욕구를 만족시키기 위함입니다. 그렇지만, 아직까지는 정보들이 기계적으로 해석될 수 있는 수준으로 구축되어 있지 않아 구글조차도 웹 문서 위주로 검색 결과를 보여줄 수밖에 없지만, 사람들은 하나의 사물에 대해 이용 가능한 모든 정보를 통합적으로 보길 원하므로 궁극적으로는 2000년대 초에 나온 「A.I.」 영화에서의 Dr. Know와 같은 서비스가 가상현실과 결합되어 탄생할 것입니다(<그림 1-26> 참조). Dr. Know는 세상 모든 지식을 다 가지고 있는 만물박사 서비스입니다. 이러한 서비스를 구현하기 위해서는 현재 수준의 정보 관리나 처리로는 어려우며, 정보 간 상호 연결이 상호운용적(Interoperable)으로 이루어질 수 있는 체계가 갖추어져야 합니다. 이 부분은 <콘텐츠의 진화>에서 다시 설명하겠습니다. 또 하나의 흥미로운 부분은 세 번째 그림에서 보듯이 서비스를 이용하기 위해 돈을 넣는 부분입니다. 'Ask Me

---

15) http://en.wikipedia.org/wiki/Internet_of_things

<그림 1-26> 영화 「A.I.」에 등장하는 Dr. Know[16]

Anything'이라고 써 있는 기계에 돈을 투입하면 서비스가 동작하는 방식이지요. 요즘 화두가 되고 있는 클라우드 컴퓨팅을 묘사한 부분이라고 할 수 있는데, 늘 느끼는 것이지만 영화 제작자들의 상상력은 정말 대단한 것 같습니다. 몇 년 또는 몇 십 년 후에 꼭 현실로 바뀌거든요.

  사물의 인터넷이 실현되기 위해서는 어떤 기술들이 필요할까요? <그림 1-27>은 사물의 인터넷을 구성하는 기술의 발전 방향을 보여주는 그림으로, RFID 기술에서부터 원격 사물을 모니터링하고 조정하기 위한 원격 조정(Teleoperation) 및 원격 현장감(Telepresence)[17] 기술들로 사물의 인터넷을 실현하기 위한 기술들이 발전하고 있습니다.

---

16) http://www.youtube.com/watch?v=v12SVno8tDc
17) 공간적으로 떨어져 있는 장소 또는 가상의 장소를 신체적으로 경험하는 것(http://terms.naver.com/item.nhn?dirld=201&docld=11764).

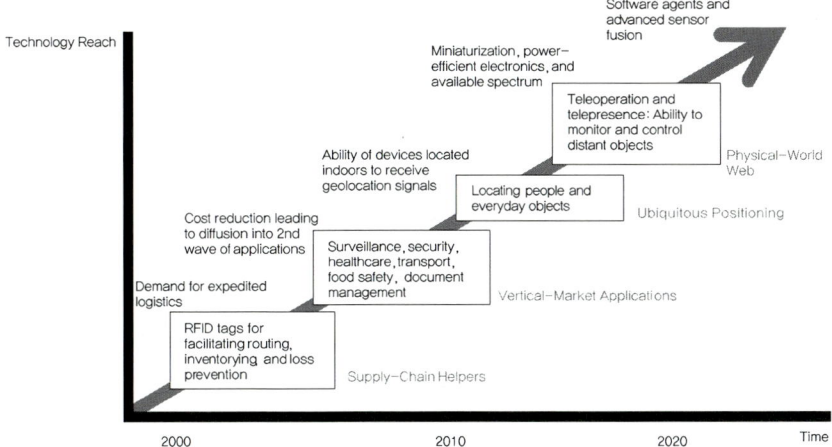

TECHNOLOGY ROADMAP: THE INTERNET OF THINGS

〈그림 1-27〉 사물의 인터넷을 구성하는 기술의 로드맵[18]

18) http://www.dni.gov/nic/PDF_GIF_confreports/disruptivetech/appendix_F.pdf Apendix F of Disruptive Technologies
Global Trends 2025 page 1 Figure 15

다음은 사물의 인터넷을 실현하기 위한 기술 요소들입니다.

◦ 지능형 사용자 인터페이스(Intelligent User Interface): 사람과 기계 간의 단순한 인터페이스를 향상시킨 것으로 그래픽이나 자연어, 제스처 등을 통해 사람과 기계 간 보다 편리한 의사 소통을 지원하는 인터페이스

◦ 안전 및 보안 인지 시스템(Safe and Secure Cognitive System): 상태의 변화를 감지하고 사용자에게 안전하고 적합한 정보나 서비스를 제공하는 기술

◦ 다중 에이전트(Multi-agent Technology): 여러 지능형 에이전트끼리 상호 연결된 형태로 구성된 에이전트

◦ 지식 관리(Knowledge Management): 유형, 무형의 지적 재산을 관리하고 공유하기 위한 경영 기법

◦ 이미지 인식(Image Understanding): 이미지 특징을 추출하고 처리하는 기술로서, 이미지가 나타내는 장면이나 의미를 해석하는 기술

◦ 정보 시스템(Information System): 개인 또는 집단에게 유용한 정보를 효과적으로 저장하고 제공하기 위한 시스템

• 증강 현실(Augmented Vision): 가상현실의 한 분야로 실제 환경에 가상 사물이나 정보를 합성하여 원래의 환경에 존재하는 사물처럼 보이도록 하는 컴퓨터 그래픽 기법

• 가상현실(Simulated Reality): 컴퓨터를 이용하여 만들어낸 가공의 상황이나 환경을 사람의 감각 기관을 통해 느끼게 하여 사용자가 몰입감을 느끼고 상호작용하게 하는 기술

• 언어 처리(Language Technology): 사람들의 언어를 기계적으로 분석하여 컴퓨터가 이해할 수 있는 형태로 만들어 이해하는 것

• 로봇(Robotics): 사람과 유사한 모습과 기능을 가진 기계, 또는 무엇인가 스스로 작업하는 능력을 가진 기계

• 패턴 인식(Pattern Recognition): 컴퓨터를 사용해서 화상, 문자, 음성 등을 인식하는 기술

◎ QR 코드(Quick Response Code)

요즘 지하철이나 거리, 그리고 신문, 잡지 등에서 흑백으로 된 네모난 그림 같은 것을 볼 수 있습니다. 이것은 'QR(Quick Response) 코드'라는 것인데, 흑백의 격자무늬 패턴으로 정보를 나타내는 매트릭스 형식의 이차원 바코드로 디지털 카메라, 스마트폰, 전용 스캐너로 읽어 들여 활용됩니다.

1994년 일본의 덴소 웨이브(Denso Wave)가 개발했으며 2000년 6월 ISO/IEC 18004 표준이 되었습니다. 현재 특허권을 가진 덴소 웨이브는 QR 코드의 대중적인 사용을 위해, 이 표준화된 기술에 대한 특허권을 행사하지 않을 것을 선언했습니다.

기존에 많이 쓰이던 일차원 바코드는 한쪽 방향으로 최대 20자 정도의 숫자 정보만 저장 가능하기 때문에 용량 제한 문제가 있습니다. 반면 QR 코드는 종횡을 2차원 형태로 가져서 더 많은 정보를 저장할 수 있으며 숫자 외에 알파벳과 한자 등 문자 데이터를 저장할 수 있는 특징이 있습니다. QR 코드는 최대 숫자 7,089자, 영어 4,296자, 한글 등 아시아 문자 1,817자를 저장할 수 있습니다. 그리고 QR 코드는 가로, 세로 양방향으

〈그림 1〉 일차원 바코드 예

〈그림 2〉 QR 코드 예

로 데이터를 표현하기 때문에, 바코드와 같은 정보량이라면 10분의 1 정도의 크기로 표현할 수 있는 특징이 있습니다. 또한 저장된 정보는 보완성을 갖도록 하여, 코드의 일부가 더럽거나 손상이 되더라도 정보를 복원할 수 있는 특징이 있습니다.

QR 코드는 위와 같은 특징 때문에 초기에는 자동차 부품 생산 관리 등 상품 관리에 널리 이용되어 기존 바코드를 대체하는 개념으로 많이 보급되었습니다. 최근에는 스마트폰의 보급이 증가하면서 QR 코드를 다양한 인쇄매체에 인쇄하여 연결된 인터넷 정보를 검색하기 쉽게 하기 위한 수단으로 발전하였습니다. 예를 들어, 콘서트와 관련된 신문, 잡지, 포스터 등의 인쇄물, 그리고 웹사이트에 보이는 QR 코드를 스마트폰으로 검색하면 공연 정보와 영상, 이벤트 내용을 확인할 수 있습니다〈그림 3〉. 그리고 기업의 마케팅에까지 다양하게 활용되고 있습니다. 예를 들어, 소비자들은 상품의 QR 코드를 통해 상품의 유통 정보, 최저 가격 정보를 확인할 수 있을 뿐만 아니라 해당 상품의 할인

〈그림 3〉 인쇄매체에서 QR 코드 활용 예   〈그림 4〉 기업 마케팅에서 QR 코드 활용 예

쿠폰을 내려받아 활용함으로써, 편리하게 쇼핑, 할인 정보를 얻을 수 있습니다. 또한 기업 입장에서는 광고, 마케팅 비용을 절감할 수 있는 효과를 얻을 수 있습니다<그림 4>.

[내용 출처] http://en.wikipedia.org/wiki/QR_Code

[그림 출처] http://ko.wikipedia.org/wiki/%EB%B0%94%EC%BD%94%EB%93%9C

[그림 출처] http://ko.wikipedia.org/wiki/QR_%EC%BD%94%EB%93%9C

[그림 출처] http://blog.naver.com/autocstory?Redirect=Log&logNo=30094633357

[그림 출처] http://news.naver.com/main/read.nhn?mode=LSD&mid=sec&sid1=101&oid=014&aid=0002
355036

◎ RFID와 USN

  RFID(Radio-Frequency IDentification)는 전파를 이용하여 먼 거리에서 정보를 인식하는 기술을 말합니다. RFID를 구현하기 위해서는 RFID 태그(Tag)와 RFID 판독기(Reader)가 필요합니다. 태그는 안테나와 집적 회로로 이루어지는데, 집적 회로 안에 정보를 기록하고 안테나를 통해 판독기에게 정보를 송신합니다. RFID가 바코드 시스템과 다른 점은 빛을 이용해 판독하는 대신 전파를 이용합니다. 즉, 바코드 판독기처럼 짧은 거리에서만 작동하지 않고 먼 거리에서도 태그를 읽을 수 있습니다.

  현재 RFID 기술은 굉장히 다양한 분야에서 활용되고 있습니다. 육상 선수들의 기록을 재거나 상품의 생산 이력을 추적하는 활용부터 여권이나 신분증 등에 태그를 부착해 개인 정보를 수록, 인식하는 데 활용하는 등, 폭넓게 쓰이고 있습니다. 그리고 '하이패스'라고 불리는 유료 도로 통행료 징수 시스템이나 교통카드에도 RFID가 이용됩니

〈그림 5〉 RFID 태그의 예

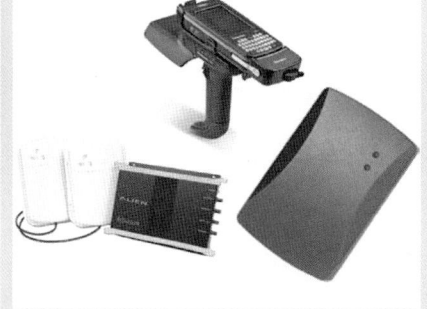

〈그림 6〉 RFID 판독기의 예

다. 또한 동물의 피부에 태그를 이식해 야생 동물 보호나 가축 관리 등에 사용됩니다
<그림 7>. 일본 오사카에서는 초등학생의 가방과 옷 등에 태그를 부착하고 있으며, 신분증을 통해 건물의 출입을 통제하는 시스템도 RFID를 이용합니다. 때때로 태그는 사람 몸에 이식됩니다. 일례로, 멕시코 법무 장관은 18명의 사무실 직원의 몸에 태그를 이식해 기밀문서 저장실에 출입하는 것을 통제하는 데 이용합니다. 또한 RFID 업체인 VeriChip사는 당뇨병 환자들에게 RFID 칩을 이식하여 RFID 칩이 이식된 환자들이 병원에 무의식 상태 또는 의사소통이 불가능한 상태로 수송될 경우, RFID 리더기를 사용하여 몸 안에 있는 RFID 칩을 스캐닝함으로써 데이터베이스에서 환자에 관한 상세 정보를 가져올 수 있게 하였습니다 <그림 8>.

　앞으로 RFID가 사용될 수 있는 분야는 더욱 넓습니다. 특히, RFID는 바코드의 대체품으로서 주목을 받고 있습니다. RFID 태그는 메모리로 집적 회로를 사용하기 때문에, 단

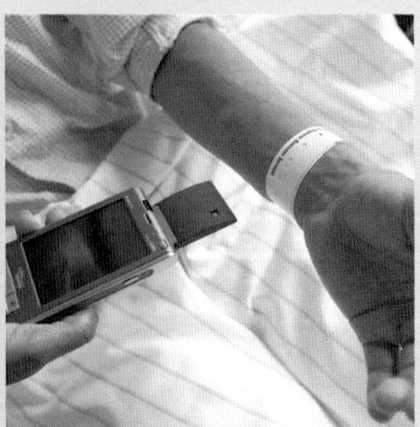

<그림 7> 가축 관리를 위한 RFID 활용 예　　　<그림 8> 환자 관리를 위한 RFID 활용 예

순한 음영으로 정보를 기록하는 바코드보다 더 다양한 정보를 수록할 수 있습니다. 따라서 바코드처럼 물건의 종류만 식별하는 대신 개개의 물건마다 일련 번호를 부여할 수 있습니다. 이런 기능들은 물건의 재고를 관리하고 절도를 방지하는 데 큰 도움이 됩니다.

USN(Ubiquitous Sensor Network)은 각종 센서에서 감지한 정보를 무선으로 수집할 수 있도록 구성한 네트워크로, 장소에 구애받지 않고 언제 어디서나 컴퓨팅 환경에 접속할 수 있는 유비쿼터스 패러다임이 확대되면서 전 세계적으로 활발하게 연구되고 있는 기술 중의 하나입니다.

USN은 노드(Node), 게이트웨이(Gateway), 미들웨어(Middleware)로 구성됩니다. 노드는 온도, 가속도, 위치 정보, 압력, 지문, 가스 등 다양한 정보를 수집할 수 있는 각종 센서와 연결되어 물리량을 계측하거나 기계 장치를 제어하는 무선 신호 처리 모듈을 말합니다. 게이트웨이는 센서 및 제어 노드로부터 데이터를 수신하거나 제어 신호를 송신하는 기능을 수행하고 미들웨어로 데이터를 전송하는 장비를 말합니다. 그리고 미들웨어는 유비쿼터스 센서 네트워크의 구성, 작동 상태, 데이터 관리, 리포트 생성 등의 기능을 통합적으로 처리하는 시스템을 말합니다.

USN은 필요한 곳에 전자 태그를 부착하고, 이를 통하여 사물의 인식 정보, 즉, 온도, 습도, 오염 정보, 균열 정보 등 주변의 환경 정보를 탐지하여, 이를 실시간으로 네트워크에 연결하여 정보를 관리하는 것으로, 산업재해 예방, 작업자 안전 모니터링, 화재 감시, 교량 안전 진단, 파이프라인 누출 감시, 산불 감시, 비닐하우스 자동화, 무선 관개 시스

템에서 활용되고 있습니다. 최근에는
물류의 흐름을 파악하기 위하여 RFID
기술을 이용하여 사물에 태그를 부착
하여 각종 물류 정보의 흐름을 파악하
는 기술도 등장하고 있습니다.

〈그림 9〉 센서 모듈의 예

〈그림 10〉 USN 활용 예

[내용 출처] http://en.wikipedia.org/wiki/Radio-frequency_identification

[내용 출처] http://en.wikipedia.org/wiki/Wireless_sensor_network

[그림 7 출처] http://en.wikipedia.org/wiki/Radio-frequency_identification

[그림 8 출처] http://webmagazine.lanxess.co.kr/index.php?id=7747

[그림 9 출처] http://dsrc.kaist.ac.kr/research_3.htm, http://www.cgtae.com/ecare_2.asp

[그림 10 출처] http://mmlab.snu.ac.kr/links/hsn/workshop/hsn2005/document/session8/8_4.pdf

◎ Web Squared(웹 스퀘어드, Web²)

웹 스퀘어드는 2004년 웹 2.0을 주장한 팀 오라일리(Tim O'Reilly)가 2009년 뉴욕에서 열린 콘퍼런스에서 웹 2.0 다음 세대 웹의 특징을 지칭하기 위해 주장한 용어입니다.

이 용어는 Web 3.0과 같이 다음 세대의 웹을 지칭하기 위한 개념적인 용어지만 실제 다음 세대 웹을 어떻게 불러야 할지에 대해서는 여러 가지 의견들이 있습니다. 시맨틱 웹, 소셜 웹, 모바일 웹, 가상 현실 등이 이러한 논의들 중에 하나입니다. 팀 오라일리는 이러한 차세대 웹 기술들의 특성들을 모두 포괄하는 개념을 지칭하기 위해 Web²라는 용어를 만들었습니다.

Web²는 폭발적으로 증가되는 센서 기반 데이터로 인해 집단 지성이 좀 더 지능적으로 진화하고 WEB 2.0 시대에 개방해 놨던 여러 서브시스템들 간의 협업이 지속적으로 일어나 미처 발견하지 못했던 가치가 발견될 것이라고 합니다. 또한 웹상에서 하나의 데이터는 그 자체로 머물지 않고 새로운 데이터와 결합되거나 가공되어 새로운 콘텐츠로 탈바꿈할 것이라고 하며 이러한 데이터의 변화를 정보 그림자라고 표현하고 있습니다. 웹에서 다루는 데이터들은 점점 더 실시간성을 띠면서 더 많은 데이터가 웹으로 유입되고 있음을 지적하며 산술급수적으로 증가하던 데이터양이 기하급수적으로 증가된다는 예측을 담고 있습니다.

웹은 더 이상 하나의 가상공간이 아니며 우리 실생활에 밀접하게 관계된 하나의 생명체처럼 진화하고 있다며 이러한 웹의 변화 방식에 대한 접근 방법을 WEB²이라고 정의했습니다.

[내용 출처] http://ko.wikipedia.org/wiki/Web_squared

[그림 출처] http://www.cio.co.uk/article/3209928/web-30-promises-much-to-cios/

4. 검색의 진화

우리나라에 검색엔진이 보급되기 시작한 시점은 대략 2000~2001년이었습니다만, 10년 사이에 엄청난 발전이 이루었습니다. 요즘은 어느 웹사이트나 검색 창이 있어 편리하게 검색 서비스를 이용할 수 있습니다. 다만 사용자의 니즈(Needs)를 꼭 집어서 만족시켜줄 수 있는 성능의 검색엔진이 다소 부족한 것은 사실입니다. 저는 그 이유를 두 가지로 보고 있습니다. 첫째는 사용자의 니즈가 점점 까다로워지고 있다는 것에, 둘째는 이용 가능한 문서 수가 점점 늘어나고 있다는 것에 그 이유가 있다고 생각합니다. 2000년대 초만 하더라도 한정된 문서들 중에서 관련 문서들을 빨리 찾아주기만 하면 만족스러운 검색 성능이라고 보았지만, 현재는 수많은 문서들 중에서 원하는 문서들만을 빨리 찾아주기를 바란다는 측면에서 사용자 니즈가 훨씬 까다로워진 것 같습니다.

2002~2004년 무렵 기관이나 기업에서 검색 서비스를 담당하는 분들을 만났을 때 그분들의 요구 사항은 대체적으로 컴퓨터 내에 있는 관련 문서들을 놓치지 않고 꼭 찾을 수 있게 해달라는 것이었습니다. 문서 수가 많지 않았기 때문에 가능한 요구 사항이었을 것입니다. 지금은 그분들의 요구 사항이 여러 시스템에 흩어져 있는 수많은 문서들 중에서 정확한 문서들만 꼭 집어서 찾을 수 있게 해주는 동시에, 그 검색 결과를 한눈에 확인할 수 있도록 잘 정리해서 보여

달라는 것으로 바뀌었습니다.

웹의 발전과 함께 매년 약 두 배씩 웹 문서 수가 증가하고 있습니다. 지금은 정보가 없는 게 문제가 아니라 정보가 너무 많아 의사 결정에 도움을 주는 정보만을 선별하는 게 더 큰 문제라는 데 공통된 인식이 있습니다. 예를 들어, 전문 학술 정보 서비스인 Google Scholar(http://scholar.google.co.kr/)에서 논문, 특허, 보고서 등만을 대상으로 전문 용어인 'neural network(신경회로망)'를 검색해 보면 약 1,070,000건의 전문 학술 문서들이 검색됩니다. Google에서 검색하면 그 수는 훨씬 더 늘어 약 11,300,000건이나 됩니다. 이 많은 문서들 중에서 어떻게 원하는 결과만을 찾을 수 있을까요? 검색엔진의 고민이 커지는 이유입니다.

한 포털의 분석 자료에 따르면 사용자 중 60%는 대개 검색 결과 첫 페이지에서만 결과를 확인하고, 심지어 사용자 중 30~45%는 상위 5개 검색 결과만을 확인한다고 합니다. 위에서 예를 든 것처럼 검색 결과 수는 100만 건이 넘는데 사용자는 단지 10개 이내에서 결과를 확인하려는 경향이 있기 때문에 검색 서비스 입장에서는 고민이 클 수밖에 없습니다. 이것이 최근에도 계속해서 시맨틱 검색, 소셜 검색, 실시간 검색 등 진화된 검색 서비스가 등장하고 있는 이유이기도 합니다.

그럼 최근의 검색 서비스들을 살펴볼까요? 구글은 웹 문서 내에서 연도 정보를 추출하여 이를 이용해 해당 검색어의 연도별 검색 결과를 보여주는 서비스를 실험하고 있습니다(<그림 1–28> 참조).

기업 내 데이터베이스에 저장된 정보나 논문 등 서지 정보(Metadata)는 저자 정보를 포함해 연도 정보까지 다양한 정보를 별도로 가지고 있어 검색에서 쉽게 이용할 수 있지만, 웹 문서는 언제 만들어졌는지 본문을 읽거나 HTML 태그

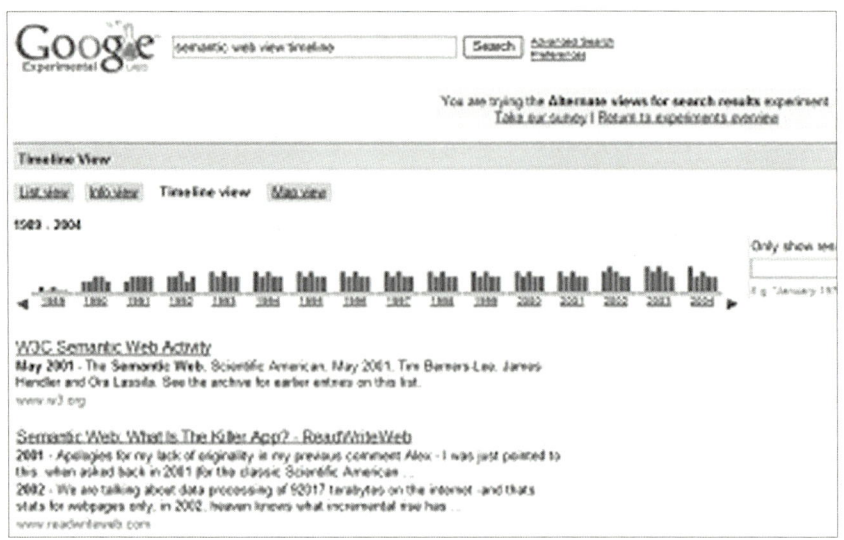

〈그림 1-28〉 구글 Timeline 검색 예[1]

를 살펴보지 않으면 알 수 없는 경우가 많기 때문에, 검색 결과를 연도별로 정렬해 보는 것이 쉽지 않습니다. 또 다른 예로, 법무부의 아이로 시스템 같은 경우는 여러 종류의 문서들, 예를 들어 판례, 법령, 논문, 민원 등의 검색 결과를 연도별로 비교할 수 있게 하여 추세 비교까지도 가능하게 해 줍니다(<그림 1-29> 참조).

아마존의 다이아몬드 검색 서비스의 예를 살펴볼까요? 아시다시피 다이아몬드는 4C로 가격이 결정됩니다. 캐럿(Carat), 커팅(Cut), 색상(Color), 투명도(Clarity)입니다. 그런데 소비자들이 이들을 이용하여 검색하는 것이 결코 쉽지 않습니다. 각각 어떤 등급이나 수치로 표현되는지 알 수 없기 때문이지요. 아마존은 판매 상품 영역이 아주 다양해졌는데 다이아몬드까지도 4C를 시각적으로 선택하고 검색할 수 있도록 검색 서비스를 제공하고 있습니다. 4C와 형태,

---

1) http://newstimeline.googlelabs.com/

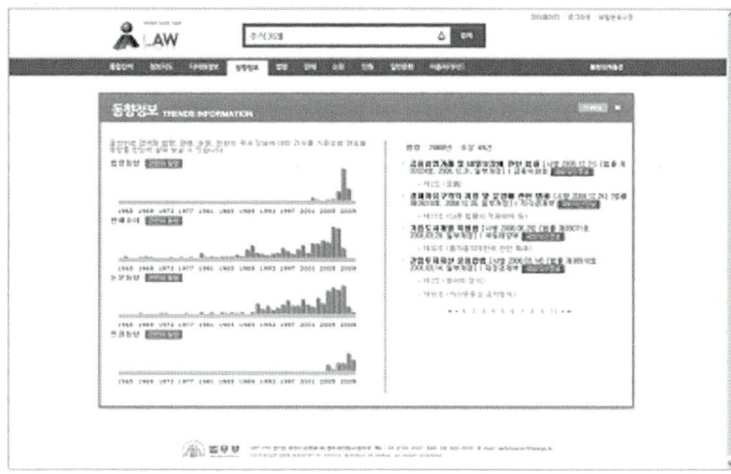

〈그림 1-29〉 법무부 아이로 시스템 검색 예(동향정보)[2]

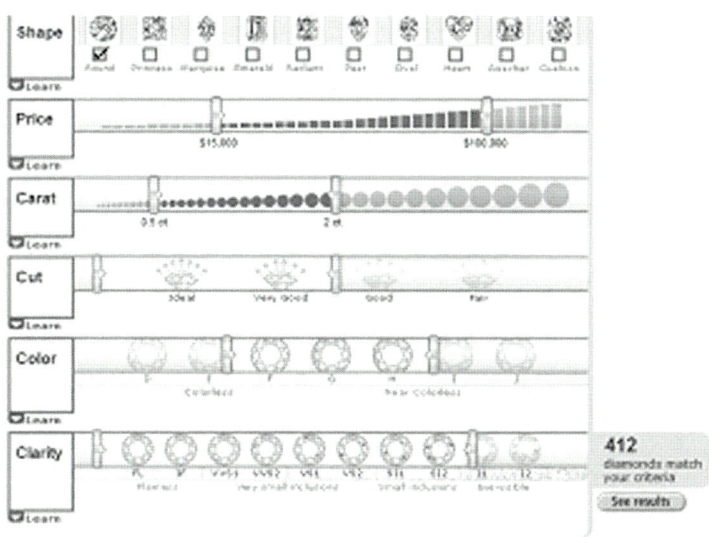

〈그림 1-30〉 아마존의 다이아몬드 검색 예[3]

---

2) http://ilaw.go.kr/moj/2010/index.do
3) http://www.amazon.com/Loose-Diamonds-Diamond-Engagement-Rings/loosediamonds?_encoding=UTF8&prod uctGroupID=loose_diamonds

가격 범위를 마우스만으로 선택하면 바로 검색된 다이아몬드 수를 확인할 수 있고 검색 결과를 통해 상세히 볼 수 있게 해줍니다.

구글을 검색하면서 혹시 야후나 네이버의 검색 결과와 비교해보고 싶은 충동이 생긴 적 있으신가요? Thumbshots.com의 검색 결과 순위 비교 서비스는 두 개의 검색 서비스를 선택하고, 검색어를 각각 입력한 후 얻은 검색 결과를 서로 비교할 수 있는 서비스입니다(<그림 1-31> 참조). 양쪽 검색 서비스에서 모두 높은 검색 순위를 보이는 웹 문서들이 아무래도 많은 사람들이 선호하거나 보다 더 검색어와 관련된 문서들이겠죠? 구글이 페이지랭크 알고리즘(<그림 1-32> 참조)을 이용해서 정확도 높은 검색 결과를 제시할 수 있었고(물론 요즘은 더욱 복잡해진 알고리즘을 사용하고 있지만), 검색 시장을 평정했지만, 동일한 검색어라 할지라도 사용자마다 원하는 검색 결과는 다를 수 있기 때문에 검색 결과 비교는 유용할 수 있습니다.

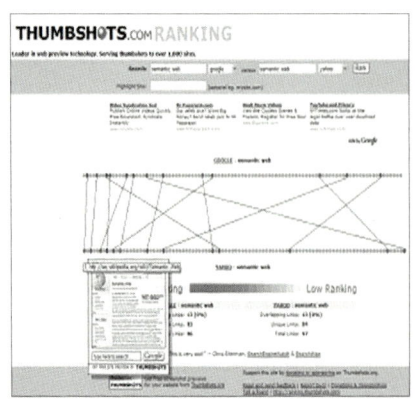

<그림 1-31> Thumbshots.com의 검색 결과 순위 비교 예[4]

<그림 1-32> 구글 페이지랭크(PageRank) 개념 예[5]

---

4) http://www.thumbshots.com/Products/ThumbshotsImages/Ranking.aspx

5) http://upload.wikimedia.org/wikipedia/commons/6/69/PageRank-hi-res.png

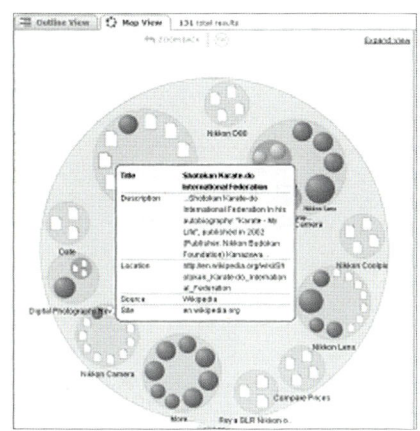

〈그림 1-33〉 Grokker의 Map View 검색 예[6]   〈그림 1-34〉 네이버 뉴스 클러스터링 검색 예[7]

　검색 결과를 텍스트로만 보다 보면 한눈에 안 들어올 때가 많습니다. Grokker의 Map View 검색은 유사한 검색 결과들을 군집화(Clustering)하고 각 군집들을 도식화하여 보여주기 때문에 한눈에 검색 결과 분포를 확인하기 좋습니다(〈그림 1-33〉 참조). 검색 결과 군집화는 네이버의 뉴스 클러스터링 검색도 시도하고 있는 방식인데요(〈그림 1-34〉 참조), 유사한 문서들을 모아 하나의 주제로 서비스하는 개념으로 설명할 수 있습니다. 검색 결과에 따라 동적으로 군집화해야 하기 때문에 미리 정해진 기준에 할당하는 분류(Classification)와 기술적으로 차이가 있습니다.

　Grokker의 검색 시각화보다 한 단계 발전한 방식이 Cooliris의 3D 검색입니다(〈그림 1-35〉 참조). Cooliris 3D 검색은 이미지 검색 결과를 3차원 효과를 이용하여 보여줌으로써 원하는 이미지를 보다 빨리 찾을 수 있도록 지원합니다. 요즘 스마트폰으로 페이지 넘기듯 쉽게 메뉴를 찾는 방식과 유사한 동작으로 이

6) http://www.grokker.com/
7) http://news.search.naver.com/newscluster/?where=home&tab=0

<그림 1-35> Cooliris 3D 검색 예[8]

미지를 찾을 수 있어 편리하죠.

계산 지식 엔진(Computational Knowledge Engine)인 Wolfram Alpha는 기존의 검색 서비스와 확연히 차별화되어 있습니다. 전문 용어로는 질의 응답(Question Answering) 엔진이라고도 하는데, 검색엔진이 검색어가 포함된 관련 문서들을 검색 결과로 보여주는 데 반해, 질의 응답 엔진은 검색어에 대한 정답을 검색 결과로 보여줍니다. 예를 들어, <그림 1-36>와 같이 Wolfram Alpha에 'Seoul'이라는 검색어를 입력하면, 'Seoul'이 문서 내에 포함된 검색 결과가 보이는 것이 아니라, 'Seoul'에 대한 설명, 인구, 지도, 위치, 시간 등이 검색 결과로 보

---

8) http://www.cooliris.com/

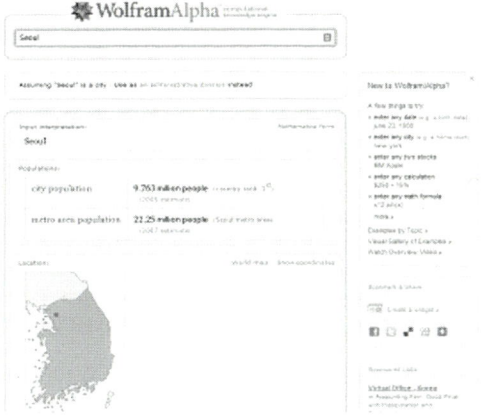

〈그림 1-36〉 Wolfram Alpha 검색 예[9]

입니다. 영화「A.I.」에서 **Dr. Know**가 제공하는 서비스가 바로 질의 응답 서비스

입니다. 앞으로 클라우드 서비스가 발전할수록 특정 분야에서의 질의 응답 서

비스가 더욱 활성화될 것으로 보이며, 이를 통해 서비스 간의 대화도 가능해질

것으로 예측됩니다.

　검색 결과를 사용자가 한눈에 파악하도록 하기 위해서 구글에서는 구글 스

퀘어드(Google Squared) 서비스를 실험적으로 개발하였습니다. 아시다시피

Square는 사각형이라는 뜻으로 여러 검색 결과를 사각형의 표 안에 구조화해

서 볼 수 있도록 한다는 것입니다. 즉, 사용자가 일일이 검색 결과를 보고 필요

한 정보를 하나의 표로 정리하는 것과 동일한 유형으로 검색 결과를 제공함으

로써, 사용자가 보다 편하게 정보를 습득할 수 있도록 도와주기 위한 기능입니

다. 예를 들어 주요 연예인 정보를 검색하기 위해 'star' 단어를 입력한 경우 대부

분의 검색엔진들은 스타가 포함된 문서들의 링크만을 보여주는 데에 반해서

---

9) http://www.wolframalpha.com/input/?i=Seoul

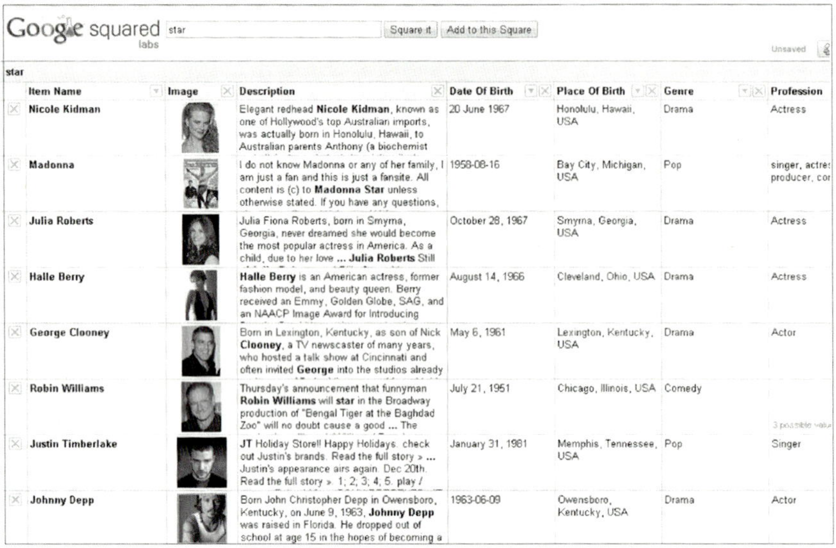
Google squared labs
star
Square it
Add to this Square
Unsaved

star

Item Name	Image	Description	Date Of Birth	Place Of Birth	Genre	Profession
Nicole Kidman		Elegant redhead **Nicole Kidman**, known as one of Hollywood's top Australian imports, was actually born in Honolulu, Hawaii, to Australian parents Anthony (a biochemist	20 June 1967	Honolulu, Hawaii, USA	Drama	Actress
Madonna		I do not know Madonna or any of her family, I am just a fan and this is just a fansite. All content is (c) to **Madonna Star** unless otherwise stated. If you have any questions,	1958-08-16	Bay City, Michigan, USA	Pop	singer, actre producer, co
Julia Roberts		Julia Fiona Roberts, born in Smyrna, Georgia, never dreamed she would become the most popular actress in America. As a child, due to her love **... Julia Roberts** Still	October 28, 1967	Smyrna, Georgia, USA	Drama	Actress
Halle Berry		**Halle Berry** is an American actress, former fashion model, and beauty queen. Berry received an Emmy, Golden Globe, SAG, and an NAACP Image Award for Introducing	August 14, 1966	Cleveland, Ohio, USA	Drama	Actress
George Clooney		Born in Lexington, Kentucky, as son of Nick **Clooney**, a TV newscaster of many years, who hosted a talk show at Cincinnati and often invited **George** into the studios already	May 6, 1961	Lexington, Kentucky, USA	Drama	Actor
Robin Williams		Thursday's announcement that funnyman **Robin Williams** will **star** in the Broadway production of "Bengal Tiger at the Baghdad Zoo" will no doubt cause a good ... The	July 21, 1951	Chicago, Illinois, USA	Comedy	3 possible valu
Justin Timberlake		**JT** Holiday Store!! Happy Holidays. check out Justin's brands. Read the full story » ... Justin's appearance airs again. Dec 20th. Read the full story ». 1; 2; 3; 4; 5. play /	January 31, 1981	Memphis, Tennessee, USA	Pop	Singer
Johnny Depp		Born John Christopher Depp in Owensboro, Kentucky, on June 9, 1963, **Johnny Depp** was raised in Florida. He dropped out of school at age 15 in the hopes of becoming a	1963-06-09	Owensboro, Kentucky, USA	Drama	Actor

〈그림 1-37〉 구글 스퀘어드 'star' 검색 결과[10)]

구글 스퀘어드는 검색 결과에 스타의 주요 정보를 엑셀 파일과 같은 형태로 보여주게 되는 것입니다. 각 문서의 링크를 일일이 찾아다닐 필요 없이 한 페이지에서 스타의 정보를 일목요연하게 볼 수 있게 된다는 점에서, 원하는 데이터가 있다면 아주 편리한 검색이 될 수 있습니다. 다만 아직은 검색 결과로 제시되는 내용에 제한이 있고, 한국어 서비스를 하지 않고 있다는 것이 아쉽네요.

국내 검색 포털의 경우에도 기존의 검색에서 벗어나 사용자의 편의를 지원하기 위한 새로운 검색 서비스들을 선보이고 있습니다. '네이버'의 경우 영화 정보를 가지고 '시맨틱 영화검색' 서비스를 통해 영화와 영화인에 대한 정답형 검색 결과를 제공하고 있습니다. 사용자에게 제공되는 검색 결과의 단위가 일반적인 문서나 링크가 아닌 영화명, 영화인 등에 대한 정보 단위로 조정되면서 정보

10) http://www.google.com/squared/search?q=star

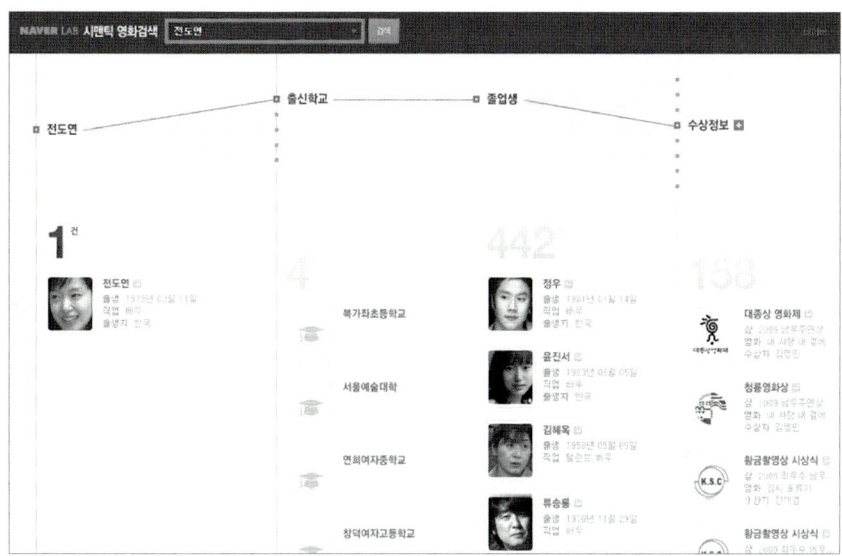

〈그림 1-38〉 네이버 시맨틱 영화검색 '전도연' 검색 결과[11]

간 연관 관계를 통해 다양한 연관 정보의 탐색을 가능하게 해 주는 서비스입니다. '네이트'의 경우 사용자의 의도와 질의어의 의미를 파악해서 검색 결과를 제공하기 위한 방법으로 시맨틱 검색 서비스를 개발하고 웹과 모바일 웹에서 서비스를 제공하고 있습니다. 예를 들어서 '차두리'를 검색하면 프로필, 가족 관계, 소속팀 등의 정보가 주제별로 구분되어서 제공됩니다.

'다음'은 카페, 블로그, 마이크로블로그 '요즘' 등 다음 내 다양한 서비스에서 자신이나 친구들이 작성한 콘텐츠를 모아 검색할 수 있는 'My 소셜' 검색 서비스를 제공하고 있습니다. 소셜 검색은 사용자가 로그인 후 자신이 가입한 카페나 나와 통하는 블로그, 자신이 구독하는 뷰(View), 마이크로블로그의 친구들이 작성한 게시물이나 글 등을 한 번에 쉽게 검색할 수 있는 서비스로 사용자에

11) http://semantic.lab.naver.com

〈그림 1-39〉 네이트 시맨틱 검색 '차두리' 검색 결과[12]

게 특화된 SNS(Social Network Service)입니다.

트위터 검색창에 검색어를 입력하면 최근 트윗(140자 이내의 짧은 글)이 뜨고 이후 실시간 검색 결과가 계속 추가됩니다. 'tiger woods'라고 치면 'Real-time results for tiger woods'란 이름으로 'tiger woods'가 언급된 트윗이 수백 개가 뜹니다. 이후에도 계속 업데이트가 되죠. 구글에서 개발된 소셜 미디어에 대한 실시간 검색 서비스를 이용해서 사용자는 바로 이 순간 각종 매체나 트위터 페이스북 등 소셜 미디어에 올라오는 문장들을 대상으로 바로 검색할 수 있습니다.

이렇듯 검색엔진은 오늘도 사용자를 만족시키기 위해 계속 발전하고 있으며, 앞으로도 새로운 시도가 이어질 것입니다. 향후 검색 서비스는 문서의 제목

---

12) http://www.nate.com

〈그림 1-40〉 다음 'My 소셜' 검색 서비스 설정[13]

과 일부를 보여주는 수준에서 문서의 내용을 알아서 요약하고 문서 내에서 특정 정보들을 추출하여 정리하는 등 사용자가 한눈에 검색 결과를 파악할 수 있도록 지원할 것으로 보입니다. 향후 검색 기술은 사용자의 의도를 보다 정확하게 파악하고, 검색 결과를 보다 효과적으로 제시할 수 있는 기술이 지속적으로 연구될 것이며, 사용자의 상황이나 상태를 파악하기 위한 <상황인지> 나 <사용편의성>을 위한 기술들이 검색 서비스에 자연스럽게 융화될 수 있을 것입니다.

---

13) http://p.search.daum.net/social

〈그림 1-41〉 구글 '실시간 검색' 서비스[14]

---

14) http://www.google.com/realtime

◎ 구글의 페이지랭크(PageRank)와 첫눈의 스노우랭크(SnowRank)

구글의 페이지랭크는 기본적으로 백링크(자신을 향하는 링크)의 개수와 백링크 페이지랭크의 가중치를 기준으로 모든 웹페이지들의 점수를 부여합니다. 즉, 이 기술은 다른 웹페이지에 링크가 많이 걸려 있을수록 검색 결과의 상위에 배치하도록 만들어 줍니다. 다른 웹페이지와의 관계로 검색 순위를 결정하기 때문에 검색 결과의 조작을 방지할 수 있다는 장점이 있습니다. 현재 구글만이 아니라 야후도 페이지랭크와 유사한 알고리즘을 사용한다고 알려져 있고, 백링그는 웹페이지의 중요도를 계산하는 데 매우 효과적이라고 알려져 있습니다. 또한 현재의 구글은 페이지랭크 값만으로 랭킹을 매기지는 않기 때문에 예전보다는 그 중요도가 현저하게 낮아진 것이 사실이지만, 상위 랭크될 수 있는 가능성을 높인다는 측면에서 아직까지 중요합니다.

한국의 인터넷 사용자들은 좋은 정보를 발견하면 링크를 걸지 않고 스크랩을 합니다. 첫눈의 스노우랭크는 그런 한국적 특성에 맞게 개발된 검색 기술로 "중복이 많이 된 정보가 가치 있다."라는 명제에서 출발했습니다. 이 기술은 검색한 정보를 종합적으로 분석한 다음에, 중복이 많이 되고 최신성이 있는 정보부터 상위에 랭크시켜 줍니다. 그리고 검색 결과는 중복된 주제에 따라 묶어서 보이기 때문에, 검색 결과 첫 페이지에서 원하는 정보를 모두 볼 수 있다는 장점도 가지고 있습니다. 방식도 독특하지만, 결과가 보이는 모습 역시 다른 검색 서비스들과는 매우 다릅니다.

[내용 출처] http://www.sciencetimes.co.kr/article.do?todo=view&atidx=0000013525

[내용 출처] http://www.seosem.kr/109

[그림 출처] http://kr.geek2live.org/180

CHAPTER

II

상황 인지의 발전

1. 상황 인지(Context-Awareness)

궁금해씨는 선거철임에도 불구하고 누가 출마했는지조차 관심이 없습니다. 그런데 어느 날 네이버에 접속했더니 배너 광고에 자기 지역의 출마자에 대한 광고가 뜨는 게 아니겠습니까? 궁금해씨에게는 너무 신기하고 궁금한 일이 아닐 수 없습니다. 내가 어느 누구에게도 지금 집에 있다고 알려주지 않았는데, 어떻게 내가 살고 있는 지역을 알고 출마자 광고를 보여준 것일까 하고 궁금해했죠. 다음 날 대전에 출장을 가게 되었는데, 시간이 좀 남아 PC방에 들어가서 역시 네이버에 접속했습니다. 그런데 이번에는 대전 지역의 출마자에 대한 광고가 뜨네요. 이제야 궁금해씨는 네이버에 접속하는 컴퓨터의 무슨 정보를 이용해서 해당 지역에 맞는 광고를 보여준다는 사실을 추측할 수 있었습니다(<그림 2-1> 참조).

맞습니다. 인터넷에 접속하기 위해서는 접속하고자 하는 컴퓨터는 반드시 xxx.xxx.xxx.xxx라는 IP 주소를 정적으로든, 동적으로든 할당받아야 합니다. PC가 가지는 인터넷상에서의 집 주소인 셈이 되는 것이죠. 이 집 주소를 통해 대략적인 사용자 위치를 확인할 수 있습니다.

〈그림 2-1〉 네이버 선거 광고 화면

출마자들은 자신의 광고에 대해 어느 지역에서 접속하는 컴퓨터들에 노출되면 좋을지를 미리 포털에 등록해 놓으면 해당 포털에 컴퓨터가 접속될 때 어느 위치인지는 확인하고 해당 위치에 맞는 광고를 내보내게 됩니다. 다만 IP 주소를 사용하는 경우에 비교적 오차가 크기 때문에 다른 지역의 출마자 광고가 뜨기도 합니다. 그렇지만, 사용자의 위치를 알고 대응한다는 측면에서 대량으로 발송되는 스팸에 비해 한 단계 발전한 서비스임에는 틀림이 없습니다.

그럼 컴퓨터에서만 이런 위치 기반 서비스가 가능한 것일까요? 그렇지 않겠죠. 예를 들어, 휴대전화나 내비게이션에서 사용하는 GPS(Global Positioning System) 등을 통해서도 위치 기반 서비스를 받을 수 있습니다. 상황 인지는 "상황의 변화를 감지하고 사용자에게 적합한 정보나 서비스를 제공하거나 시스템이 스스로 상태를 변경하는 것"을 말합니다. 이러한 상황의 변화를 컴퓨터가 이해하기 위해서는 상황을 특징짓는 데 사용될 수 있는 임의의 정보를 판단하고 정보의 변화에 따라 능동적으로 대처하는 것이 요구됩니다. 즉, 상황 인지(Context-awareness)란 위치를 포함해서 사용자의 현재 상황을 인식하는 것을 의미합니다.

상황 인지의 가능 큰 혜택은 추천(Recommendation)과 개인화(Personalization)에 있습니다. <그림 2-2>의 조하리 윈도(Johari Window)를 한 번 살펴보겠습니다.

조하리 윈도는 네 개의 사분면을 가지고 있습니다. 여기서 다른 사람들(Others)을 컴퓨터로 가정하겠습니다. 'Open' 영역은 자신도 알고 컴퓨터도 아는 상황입니다. 'Blind' 영역은 컴퓨터는 알고 있지만 자신은 모르는 상황입니다. 'Hidden' 영역은 자신은 알고 있지만 컴퓨터는 모르는 상황입니다. 'Unknown' 영역은 자신도 모르고 컴퓨터도 모르는 영역입니다. 상황 인지의

〈그림 2-2〉 조하리 윈도(Johari Window)[1)]

완성은 자신도 알고 컴퓨터도 알 때 이루어집니다. 그래야 사용자가 원하는 정확한 서비스가 그 상황에서 가능해지는 것이기 때문이죠.

만일 컴퓨터는 알고 있지만 사용자는 모를 때 어떻게 해야 할까요? 그때는 컴퓨터에게 물어 보면 되겠죠. 검색 서비스 등을 통해 질문을 던지면 친절하게 컴퓨터가 알려줄 것입니다. 사용자는 알고 있지만 컴퓨터가 모를 때는 어떻게 해야 할까요? 이런 상황은 현재까지의 대다수 웹 서비스들이 가지고 있는 상황입니다. 사용자가 서울에서 검색을 하든, 대전에서 접속하여 검색을 하든 그 검색 결과가 늘 동일하게 나오는 이유가 사용자의 상황을 컴퓨터가 제대로 알지 못하기 때문입니다. 이를 해결할 방안은 결국 사용자의 상황, 즉 사용자 프로파일 등의 개인 정보, 센서 등을 통해 얻을 수 있는 사용자 위치 정보, 해당 위치에서의 시간이나 날씨 정보 등을 컴퓨터에게 알려줄 방법이 필요합니다. 휴대전화, 컴퓨터의 IP 주소, GPS 정보가 대표적인 상황 전달 방법이긴 하지만 앞으로는 센서를 네트워크로 구성한 센서 네트워크(Sensor Network)가 중요한 역할을 수행할 것으로 보입니다. 센서 네트워크 기술은

---

1) http://www.itiadventure.com/Johari-Window.jpg

RFID(Radio Frequency IDentification), WPS(Wi-Fi Positioning System) 등의 기술을 포함하고 있으며, 인간 중심으로 장소에 구애받지 않고 언제 어디서나 컴퓨팅 환경에 접속할 수 있는 유비쿼터스 패러다임이 확대되면서 전 세계적으로 활발하게 연구되고 있는 기술입니다.

이 얘기를 좀 더 풀어가기 전에 'Unknown' 영역에서는 어떻게 대처해야 할지 알아보겠습니다. 이 상황은 사용자도 모르고 있고, 컴퓨터도 모르고 있는 무엇인가를 찾고 있는 상황입니다. 예를 들어, 어떤 연예인이 궁금해졌는데, 아직 신인이라 제대로 컴퓨터를 통해 정보를 확인할 수 없는 경우와 같은 것이죠. 이럴 때는 소셜 네트워크가 도움을 줄 수 있습니다. 즉, 주변 사람들에게 물어보거나 지식인, 트위터 등의 소셜 서비스를 통해 다른 사람들의 힘을 빌려야 하는

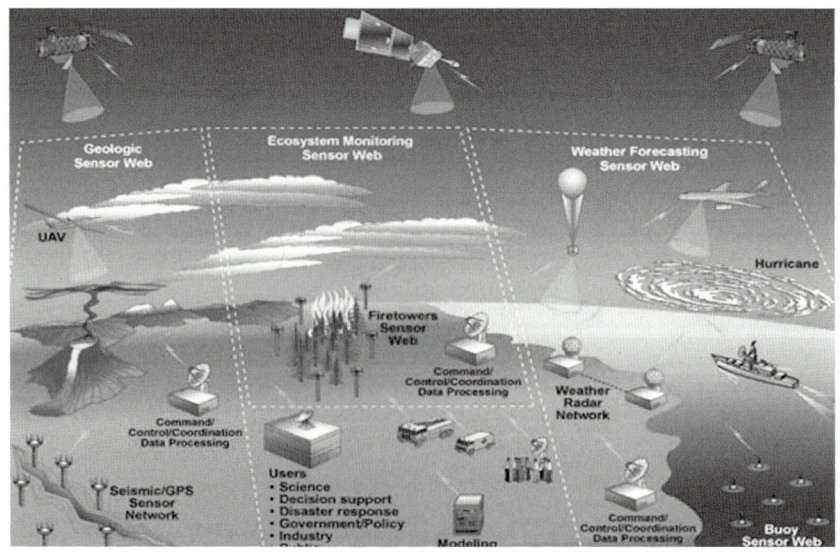

〈그림 2-3〉 센서 웹(Sensor Web)[2]

2) http://www.imagingnotes.com/ee_assets/enews/SensorWebImageForEnewsJuly2.jpg

경우지요.

상황(Context)은 크게 세 가지로 나누어 볼 수 있습니다.[3] 첫째는 사용자 프로파일, 사용자 간의 관계, 위치, 선호 정보, 역할 등의 사용자 정보이며, 둘째는 날씨, 기온, 조명 밝기 등과 같은 환경 정보이며, 셋째는 사용자 로그, 비즈니스 로직과 같은 시스템 정보입니다. 사용자 정보는 주로 사용자가 회원 가입을 할 때 입력한 정보에 기초하게 되는데, 자주 갱신하지 않으면 더 이상 유효하지 않은 정보로 남거나 그날 상황에 따라 적합하지 않은 정보로 남게 될 가능성이 크므로 사용자 정보에 대한 갱신 방안이 필요합니다. 예를 들어, 궁금해씨가 어느 사이트에 회원 가입할 때 취미를 여행이라고 체크했지만, 요즘 여행보나 콘서트에 관심을 더 가지게 되었다면 여행이라는 취미는 더 이상 유효하지 않은 정보가 되어 버립니다. 둘째, 환경 정보는 각종 센서들이나 사용자가 휴대하거나 사용하는 기기들에 의해 수집이 될 수 있습니다. 실시간 추천과 개인화 서비스를 위해서 필요한 정보들입니다. 마지막 시스템 정보는 서버 등을 포함한 기기에 기록된 사용자 행태 정보로서 사용자의 행태 분석을 통해 새로운 상품을 추천하는 데 주로 이용됩니다.

상황 인지 기술을 서비스에 적용한 주요 기업으로는 아마존과 구글, 페이스북 등이 있습니다. 아마존은 사용자가 도서를 구입할 때, 사용자들의 구매이력을 저장하고 분석한 결과를 토대로 도서 검색 및 구매 시에 사용자의 취향을 고려한 추천 도서를 보여주는 서비스를 제공하고 있습니다. 구글의 경우에는 **iGoogle**과 같은 서비스를 통해 사용자의 만족도를 극대화하기 위한 다양한 인

---

3) 상황정보: 유비쿼터스 컴퓨팅과 관련하여 사용자와 다른 사용자, 시스템 혹은 디바이스 애플리케이션 간 상호작용에 영향을 미치는 사람, 장소, 사물, 개체, 시간 등 상황의 특징을 규정하는 정보.
(http://terms.naver.com/item.nhn?dirId=204&docId=23997)

〈그림 2-4〉 아마존 상품 추천 서비스[4]

터페이스를 제공하고 있으며, 페이스북은 개인의 프로파일에 기반하여 친구를 찾아주거나 검색에 활용하는 등의 서비스 형태를 보여주고 있습니다.

그럼 잠시 상황 인지를 도와주는 센서들의 활용 예를 살펴보겠습니다. 〈그림 2-5〉는 제가 2010년 그리스 크레타 섬에서 열린 한 콘퍼런스에서 경험한 사례를 보여줍니다. 콘퍼런스 참석자들에게 목에 걸 수 있는 소속 기관과 이름이 적힌 태그를 나누어 주었는데, 태그 뒷면에 RFID가 부착되어 있었고, 콘퍼런스 장소의 여러 위치에 RFID를 인식할 수 있는 수신기들이 있어 참석자가 있는 위치나 이동하는 모습을 실시간으로 관찰할 수 있게 해주었습니다. 인천국제공항 등에서도 RFID를 활용하고 있는데요, 의심스러운 물품을 가지고 입국하는 경우에 RFID를 수화물에 부착하여 세관을 통과하는 순간에 음악이 나오게 하는 방식으로 해당 물품을 검사할 수 있게 해줍니다. 제 옆 사람 가방에서 음악 소리가 나서 깜짝 놀란 적이 있습니다.

---

4) http://img.photobucket.com/albums/v642/shakespeares_sister/amazon.jpg

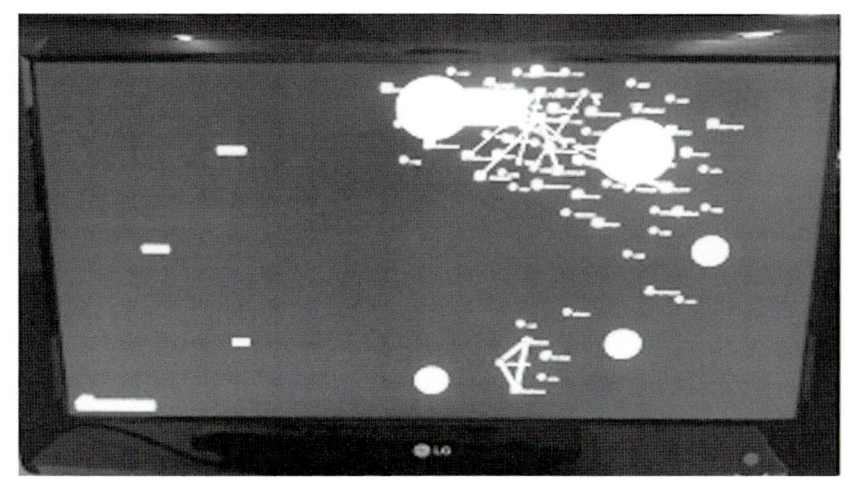

〈그림 2-5〉 2010년도 ESWC(Extended Semantic Web Conference)
콘퍼런스에서 사용한 RFID 방식의 참석자 위치 추적 시스템 예[5]

RFID 부착은 물품에만 이루어지는 것은 아닙니다. 유기견을 방지하기 위해 개나 고양이에게도 RFID를 부착하거나 삽입하기 시작하였습니다. 길거리에 주인 없는 개나 고양이가 돌아다니는 경우 RFID 인식을 통해 주인을 찾아 연락하거나 처벌하는 등의 후속 조치가 가능해집니다. 윤리적인 이슈를 낳을 수 있지만 사람에게도 RFID 부착은 가능할까요? 극단적인 생각인지 모르겠지만 저는 미래에 분명 사람에게도 RFID가 부여되는 시기가 올 것이라고 생각하고 있습니다(〈그림 2-7〉 참조).

몇 년 전에 큰 이슈가 되었던 '강호순 사건' 기억하실 겁니다. 그 당시 발굴 현장 부근을 출입하였던 CCTV에 찍힌 수천 대의 차량을 일일이 조회하여 결국 범인을 잡았는데요, 인적·물적으로 소요된 비용이 엄청나게 컸습니다. 만일 도로망이 USN(Ubiquitous Sensor Network)으로 구축되어 있고, 차량마다 RFID를 부착되어 있었다면, 훨씬 용이하게 용의 차량을 발견할 수 있었을 것입니다.

---

5) http://www.rfidjournal.com/ezimagecatalogue/catalogue/php8SbKP3.jpg
http://www.eie-korea.com/board/image.aspx?tbname=download&imageName=Dog-implant.jpg

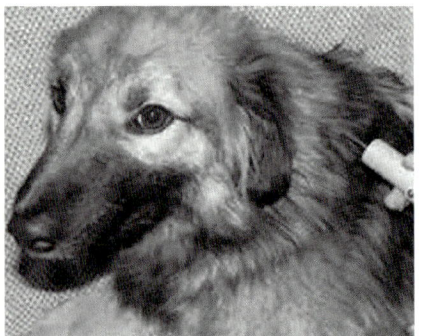

〈그림 2-6〉 개에게 RFID를 부착하거나 삽입하는 예[6]

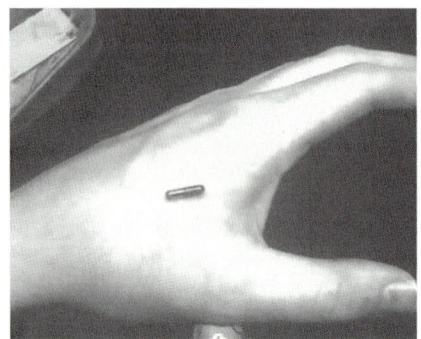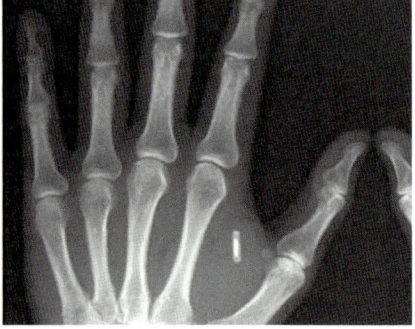

〈그림 2-7〉 사람에게 RFID를 삽입한 예[7]

전자 팔찌의 무용론이 가끔씩 대두되고 있는 현실에서 사람에게의 **RFID** 삽입이 남의 일이나 상상 속의 일로 여겨지지 않기도 합니다.

　미국 등에서 연구 중인 스마트 더스트(Smart Dust) 역시 관심을 가질 기술 중 하나입니다. $1mm^2$ 크기의 아주 작은 일명, 똑똑한 먼지는 빛·온도·진동을 감지할 수 있는 센서, 기기 등의 네트워크입니다. 험준한 산에 용의자가 숨어 있을

---

6) http://www.rfidjournal.com/ezimagecatalogue/catalogue/php8SbKP3.jpg
　　http://www.eie-korea.com/board/image.aspx?tbname=download&imageName=Dog-implant.jpg
7) http://upload.wikimedia.org/wikipedia/commons/9/99/RFID_hand_1.jpg
　　http://www.foxnews.com/static/managed/img/Scitech/RFID%20Implants_doomsday_604x341.jpg

때 공중에서 스마트 더스트를 살포하고 그 움직임을 실시간에 추적할 수 있다면 연인원 기준으로 수천 명을 동원하지 않고도 용의자를 쉽게 찾아낼 수 있게 될 겁니다. 전장에서 그 효과가 더욱 클 것이라고 보여 미 국방부 등에서 연구 개발 중에 있습니다. 걱정되는 것은 스마트 더스트를 남용하였을 때 바람을 타고 공기 중에 떠다니다 인체에 흡수될 수도 있다는 점입니다만 기술 개발을 통해 이 문제가 해결된다면 막강한 위력을 발휘할 것이라는 생각이 듭니다.

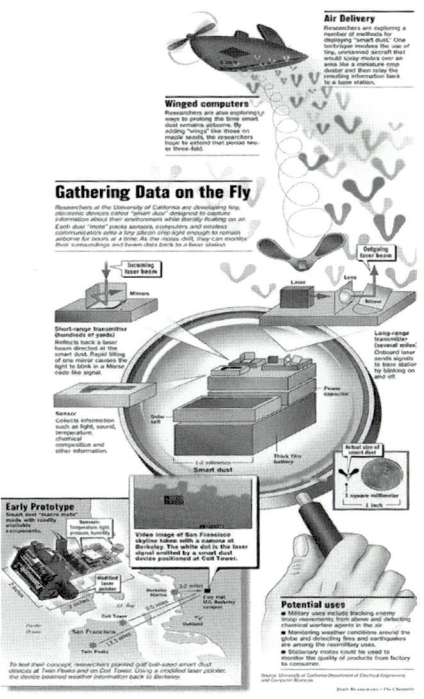

〈그림 2-8〉 스마트 더스트 예[8]

　요즘 스마트폰의 보급과 함께 무선 랜(Wi-Fi)[9]을 찾아 떠돌아다니는 유목민들을 쉽게 발견할 수 있습니다. 특히, 공항 등에서 한군데 모여서 웅크리고 앉아 인터넷 접속을 시도하고 있는 젊은이들도 곧잘 눈에 보이곤 합니다. 대도시에서는 이미 상당한 수준의 무선 랜이 보급되어 있기 때문에 어디서나 이들을 찾아내는 게 전혀 어려운 일이 아닙니다. GPS가 위성 신호를 잡을 수 있는 실외, 그리고 큰 건물들로 가려 있지 않은 장소라는 제약이 따르는 데 반해 무선 랜 기반 위치 시스템인 WPS은 실내에서도 위치 추적이 가능하여 보다 정교

---

8) http://www.nanotech-now.com/images/smartdust1-medium.jpg
9) 무선 랜과 Wi-Fi는 동일한 개념은 아니나, 편의상 본 저에서는 혼용해서 사용함.

<〈그림 2-9〉 무선 랜 AP 분포 예(왼쪽: 뉴욕 시, 오른쪽 위: 전 세계, 오른쪽 아래: 미국)[10]>

한 상황 인지 서비스를 지원할 수 있습니다. <그림 2-9>를 보시면, 뉴욕시에서 발견할 수 있는 무선 랜들을 지도에 보여주고 있는데, 엄청난 무선 랜들이 퍼져 있어 위치 추적하는 데 불편함이 없을 것이란 점을 쉽게 알 수 있습니다. 오른쪽 그림들은 미국과 세계에 분포된 무선 랜들을 보여주는데, 안타까운 사실이지 만 국가나 도시 간 빈부 격차를 보여주는 하나의 사례입니다.

최근 스마트폰의 확산을 통해 소셜 서비스와 위치기반 서비스(LBS: Location Based Service)의 결합 서비스인 LBSNS(Location Based Social Network Service)가 소셜 서비스 시장의 확대를 가져왔습니다. 대표적으로 포스퀘어 (Foursquare)[11], 고왈라(Gowalla)[12]등이 이러한 LBSNS의 글로벌 시장을 이끌

---

10) http://www.linuxfordevices.com/files/misc/nyc-wifi-points.jpg
11) 미국에서 만들어진 위치기반 모바일 소셜 네트워크 서비스(http://foursquare.com/).
12) Foursquare와 더불어 전 세계적으로 많이 사용되고 있는 체크인(check-in)서비스 중의 하나로 특정 지점에 도 착 했을 때 체크인하는 행동을 기반으로 서비스가 구성(http://gowalla.com).

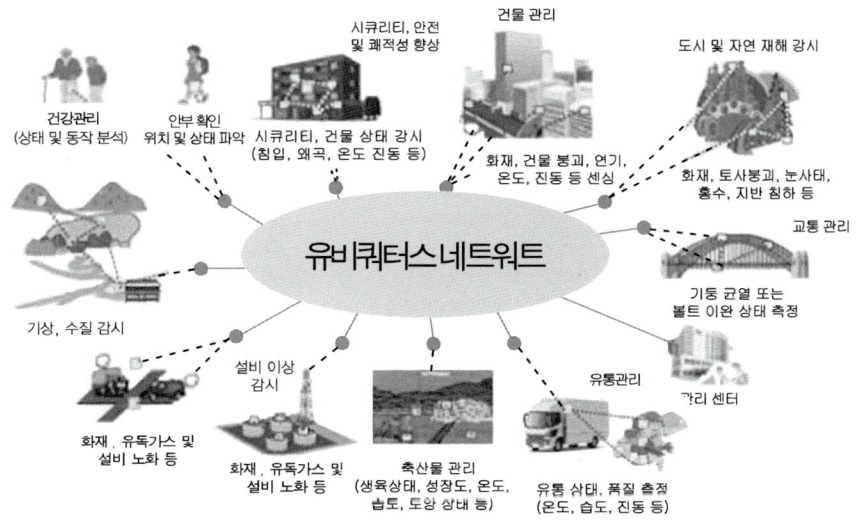

건물 관리

시큐리티, 안전
및 쾌적성 향상

도시 및 자연 재해 감시

건강관리
(상태 및 동작 분석)

안부 확인
위치 및 상태 파악

시큐리티, 건물 상태 감시
(침입, 왜곡, 온도 진동 등)

화재, 건물 붕괴, 연기,
온도, 진동 등 센싱

화재, 토사붕괴, 눈사태,
홍수, 지반 침하 등

교통 관리

유비쿼터스 네트워크

기둥 균열 또는
볼트 이완 상태 측정

기상, 수질 감시

설비 이상
감시

유통관리

관리 센터

화재, 유독가스 및
설비 노화 등

화재, 유독가스 및
설비 노화 등

축산물 관리
(생육상태, 성장도, 온도,
습도, 토양 상태 등)

유통 상태, 품질 측정
(온도, 습도, 진동 등)

〈그림 2-10〉 유비쿼터스 네트워크[15]

어 왔으며, 최근에는 '아임인'(KTH) [13]과 '플레이스'(다음커뮤니케이션)[14] 등이 한국형 LBSNS 서비스를 개시하였습니다.

상황인지 기술은 사용자가 정보기기 및 관련 서비스를 이용하는 데 근본적인 변화를 가져다 줄 것으로 보입니다. 인터넷에 연결된 수십 억 개의 기기들은 점점 더 스마트해지고 있으며, 상황 데이터를 감지하고 공유하는 기술은 모바일 기기와 맞물려서 예상치 못한 전혀 새로운 형태의 서비스로 등장하면서 상황 인지 기술의 적용 범위는 더욱 확대될 것으로 예상됩니다. 그러나 정보 기기와 관련된 기술의 발달이 어김없이 야기하는 개인의 사생활 보호 및 보안과 관련된 이슈는 상

---

13) 대표적인 국내 서비스로 자신이 머물고 있는 곳이나 갔던 곳이나 갈 곳이나 가고 싶은 모든 곳을 검색하여 흔적
(발도장)을 남기는 것(http://www.im-in.com).

14) 포스퀘어의 한국어판으로 장소의 상세 정보들 제공 및 전화 연결도 가능하여 장소를 찾는 데 유용하게 사용됨
(http://place.daum.net/Top.do).

15) http://www.ddaily.co.kr/DATA/news/20090414/20090414153044__269F3.jpg

황인지 컴퓨팅 역시 피해갈 수 없을 것으로 보입니다. 사용자의 상황정보를 분석하고 더욱 높은 사용자 경험을 제공하는 동시에 정보 보안과 사생활 보호 기능까지 갖춘 완벽한 상황 인지 컴퓨팅의 미래 모습을 기대해 봅니다.[16]

---

16) http://www.skyventure.co.kr/insight/swhw/view.asp?Num=17152&NSLT=Y

◎ 소셜 네트워크 서비스(Social Network Service)의 진화

소셜 네트워크 서비스는 웹상에서 친구·선후배·동료 등 지인과의 인맥 관계를 강화시키고 또 새로운 인맥을 쌓으며 폭넓은 인적 네트워크(인간관계)를 형성할 수 있도록 해주는 서비스를 말합니다. 'SNS'라 부르기도 하며, 인터넷에서 개인의 정부를 공유할 수 있게 하고, 의사소통을 도와주는 1인 미디어, 1인 커뮤니티라 할 수 있습니다.

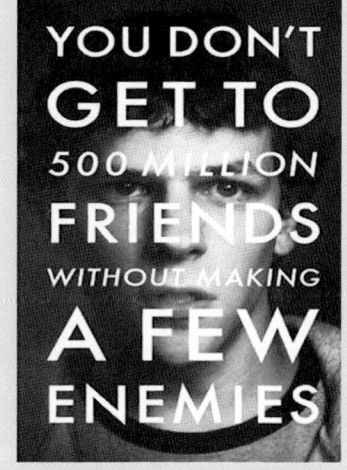

초창기 소셜 네트워킹 웹사이트들은 일반화된 온라인 커뮤니티 형태로 시작하였습니다. The Well(1985년), Theglob.com(1994년), 지오시티즈(1994년), 트라이포드(1995년)가 대표적인 예입니다. 이들 초창기 커뮤니티들은 사람들을 모아놓고 대화방에서 대화할 수 있게 해주기도 하였고, 개인 정보나 개인 작성 글들을 개인 홈페이지에 출판할 수 있게 해주는 출판 도구를 제공하기도 하였습니다. 이 외에도 단순히 전자우편 주소만을 가지고 사람들을 엮어주는 커뮤니티도 있었습니다.

오늘날 대부분의 소셜 네트워크 서비스는 비즈니스, 각종 정보공유 등 생산적 용도로 활용하는 경향으로 발전했습니다. 또 인터넷 검색보다 소셜 네트워크 서비스를 통하여 최신 정보를 찾고 이를 활용하는 이들도 많습니다. 대부분 아는 사람의 아는 사람으로 연결되어 있는 특성상 일반 검색을 통해 찾는 정보보다 친구의 추천으로 공유하는 정보가 신뢰성이 높고 또 간결하게 전달되기 때문입니다.

한 예로 트위터(Twitter)를 볼 수 있습니다. 트위터는 블로그의 인터페이스와 미니홈페이지의 '친구맺기' 기능, 메신저의 신속성 기능을 한데 모아놓은 소셜 네트워크 서비스입니다. 트위터란 단어의 뜻은 '지저귀다'라는 뜻으로, 컴퓨터를 통해 웹에 직접 접속하지 않더라도 휴대전화의 문자메시지나 스마트폰 같은 휴대기기 등 다양한 방법을 통하여 글을 올리거나 받아볼 수 있으며, 댓글을 달거나 특정 글을 다른 사용자들에게 퍼트릴 수도 있습니다. 언제 어디서나 정보를 실시간으로 교류할 수 있는 트위터의 장점으로 CNN을 앞지를 정도로 신속한 '정보 유통망'으로 주목받고 있습니다. 또한 미국의 첫 흑인 대통령이 된 버락 오바마가 대통령 선거에서 승리하는 데 트위터를 이용한 홍보효과를 톡톡히 본 것으로 알려져 있으며, 기업들도 홍보나 고객 불만 접수 등 다양한 방법으로 활용하고 있습니다.

한국의 대표적인 소셜 네트워크 서비스로는 싸이월드를 들 수 있습니다. 1999년 시작된 미니홈피 싸이월드는 이용자들이 개인의 일상사와 삶을 표현하고 일촌이라는 관계를 통하여 서로 엮이면서 확장되는 서비스입니다. 그 밖에 트위터·페이스북·마이스페이스·링크드인·비보·H15·XING 등의 소셜 네트워크 서비스가 있습니다.

[내용 출처] http://100.naver.com/100.nhn?docid=922657

[내용 출처] http://ko.wikipedia.org/wiki/%EC%86%8C%EC%85%9C_%EB%84%A4%ED%8A%B8%EC%9B%8C%ED%81%AC_%EC%84%9C%EB%B9%84%EC%8A%A4

[그림 출처] http://news.danawa.com/News_List_View.php?nModeC=10&sMode=news&nSeq=1757406&nBoardSeq=60&auth=1

◎ 아마존(Amazon)의 협업 필터링(Collaborative Filtering)

협업 필터링이란 고객들의 선호도와 관심 표현을 바탕으로 선호도, 관심에서 비슷한 패턴을 가진 고객들을 식별해 내는 기법으로 비슷한 취향을 가진 고객들에게 서로 아직 구매하지 않은 상품들을 교차 추천하거나 분류된 고객의 취향이나 생활 형태에 따라 관련 상품을 추천하는 형태의 서비스를 제공하기 위해 사용됩니다.

협업 필터링의 선구자는 아마존닷컴의 아이템 기반의 협력 필터링(Item-based Colloaborative Filtering)으로, 아이템 간의 상관관계를 결정하는 아이템 매트릭스(Item-item Matrix)를 만들고 이 매트릭스를 사용하여 최신 사용자의 데이터를 기반으로 그 사용자의 기호를 유추하는 방법으로 운영됩니다. 이 시스템에서는 모든 사람들이 한 행동들(예를 들어, 무슨 음악을 들었는지, 무슨 물건을 샀는지 등)과 사용자가 무엇을 했는지에 대하여 관찰하여 미래의 사용자 행위를 예측합니다. 이 예측들은 비즈니스 로직(Business Logic)을 통하여 필터링되고 이 예측들로 인하여 비즈니스 시스템이 무엇을 해야 하는지에 대하여 제시합니다. 예를 들어, 만약 이미 어떤 음악을 가지고 있는 사용자에게는 그 음악에 대하여 구입 추천을 하는 것이 유용하지 않기 때문에 추천을 하지 않습니다. 또한 루시디의 「한밤중의 아이들」을 구매한 사람은 아룬다티 로이의 「작은 것들의 산」도 좋아할 것이라는 것을 예측하여 추천합니다.

협업 필터링의 다른 예로 월마트를 볼 수 있습니다. 월마트는 고객들의 구매 이력 정보를 토대로 아이템들 간의 상관관계를 알아내는 데이터 마이닝 기법을 통해, "기저귀를 사는 남성은 맥주를 구매한다", "허리케인이 상륙하기 전에 딸기과자와 맥주가 많이 팔린

다"라는 고객들의 선호도를 분석해, 기저기와 딸기과자를 구입한 고객들에게 맥주 구매

를 유도해 매출액을 증가시켰습니다.

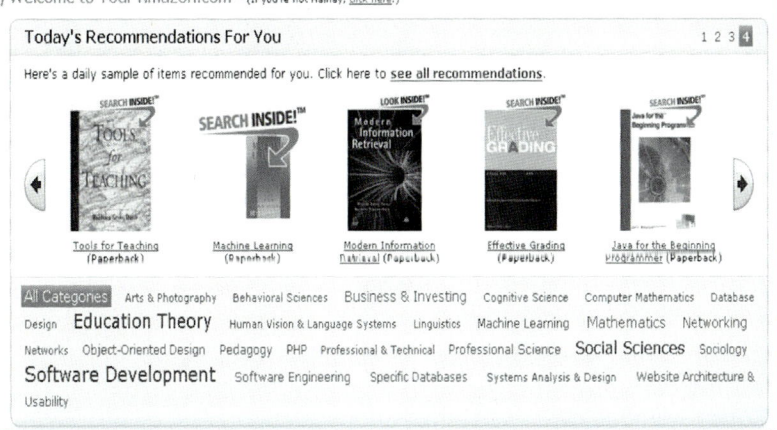

<그림 1> 아마존의 추천 리스트

[내용 출처] http://terms.naver.com/item.nhn?dirId=209&docId=23604

[내용 출처] http://ko.wikipedia.org/wiki/협업 필터링

◎ 스마트 더스트(Smart Dust)

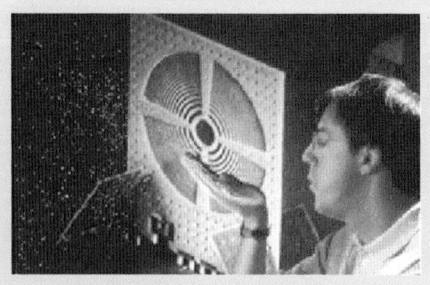

미국의 격주간 경제지 『포춘』이 2006년까지 세계를 바꿀 10대 기술 가운데 하나로 선정한 미래 기술입니다. 1990년대 후반 미국 캘리포니아대학교 버클리캠퍼스에서 처음 제시하였습니다. 공항·군사시설·발전소 등 국가중요시설은 물론, 지하철·사무실·빌딩 등 일상 시설 주위에 뿌리면, 최첨단 무선 네트워크를 통해 온도·빛·진동뿐만 아니라 주변 물질의 성분까지 감지하고 분석할 수 있는 초소형 센서를 말합니다.

센서의 크기가 눈에 보이지 않을 정도로 작아 마치 먼지처럼 흩뿌릴 수 있는 센서라는 뜻에서 이런 이름이 붙었습니다. 오늘날의 혁신적인 실리콘과 칩의 생산기술 덕분에 현재까지 개발된 가장 작은 똑똑한 먼지는 크기가 1㎜ 정도인데, 전문가들은 2015년 무렵이면 크기가 수십 분의 1로 줄어들고, 기능도 훨씬 뛰어난 똑똑한 먼지도 출현할 것으로 보고 있습니다.

스마트 더스트는 데이터를 수집하고, 컴퓨팅을 수행하며, 쌍방향 라디오 주파수로 30미터 거리 내에서 정보를 서로 주고받는 센서로, 주로 군사적 목적으로 개발되었습니다. 전쟁이 일어날 경우 적지에 뿌리면 센서가 적의 생화학무기의 색깔이나 성분을 감지해 사용 여부를 알려 줍니다. 그리고 일상적으로 입는 의복 또는 필요한 장소에 뿌려, 각종 생화학 공격을 미리 막을 수 있고 사람들의 위치와 상태를 감시할 수 있습니다.

또한 이 기술이 실현되면 안개처럼 공중을 떠돌며 지진 피해, 건물의 붕괴 가능성을 미리 감시할 수 있습니다. 또 농작물 상태도 일일이 모니터링할 수 있습니다. 식품에 붙은 스마트 더스트는 전자레인지에 조리법을 알려주고, 아기 옷에 부착돼 건강 상태를 체크할 수도 있습니다. 스마트 더스트가 인간에게 봉사할 날이 눈앞에 다가오고 있습니다.

◎ 무선 랜과 Wi-Fi

무선랜(WLAN)은 무선접속장치(AP)가 설치된 곳을 중심으로 일정 거리 이내에서 PDA나 노트북 컴퓨터를 통해 초고속 인터넷을 이용할 수 있습니다. 무선주파수를 이용하므로 전화선이나 전용선이 필요 없으나 PDA나 노트북 컴퓨터에는 무선랜카드가 장착되어 있어야 합니다. 1980년대 말 미국의 프록심(Proxim), 심볼(Symbol) 등의 무선기기 업체에서 처음으로 사업화하였으나 여러 가지 방식이 난립하여 일반화되지는 못했습니다. 1999년 9월 미국 무선랜협회인 WECA(Wireless Ethernet Capability Alliance: 2002년 Wi-Fi로 변경)가 표준으로 정한 IEEE802.11b와 호환되는 제품에 와이파이 인증을 부여한 뒤 급속하게 성장하기 시작하였습니다.

와이파이(Wi-Fi)는 와이파이 얼라이언스(Wi-Fi Alliance)의 상표명으로, IEEE 802.11 기반의 무선랜 연결과 장치 간 연결(와이파이 P2P), PAN/LAN/WAN 구성 등을 지원하는 일련의 기술을 뜻합니다. 현대의 많은 운영 체제들은 와이파이를 지원하기 때문에, 스마트폰을 비롯한 휴대전화, PDA, 데스크톱, 노트북 컴퓨터, 넷북 등을 이용해 와이파이를 사용할 수 있습니다. 고급형 게임기, 프린터를 비롯한 일부 주변 기기들에서도 와이파이를 지원합니다.

2010년 현재, 대한민국에서는 KT가 주도적으로 무선 인터넷이 개방된 와이파이 존을 설치하고 있으며, 전국에 2만 8천 개의 KT '올레 와이파이 존'(또는 '쿡앤쇼 와이파이 존') 이 설치되어 있습니다. KT는 2010년 말까지 2만 8천 개, 2011년 말까지 10만 개의 와이파이 존을 구축할 예정입니다. SKT에서도 'T 와이파이 존'을 개방하고 있으며, LGT에서는 와

〈그림 1〉 KT의 Wi-Fi 광고　　　　　　　〈그림 2〉 SKT의 Wi-Fi 광고

이파이 개방과 함께 사유 **AP**를 개방하는 방안을 검토한 바 있습니다.

[내용 출처] http://100.naver.com/100.nhn?docid=719579

[내용 출처] http://ko.wikipedia.org/wiki/WIFI

[그림 출처] http://olpost.com/v/353938

[그림 출처] http://blog.naver.com/PostView.nhn?blogId=hypereal630&logNo=60117892393&viewDate=
&currentPage=1&listtype=0

2. 빅브라더는 잠들지 않는다

어느덧 1월에 접어드니 살살 부는 바람조차도 뼈까지 춥게 만들 정도로 중년에 접어든 궁금해씨를 괴롭히는군요. 궁금해씨는 지하철을 나와 서둘러 회사로 걸어가고 있습니다. 문득 머리를 들어 위를 보니 CCTV가 보이는군요. 그러고 보니, 지하철 역 내에서도 2~3개 본 것 같습니다. 회사 현관에 들어서자마자 역시나 주인처럼 떡하니 천장에 붙어 궁금해씨를 내려다보고 있습니다. 회사 중요 자산을 도난당하지 않으려면 어쩔 수 없다는 생각이 들긴 하지만 기분이 썩 좋은 것은 아닙니다. 자의적으로 악용될 소지도 있는 것이니까요. 사무실 내는 물론이고, 화장실을 다녀오는 길목에도, 잡담을 나누는 휴게실에도 어김없이 CCTV가 가만히 내려다보고 있습니다. 하루에 수십 번 이상 CCTV에 찍힌다고 하는데, 정확히 세 본 적이 없어 더 찍힐지도 알 수 없는 일이죠.

집으로 돌아와서 아내와 TV를 보는데 요즘 뉴스에 자주 등장했던 살인 용의자가 CCTV에 찍힌 장면 때문에 잡혔다는 뉴스가 나옵니다. 현장과 멀지 않은 주변 지역이라 천만다행이라는 생각이 듭니다. 좀 불편하긴 하지만 그래도 CCTV 덕분에 범인을 잡았다는 것 때문에 CCTV가 더 설치될 필요도 있겠다는 생각을 합니다. 아, 그런데 다음 뉴스는 어느 성범죄자의 전자발찌(Electronic Anklet) 얘기네요. 아 글쎄, 전자발찌를 끊고 달아났다는 얘기 아니겠습니까?

딸아이도 있어 요즘같이 험한 세상에 불안하던 차에 걱정이 많이 되네요. 아내에게 잘 챙기라고 신신당부를 하긴 하지만 저렇게 불완전한 전자발찌로 감시가 제대로 될 수 있을까 너무 걱정이 됩니다. 좀 더 강력한 감시 시스템이 있었으면 좋겠다는 생각이 들기 시작합니다.

인터넷이 발달하다 보니 미국의 경우에는 성범죄자 주거 지역을 인터넷을 통해 확인할 수 있다고 합니다.[1] 그리고, 경찰관에 의한 보호관찰(Probation)보다 감시가 용이한 전자발찌까지 등장했습니다(<그림 2-11> 참조).

그런데 전자발찌는 확실한 관찰 장비로서의 역할을 할 수 있을까요? 만일 끊어 버리고 자취를 감추어 버린다면 추적할 수 있을까요? 새로운 기술이 개발되어도 그것을 회피할 수 있는 또 다른 방안들이 끊임없이 생겨납니다. 마치 컴퓨터 바이러스와 백신과의 관계처럼 말이죠. 독감 바이러스가 계속 변종을

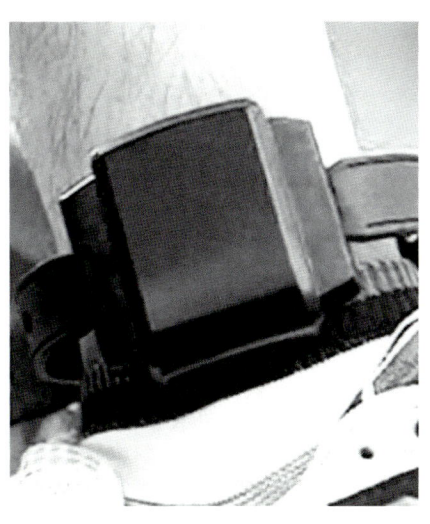

일으키고 새로운 백신을 또 개발해야 하는 것과도 같은 이치죠. 결국 지금보다 훨씬 강력한 기술이 나와 지금의 전자발찌를 보완할 것이라 봅니다. 그중 유력한 후보 중 하나가 RFID(Radio Frequency IDentification)입니다. <상황 인자>에서 그 적용 사례들을 살펴보았는데, 언젠가는 전자발찌를 대신해

<그림 2-11> 전자발찌 부착 예[2]

---

1) 선진국, 성범죄자 얼굴·이름 공개 '재발 방지', 2006년 2월 20일, SBS 8시뉴스.
(http://news.sbs.co.kr/section_news/news_read.jsp?news_id=N1000078909)
2) http://img.sciencetv.kr//sciencetv/jpg/science_today/2008/200808281729009979_b.jpg

서 우리 몸속에 삽입될 것이라고 저는 확신합니다. 현재의 기술을 무참히 깨버리는 사례가 나오면 여론은 더욱 강력한 기술을 요구할 것이고, 이러한 과정을 몇 번 거치면 RFID의 삽입까지 갈 것이라고 보기 때문입니다. 물론 이보다 더 강력한 기술이 나올 수도 있겠죠.

CCTV 이상의 모니터링 체계가 점점 현실화되고 있습니다. 이미 무선 랜 AP(Access Point)를 이용한 위치 측위 시스템이 개발되었고, USN(Ubiquitous Sensor Network), RFID 등을 이용한 정밀한 위치 인식 기술들이 속속 개발되고 있습니다. CCTV의 불완전한 모니터링을 대체하거나 보완할 수 있는 기술들이 개발됨에 따라 사람들이 숨을 수 있는 사각지대가 점점 없어지게 될 것입니다. 한 미래 예측 보고서에서는 언제 어디서나 감시의 눈길을 피할 수 없게 되기 때문에 사생활 보호가 필요한 순간이나 휴식을 취하고 싶을 때는 코쿤(Cocoon)[3]

〈그림 2-12〉 코쿤(Cocoon) 예[4]

---

3) '누에고치'에서 유래했으며, 혼자만을 위한 독립적 공간을 의미.
4) http://blog.bola.info/wp-content/uploads/2009/08/cocoon.jpg

에 들어가야 할지도 모른다고 얘기합니다. 수십 센티미터 간격으로 설치된 센서들의 모니터링에서 벗어날 방법이 없기 때문에 나온 궁여지책이긴 하겠지만 정말 미래는 이렇게 될지도 모르겠습니다.

빅브라더(Big Brother)는 영국의 소설가 조지 오웰[5]의 소설 『1984년』에서 나왔던 용어로, 선의의 목적으로 사회를 돌보는 보호적 감시인 동시에 음모론에 입각한 권력자들의 사회 통제의 수단을 뜻하는 양면적 성격의 용어입니다. 정보의 독점을 통해 사회를 통제, 지배하는 관리 권력 또는 사회 체계를 암시합니다. 앞으로 CCTV 이상의 모니터링 체계가 등장할수록 빅브라더의 존재 가능성은 더욱 커지게 되는 것입니다. 실체가 있을 수도 있고 없을 수도 있겠지만, 필요한 순간에 개인의 모든 움직임을 추적하고 분석할 수 있게 된다는 의미입니다. "Everyware: The Dawning Age of Ubiquitous Computing"의 저자 아담 그린필드[6]가 말하는 유비쿼터스 세상은 'Everyware: Everywhere + Software'로 모든 사물에 컴퓨터가 내장되고 인터넷과 연계되어 언제 어디서나 끊김 없이 상호 연계된 환경을 의미합니다. 즉, RFID 태그는 자신의 위치와 광대한 네트워크에 지속적으로 다른 정보를 통신하면서 매일 개체들이 상호 월드 와이드웹의 일부 것처럼 '검색'이 되는 것을 의미합니다. 다음은 "Ubiquitous Computing: Big Brother's All-Seeing Eye"에 등장하는 가상의 장면들입니다.[7]

2017년 어느 날 신원 미상의 환자가 응급실로 후송되어 옵니다(<그림 2-13> 참조). 신분증도 없어 누구인지, 또 긴급히 수혈할 필요가 있는데, 혈액형이 무엇인지, 유전병이나 알레르기는 없는지 등 아는 정보가 없는 상태입니다. 당장

5) George Orwell, 1903~1950, http://en.wikipedia.org/wiki/George_orwell
6) Adam Greenfield(1968~), http://en.wikipedia.org/wiki/Adam_Greenfield
7) http://www.youtube.com/watch?v=2I3T_kLCBAw
   http://www.youtube.com/watch?v=SKZm34jsNHY

〈그림 2-13〉 신원 미상의 환자 수송

환자의 목숨이 위급한 상황에서 환자의 신원을 확인하고, 기존 병력을 확인하는 과정에서 소요되는 일분일초가 아까운 상황입니다. 만약 이런 정보가 모든 사람들의 몸속에 보관되어 있다면 어떻게 될까요? 즉, 사람의 신상 정보는 물론 중요한 모든 정보가 작은 칩으로 몸속에 보관되어서 필요한 경우 뽑아서 사용할 수 있다면 어떻게 될까요?

의사는 환자의 보호자를 찾거나, 환자의 병력을 찾기 위한 노력과 이에 소요되는 시간을 낭비하지 않아도 될 것입니다. 일단 의사는 환자의 몸속에 삽입되어 있던 RFID 칩을 도구를 이용하여 꺼냅니다(〈그림 2-14〉 참조). 물론 기술의 발전과 함께 칩을 꺼내지 않고도 스캐닝을 통해 신원 확인을 할 수도 있습니다. 칩에는 환자에 대한 기본 정보뿐만 아니라 선천적 질병이나 알레르기 등 수술 시 주의해야 할 정보까지 모두 포함하고 있습니다. RFID 칩을 스캐닝하는 것만으로 이 모든 정보를 별도의 검사 없이 확인할 수 있는 것입니다(〈그림 2-15〉 참조).

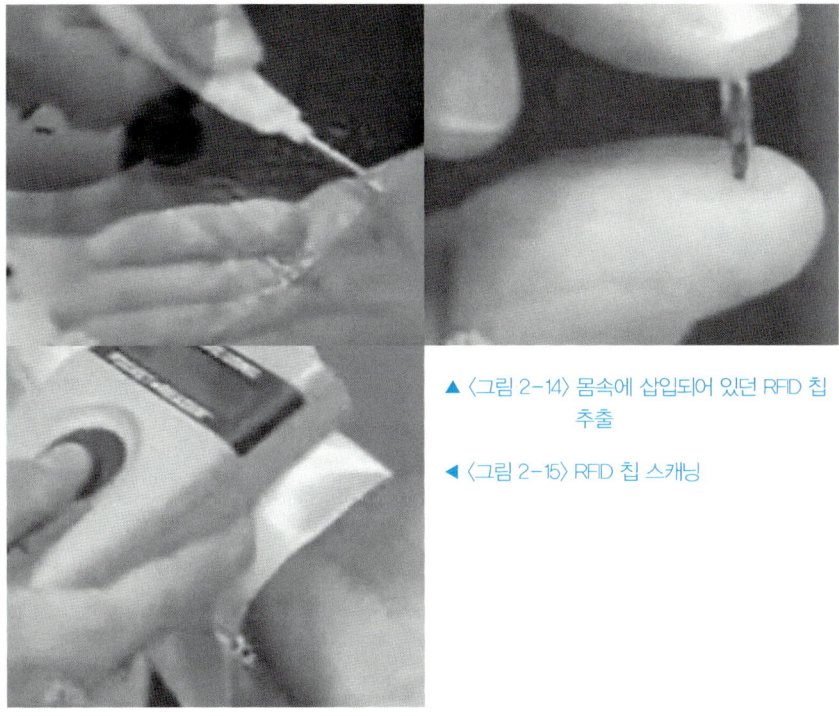

▲ 〈그림 2-14〉 몸속에 삽입되어 있던 RFID 칩 추출

◀ 〈그림 2-15〉 RFID 칩 스캐닝

　얼마 전에 태국의 다녀오면서 출입국 수속을 받던 기억이 납니다. 1시간 넘게 줄을 서서 제 차려를 기다리고 난 후 1분 동안 안구와 지문을 스캐닝하던 기억이 납니다. 보다 진보된 생체 인식 기술이 보급되었다면, 많은 사람들이 기다리지 않고도 몸속에 저장된 RFID를 이용해서 보유한 여권과 출입국자가 동일 인물인지, 언제 어디서 출발해서, 어디로 가는지 등의 정보를 바로 획득하고 출입국 수속을 받을 수도 있었겠죠? 생체 인식 기술은 또 다른 비즈니스 모델을 만들어 주기도 하는데요, 지나가는 사람의 홍채(Iris)를 카메라로 인식하고 취미나 선호하는 상품 정보를 데이터베이스로부터 가져와서 광고판에 적절한 광고를 노출시킴으로써 구매를 유도하는 방식입니다(<그림 2-16> 참조). 주인공

〈그림 2-16〉 생체 인식 기반 개인화 광고

이 맥주를 좋아하는지 '기네스' 맥주 광고가 실시간으로 보여집니다.

미래에는 1mm² 크기나 그보다 더 작은 크기의 RFID가 만들어질 것이며(〈그림 2-17〉 참조), 쉽게 설치되고 제거될 수 있게 될 것입니다. 즉, 스마트 더스트(Smart Dust) 수준으로 점점 작아지는 RFID 칩 크기와 가격은 용도를 점점 다양하게 해줍니다. 안개처럼 공중을 떠돌며 테러리스트를 꼼짝 못하게 하고, 지진 피해, 건물의 붕괴 가능성을 미리 알려주며, 또 농작물 상태도 일일이 모니터링하는 것도 가능해집니다. 식품에 붙은 스마트 더스트는 전자레인지를 이용한 조리법을 알려주고, 아기 옷에 부착돼 건강 상태를 체크할 수도 있습니다. 즉, 스마트 더스트가 우리가 인지 못하는 가운데 우리에게 봉사할 날이 눈앞에 다가오고 있습니다. 또한 이와 함께 스마트 더스트의 남용에 대한 걱정도 점점 커지고 있습니다. 스마트 더스트를 이용한 테러 방지 기술이 오히려 테러 집단의 손에 들어갈 경우 고도의 테러·첩보 활동에 쓰일 수 있는 가능성이 있기 때문입니다. 또한 수억수

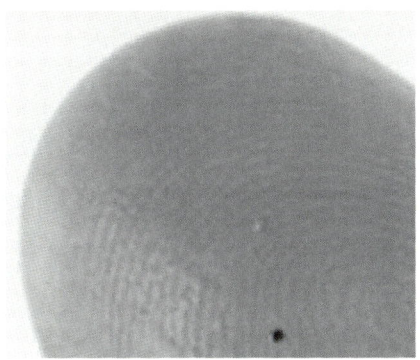
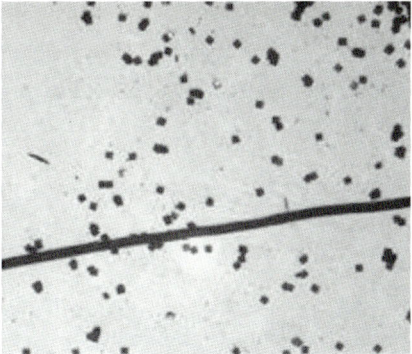

〈그림 2-17〉 점점 작아지는 RFID 칩 크기

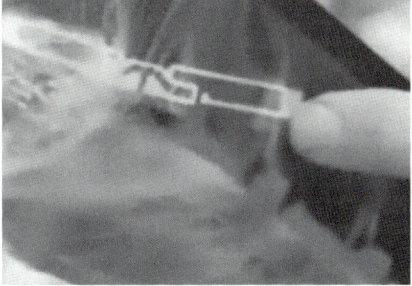

〈그림 2-18〉 상품에 부착된 RFID 칩

십억 개의 스마트 더스트가 지구 위를 떠돌아다닐 경우 새 환경 오염원(源)이 될 수 있다는 우려도 나오고 있습니다.

마트의 상품들에도 모두 부착될 수 있을 정도로 낮은 단가로 생산됩니다. 육류 제품을 구입했더니 거기에도 역시 **RFID** 칩이 부착되어 있습니다(<그림 2-18> 참조). 과거(미래의 입장에서 볼 때 과거이므로 현재라고 할 수 있죠.)에는 바코드나 QR코드를 이용해서 정보를 제공하는 방식이었는데, 이제 계산대에서도 자동으로 구입 상품들을 한 번에 계산할 수 있을 정도로 편리한 방식으로 바뀌었습니다. RFID는 단지 제품의 가격 정보를 통해 계산의 편리성을 증대하는 것 이외에도 제품의 생산지나 유통 시기 등의 다양한 정보를 포함할 수 있습니다. 또한 홈쇼핑이나 인터넷 쇼핑을 통한 물품의 구매가 늘어가고 있습니다. 집에서 주문한 물품의 현재 이동 위치를 정확하게 파악할 수 있다면, 구입 물품의 배송으로 인한 사고의 위험도 없어지겠죠?

마트에서 구입한 육류 제품을 집에 가서 냉장고에 넣으니, 냉장고가 바로 제품을 인식하고 새로운 음식이 보관되었다는 것을 알려주네요(<그림 2-19> 참조). 물론, 현재 보관하고 있는 음식들에 대한 보관 일시, 유통기한 등도 한눈에 알아볼 수 있게 해주어서 깜박 잊고 유통기한을 넘기는 경우가 없어졌습니다. 냉장고가 음식물의 블랙홀이라는 오명을 씻을 수 있는 날도 머지않아 올 것 같네요.

〈그림 2-19〉 냉장고에 의해 인식되고 관리되는 음식들

이런 긍정적인 측면도 있지만 점점 감시의 눈길에서 벗어날 수 없게 되어 사회적 통제가 강화되는 부정적인 현상도 늘어나기 시작합니다. 고도의 인식 기술이 적용된 카메라를 통해 순식간에 인식된 개인 ID(주민등록번호와 같은)와 개인 정보는 데이터베이스에 저장되는 동시에 위험인물 데이터베이스 등과 바로 비교가 됩니다(<그림 2-20> 참조).

에스컬레이터에 설치된 카메라와 인식기를 통해서는 생체 인식뿐만 아니라 몸에 지니고 있는 인터넷 접속 가능한 기기 인식을 이용하여 모든 개인들을 인식하고 추적합니다(<그림 2-21> 참조). 또한 인식된 개인들을 모두 로그에 기록함으로써 일순간이라도 움직임을 놓치지 않고 이동 경로를 확인할 수 있습니다. 본인도 인지 못하는 가운데 모든 움직임과 행동이 누군가에 의해 감시받고 있다는 것이 썩 유쾌한 일은 아닐 겁니다. 하지만 이로 인해서 각종 사고와 위험으로부터 개개인을 보호하는 순기능도 무시할 수 없는 일이겠죠.

이 모든 정보들이 중앙 관리되고 이용될 수 있다면 빅브라더는 결코 잠들지

〈그림 2-20〉 생체 인식에 의한 개인 ID 검색 　　〈그림 2-21〉 인식되고 저장되는 개인 정보들

않을 것입니다. 모든 기술들이 그렇듯이 긍정적으로 사용되면 인류에 기여하는 혜택이 될 수 있지만, 왜곡되어 사용되면 인류에 우려스러운 걱정거리로 남을 수 있습니다. 이는 기술 자체에 문제가 있는 것이 아니라 이를 사용하는 우리들에게 그 책임이 있다는 것을 얘기해 줍니다. 모든 기술은 양면성을 가지고 있습니다. 시시각각 발달하고 있는 기술들의 순기능을 효과적으로 사용하는 것은 그 기술들을 사용하는 개개인의 도덕성과 역량이 중요한 역할을 하리라 생각됩니다. 그렇지만 여전히 21세기 개인의 영역(Privacy)을 지키는 일이 갈수록 힘들어지고 있는 것만은 사실이네요.

◎ 전자발찌(Electronic Anklet)

전자발찌 또는 전자팔찌는 위치추적 전자장치 등을 이용하여 발찌나 팔찌 착용자의 위치나 상태를 감시하는 장치입니다. 주로 범죄를 저지를 가능성이 높은 사람을 감시하기 위해 사용되며, 병이 있는 독거노인들의 모니터링을 위해 사용하기도 합니다.

1984년 미국 뉴멕시코 주 판사가 만화「스파이더맨」에서 나온 위치추적 장치에서 영감을 얻어 특정 범죄전과자나 관리대상자에게 처음 부착토록 한 것으로 알려져 있습니다.

전자발찌는 <그림 1>과 같이 부착 장치(발찌)와 단말기(추적 장치), 재택감독장치로 구성되어 있고 대상자의 위치를 24시간 추적할 수 있습니다. 학교 등 성폭력이 일어나기 쉬운 곳은 위험지역으로 판단, 이 지역에 출입할 경우 중앙 관제 센터에 통보됩니다.

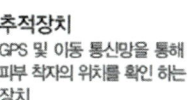

추적장치
GPS 및 이동 통신망을 통해
피부 착자의 위치를 확인 하는
장치

부착장치(발찌)
피부착자의 동일성을 인증 하기 위해
휴대용 추적장치와 재택감독장치에
전파 를 발산하는 장치

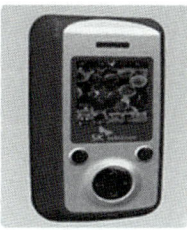

재택감독장치
피부착자의 주거에 설치하여 재택
여부를 확인하는 장치

〈그림 1〉 전자발찌 구성

방수·충전 기능이 있으며, 발찌가 단말기와 떨어지거나 절단될 경우 중앙관제센터에 통보됩니다.

특정 범죄자에게 전자발찌 또는 전자팔찌를 채우는 제도는 한국, 미국(44개 주), 영국 등 일부 국가에서 시범적으로 실시하고 있고, 대만·일본·호주 등에서 도입을 검토 중에 있습니다. 국내에서는 「특정 범죄자에 대한 위치추적 전자장치 부착에 관한 법률(성범죄자 전자발찌법)」로, 성폭력 범죄자의 재범을 막기 위해 2008년 9월 1일부터 시행되었습니다.

[내용 출처] http://ko.wikipedia.org/wiki/%EC%A0%84%EC%9E%90%ED%8C%94%EC%B0%8C

[그림 출처] http://www.moj.go.kr/HP/COM/bbs_03/ListShowData.do?strNbodCd=noti0602&strWrtNo=1
6&strAnsNo=A&strFilePath=moj/&strRtnURL=MOJ_51900000&strOrgGbnCd=100000

◎『1984년』

『1984년』은 1949년 출판된 영국 작가 조지 오웰의 유명한 장편소설입니다. 1984년을 전체주의가 극도화된 사회로 상정하고 쓴 미래 소설로 올더스 헉슬리의 『멋진 신세계』와 더불어 이후 디스토피아(Dystopia)를 다룬 대부분의 예술작품에 영향을 준 원형적인 작품입니다. 이 소설 이후 사회 시스템에 의문을 제기하는 사람들을 '오웰적(Orwellian)'이라고 부르게 될 정도로 파급력을 가졌습니다.

소설의 줄거리는 나치 독일과 스탈린의 소련 모습을 차용한 가상의 3개국 오세아니아, 유라시아, 동아시아가 그 무대이고, 독재자이자 정치적 상징으로 그려지는 '빅브라더'는 텔레스크린 등 갖가지 정보화 도구들을 통해 국민의 사생활을 감시하고, 사회를 통제합니다. 인간들은 기록도 하지 못하고, 생각도 통제받는 그런 생활을 계속하지만 '빅브라더'만을 존경하고 그를 위해서 계속 삶을 살아갑니다.

주인공 '윈스턴 스미스(Winston Smith)'는 오세아니아의 외부당원으로, 당의 위선을 깨닫고 전체주의적인 당의 전복을 꾀하게 됩니다. 하지만 같이 활동한 내부당원인 '오브라이언(O'Brien)'에 의해 함정에 빠지게 되어 총살을 기다리면서, 그도 다른 사상범죄인들과 똑같은 단계를 거쳐 '빅브라더'를 마음속 깊이 사랑하는 존재로 거듭나게 됩니다.

결론적으로 이 소설은 디스토피아의 전형을 보여 주며, 정보기술이 권력자의 지배도구로 이용될 때의 참혹한 상황을 경고합니다.

[내용 출처] http://ko.wikipedia.org/wiki/1984%EB%85%84_(%EC%86%8C%EC%84%A4)

[그림 출처] http://www.yes24.com/24/Goods/372300?Acode=101

CHAPTER

III

모바일 기기의 발전

1. 스마트폰

1. 스마트폰

요즘 아이폰, 갤럭시S, 옵티머스 등 스마트폰들이 모바일 기기 관련 뉴스의 다수를 차지하고 있습니다. 불과 1년 전만 해도 스마트폰이란 용어조차 일반인에게 별로 알려지지 않았으나, 지금은 브렌드명이니 스마드폰이란 용어를 들어보지 않은 사람이 없을 정도로 핫이슈가 되어 버렸습니다. 새로운 기기를 보면

〈그림 3-1〉 스마트폰[1]

---

1) http://pds20.egloos.com/pds/201007/10/35/c0073935_4c38144bf23b8.jpg

가슴이 두근두근 뛰는 얼리어답터(Early Adaptor)뿐만 아니라 최신 기기에 별로 관심 없던 사람들까지 관심을 가지고 있는 것을 보니 바야흐로 스마트폰 전성시대에 진입하고 있는 것이 아닌가 생각됩니다. 사실 출현한 시기는 여러 해 지났지만, 애플 아이폰이 등장하면서 열기를 확산시키는 데 결정적인 역할을 했다고 봅니다.

그럼 스마트폰이 무엇이기에 이토록 뜨거운 관심을 받을까요? 위키피디아[2] 정의를 살펴보면, PC(Personal Computer) 같은 진보된 기능과 성능을 제공하는 모바일폰이라고 설명하고 있으며, 강력한 성능의 프로세서, 풍부한 메모리, 큰 화면, 공개 OS(Operating System) 등의 특징들을 갖추고 있다고 보고 있습니다. 그래도 선뜻 와 닿는 정의는 아닌 것 같습니다. 스마트폰은 아니지만 최신 휴대전화들도 성능이나 화면 크기 등에서 별반 차이가 없기 때문이죠. 저는 이렇게 정의하고 싶습니다. 스마트폰은 '통화 기능이 있는 컴퓨터'라고 말입니다. 통화 기능을 빼면 사실 화면만 작을 뿐 노트북, 태블릿 PC 등과 별반 차이가 없습니다. 물론, 애플리케이션을 앱 스토어에서 다운로드받아야 한다는 점에서는 플랫폼 제한적인 측면이 있습니다만 이메일, 게임, 웹브라우징 등 모바일 기기를 통해 이용하는 대부분의 기능들을 별 무리 없이 지원하고 있습니다. <표 3-1>에서 보듯이 iPhone OS와 안드로이드(Android) 진영의 대표 주자인 두 스마트폰들의 성능 비교도 마치 두 대의 PC를 보는 것 같습니다.

여기서 한 가지 질문을 드리겠습니다. 차세대 TV라고 부르는 IPTV(Internet Protocol Television), 일명 인터넷 TV는 무엇일까요? 스마트폰과 유사한 정의를 사용한다면, 'TV 기능이 있는 컴퓨터'라고 정의하고 싶습니다. 사용자와 상호작용을 하면서 인터넷 연결을 통해 다양한 서비스를 받을 수 있는 TV를 볼 수

---

2) http://www.wikipedia.com

구분	Apple iPhone 4	Samsung Galaxy S
크기	H115.2×W58.6×D9.3mm	H122×W64×D9.9mm
무게	139g	118g
OS	iOS4	안드로이드 2.1
프로세서	A4 processor	S5PC1111 Ghz
Wi-Fi	802.11 b/g/n	802.11 b/g/n
스크린	3.5inch IPS	4.0inch Super AM-OLED
해상도	960×640, 326ppi	800×480 233ppi
전면카메라	30만 화소	존재
후면카메라	500만 화소, LED플래시, HD720p 녹화	500만 화소, no LED, HD720p 녹화
GPS	yes	yes
멀티태스킹	yes	yes
외장메모리	no	yes, micro SD
용량	16GB, 32GB	16GB
화상통화	yes(Wi-Fi 망에서 동일기종 간 사용, 무료)	yes(국내 화상통화지원, 유료)
배터리	7시간: 연속통화, 10시간: Wi-Fi 인터넷, 비디오 감상 40시간: 오디오 감상	1500mAh(실제 구동비교 없음)
블루투스	블루투스 2.1 지원	블루투스 3.0 지원
DMB	no	yes
센서	디지털나침반, 가속도, 중력, 근접, 조도 센서	디지털나침반, 가속도 센서
앱	앱스토어 20만 개	안드로이드마켓 5만 개
동영상	mp4 형식(인코딩 필요)	DIVX지원(인코딩 불필요)

있는 컴퓨터라고 할 수 있는 것이죠. 예전에 컴퓨터에 TV 수신 카드를 넣거나, TV 기능이 있는 모니터를 통해 TV를 시청하던 시절이 있었습니다. 이것도 TV 기능이 있는 컴퓨터의 범주에 든다고 볼 수 있습니다. 그리고 노트북이나 PC에 Skype 등 인터넷 전화 프로그램을 설치하고 다소 불편하긴 하지만 통화를 하

---

3) http://nazzkang.egloos.com/5287819

기도 합니다. 이런 관점에서 스마트폰이 새로운 개념은 아니라고 봅니다. 그럼 왜 이제 와서야 그 가치를 인정받고 있는 것일까요?

저는 그 이유를 생활 밀착형 모델로서의 성공에 기인한 것이라 보고 있습니다. 휴대전화나 TV는 일상생활에서 반드시 있어야 할 기기들입니다. 이들과 독립적인 이용 방식으로 대체 기능들을 만들었기 때문에 광범위한 소비자의 관심을 끌지 못한 것은 당연합니다. 휴대전화를 놓아두고 노트북이나 PC로 통화를 하거나[비록 요즘 인터넷 전화가 보편화되었지만 이 역시 이동성(Mobility) 측면에서 휴대전화에 비해 약점을 가지고 있다고 볼 수 있죠.] 거실 TV를 나두고 컴퓨터 앞에서 TV를 보는 상황이 일반적이거나 편하지는 않기 때문입니다.

지난 2008년 12월 12일 상용서비스를 시작한 국내 IPTV의 실시간 가입자가

〈그림 3-2〉 드라마 「별순검」 IPTV 화면[4]

---

4) http://pds.microtop10.com/pds/faith5172/2008/08/iptv_cafe_daum.jpg

불과 2년여 만인 2010년 12월 기준으로 300만 명을 돌파했습니다. 다른 뉴미디어 가입자가 300만을 돌파하는 데 걸린 시간은 평균 5~6년 정도인 데 반해서 IPTV는 빠른 속도로 가입자를 확보함으로써 방송시장 확대와 융합서비스 발전에 기여하고 있습니다. 다양한 융합형 서비스와 생활밀착형 공공서비스를 통해 일상 생활의 편리를 증진하고, 킬러 콘텐츠와 다양한 수익 모델의 창출을 통해 더욱더 IPTV의 시장은 커질 것입니다. '사물의 인터넷'에서도 언급했지만 미래에는 모든 기기들이 인터넷 접속이 가능해질 것이며, 상황 인지(Context Awareness) 능력을 극대화할 것입니다.

다시 본론으로 돌아가서, 모바일 기기들이 앞으로 이렇게 경쟁할 것인지 살펴보겠습니다. 우리들이 들고 다닐 수 있는 기기들의 종류는 다양합니다. 일반 휴대전화(Feature Phone), 스마트폰, PDA(Personal Digital Assistant), MID(Mobile Internet Device), UMPC(Ultra Mobile Personal Computer), 넷북(Netbook), 노트북(Notebook), 그리고 들고 다니기는 좀 힘들긴 하지만 데스크톱 PC 등이 대표적입니다.[5] 이들을 구분하는 기준으로 이동성(Mobility)과 기능성(Functionality)을 꼽을 수 있습니다. 먼저 언급한 기기들일수록 이동성이 뛰어

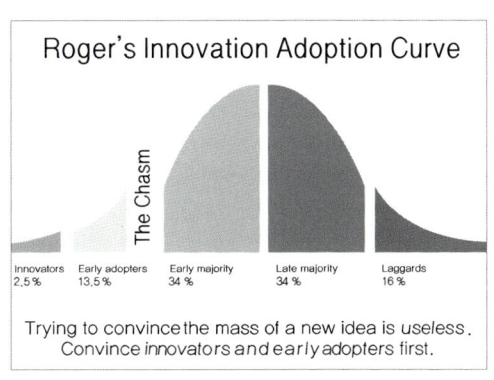

〈그림 3-3〉 스마트폰과 일반 휴대전화의 보급률[6]

---

5) 아이패드, 갤럭시탭 등 최근 이슈가 되고 있는 태블릿 PC를 포함시키지 않은 것은 전통적인 태블릿 PC가 터치 스크린을 가지고 있지만 이동성이나 기능성에서 노트북에 가까웠던 데 반해 이들은 UMPC보다도 뛰어난 이동성을 보이고 있는 등 그들 사이에도 성격이 상이하여 상대적 위치를 찾기 어렵기 때문임.

6) http://suewaters.wikispaces.com/file/view/Slide12B.JPG/31092781/Slide12B.JPG

난 반면에 기능성이 다소 떨어지며, 나중에 언급한 기기들일수록 이동성이 떨어지는 반면에 기능성이 뛰어납니다. 향후 프로세서, 메모리 등의 하드웨어 성능이 지금보다 훨씬 향상될 것이기 때문에 이동성이 떨어지는 노트북, 넷북 등이 설 자리가 점점 좁아질 것이며, 휴대전화 역시 스마트폰에 비해 통화 기능 이외의 특별한 장점이 없어 현재의 주도적 자리를 스마트폰에 내줄 것으로 보입니다. 결국 일상생활에서 항상 휴대하고 켜놓아야 하며 인터넷 접속을 통한 다양한 기능들도 제공할 수 있는 스마트폰이 대세가 될 것이라고 감히 예측합니다.

현재 스마트폰과 일반 휴대전화(Feature Phone)의 보급률은 <표 3–2>에서 보듯이 일반 휴대전화가 대다수에 보급된 반면에 스마트폰은 일명 캐즘(Chasm)[7]이라고 일컫는 중대한 위치에 놓여 있습니다. 즉, 얼리어답터들에게는 이미 보편화된 스마트폰이지만 대다수에게 막 보급되려는 시기라는 의미이며, 그렇지만 현재의 추세대로라면 2011년 이후 캐즘을 넘어 대중에게 폭넓게 보급될 것으로 보입니다. 그 보급 속도가 워낙 빠르다 보니, 모바일폰 업체의 글로벌 순위에서도 1년도 안 되는 시간에 엄청난 지각 변동이 일어났습니다. 절대 무너지지 않을 것 같던, 2009년 4위, 5위였던 소니 에릭슨(Sony Ericsson)과 모토로라(Motorola)가 2010년 3분기 4, 5위권에서 이탈하고 대신 그 자리에 스마트폰 대표 주자들인 애플과 림(R.I.M.: Research In Motion)이 들어왔습니다(<표 3–2> 참조). 1위와 3위를 노키아와 LG가 지키고 있지만, 급격한 점유율 하락을 보이고 있어, 현재의 순위도 계속 유지된다는 보장을 할 수 없게 되어 가고 있습니다. OS별 스마트폰 시장 점유율을 살펴보더라도 노키아의 심비안(Symbian)과 마이크로소프트의 윈도모바일(Windows Mobile)이 퇴조를 보이는 반면에, 애플의 iPhone OS와

---

7) 처음에는 사업이 잘되는 것처럼 보이다가 더 이상 발전하지 못하고 마치 깊은 수렁에 빠지는 것과 같은 심각한 정체 상태에 이른 것을 말함(http://terms.naver.com/item.nhn?dirid=111&docid=18158).

구글의 안드로이드(Android)가 강세를 보이고 있습니다(<표 3-3> 참조). 그렇지만 앞으로 누가 승자가 될지는 예측하기 어렵습니다. 마이크로소프트가 윈도모바일 7로 반격에 나서고 있고, 노키아와 LG도 CEO를 교체하는 등 업체들의 생존 경쟁이 갈수록 치열해지고 있기 때문입니다.

다만 저는 조심스럽게 안드로이드의 경쟁력이 좀 더 빨리 향상되고, 그에 따

〈표 3-2〉 2010년 3분기 모바일폰 시장 점유율[8]

Top Five Mobile Phone Vendors, Shipments, and Market Share, Q3 2010(Units in Millions)

Vendor	3Q10 Unit Shipments	3Q10 Market Share	3Q09 Unit Shipments	3Q09 Market Share	3Q10/3Q09 Change
1. Nokia	110.4	32.4%	108.5	36.5%	1.8%
2. Samsung	71.4	21.0%	60.2	20.3%	18.6%
3. LG Electronics	28.4	8.3%	31.6	10.6%	−10.1%
4. Apple	14.1	4.1%	7.4	2.1%	90.5%
5. R.I.M.	12.4	3.6%	8.5	2.9%	45.9%
Others	103.8	30.5%	80.9	27.2%	28.3%
Total	340.5	100.0%	297.1	100.0%	14.6%

〈표 3-3〉 2009년도 OS별 스마트폰 시장 점유율[9]

Top Five Mobile Phone Vendors, Shipments, and Market Share, Q3 2010(Units in Millions)

Vendor	1Q10 Unit Shipments	1Q10 Market Share	1Q09 Unit Shipments	1Q09 Market Share	Year-over-year Change
1. Nokia	107.8	36.6%	93.2	38.4%	15.7%
2. Samsung	64.3	21.8%	45.9	18.9%	40.1%
3. LG Electronics	27.1	9.2%	22.6	9.3%	19.9%
4. Research In Motion	10.6	3.6%	7.3	3.0%	45.2%
4. Sony Ericsson	10.5	3.6%	14.5	6.0%	−27.6%
Others	74.6	25.3%	58.9	24.3%	26.7%
Total	294.9	100.0%	242.4	100.0%	21.7%

Source: IDC Worldwide Quarterly Mobile Phone Trachkerm April 29, 2010

Note: Vendor shipments are branded shipments and exclude OEM sales for all vendors.

---

8) http://4.bp.blogspot.com/_p-dovuYBEU4/TMrioj8WBeI/AAAAAAAAgI/uE-DogBzMF8/s1600/
top+5+3q+2010.jpg
9) http://farm4.static.flickr.com/3396/4565752743_91d9fbebcf_o.png

라 시장 점유율도 더욱 확대될 것이라고 봅니다. 2010년 1분기 미국 시장에서 처음으로 안드로이드폰(안드로이드 OS를 채택하는 스마트폰)이 아이폰보다 높은 시장 점유율을 보인 결과나 2015년까지 안드로이드 채택률이 18%로 늘어나는 동시에 앱 다운로드 점유율이 26%로 늘어난다는 Ovum 뉴스[10]를 인용하지 않더라도 요즘 세상은 개방성이 승자가 되는 경우가 많기 때문입니다. 애플 컴퓨터가 혁신적인 사용자 인터페이스를 선보이며 데스크톱 PC의 진화를 이끌었지만, 기술적인 완성도가 떨어진 마이크로소프트의 윈도에 밀린 역사에서 보듯이 독점과 폐쇄가 우위를 영원히 보장하지 못합니다. 그렇다고 안드로이드가 지금의 모습으로 상대적 승자가 될 것이라고 보지도 않습니다. 그전에 잠깐 스마트폰 OS의 구성을 안드로이드를 통해 살펴보겠습니다(<그림 3-4> 참조).

안드로이드의 코어는 리눅스 커널(Linux Kernel)을 사용하고 있습니다. 많은

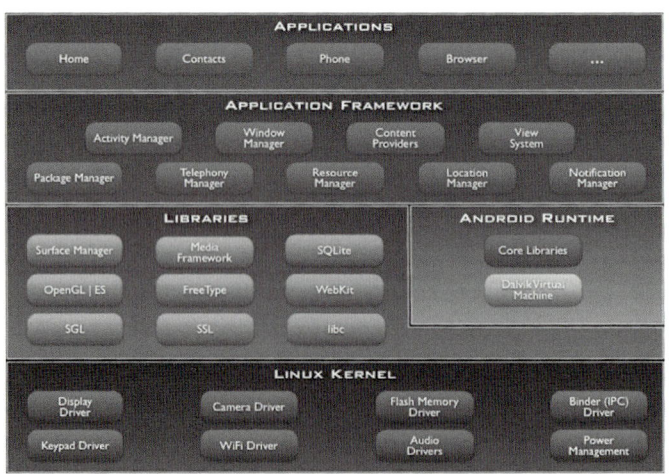

〈그림 3-4〉 안드로이드 소프트웨어 플랫폼[11]

10) http://www.ddaily.co.kr/news/news_view.php?uid=65680
11) http://www.promwad.com/images/stories/technologies/mobile_platforms/android-system-architecture.jpg

서버들이 채택하고 있으며, 오픈 소스로 잘 알려진 OS이죠. 그 위에 스마트폰을 지원하기 위한 각종 라이브러리, 런타임 모듈, 응용 프로그램들을 올려놓았습니다. 소스가 공개되어 있어 스마트폰 제조사들이 필요한 부분들은 추가로 구현하는 방식으로 타 OS(운영 체제)보다 뛰어난 개방성을 보여 줍니다.

여기서 재미있는 궁금증은 인터넷 포털 검색 서비스로 유명한 구글이 왜 스마트폰 OS를 만들어 무료로 보급하고 있느냐입니다. 나이키의 경쟁사가 닌텐도라는 마케팅 관련 이야기를 한 적도 있긴 합니다만, 검색 회사에서 스마트폰 영역에 뛰어들었다는 사실은 얼핏 궁금증을 낳게 만들기도 합니다. 그렇지만 세계적 기업인 구글의 비즈니스 모델이 검색 광고에 있다는 사실을 이해한다면 좀 더 실체에 접근할 수 있는 계기를 가질 수 있습니다. 현재까지의 검색 광고는 대부분 PC, 노트북상에서 웹브라우저를 통해 노출되어 왔습니다. 앞으로도 그럴까요? 제가 앞에서 모바일 기기의 대세는 스마트폰이라고 조심스럽게 예측한 것이 맞다면 인터넷 검색의 비중이 점점 PC나 노트북에서 스마트폰으로 이동할 것이며, 결국 모바일 브라우저에서의 검색 광고 노출이 구글 수익원에 결정적인 영향을 끼치게 될 것입니다. 이러한 기술 동향을 읽고 구글은 수동적 입장에서 능동적 입장으로 스마트폰 OS를 만들게 된 것입니다. 구글 안드로이드를 채택하는 스마트폰 회사들은 무료 또는 저렴한 비용으로 검증된 스마트폰 OS로 안드로이드를 사용하는 대신에 모바일 광고 시장은 구글에게 양보하는 원-윈 관계를 가져갈 수 있게 되는 것입니다. 이런 측면에서 본다면 결국 구글은 비즈니스 모델에서의 일관성은 유지하고 있는 셈이 되네요. 비견할 수 있는 예로 애플이 한 국가 한 개 통신사 전략을 유지하며, 한국에서는 KT, 일본에서는 소프트뱅크, 미국에서는 AT&T를 선별적으로 선택하고 앱 스토어에 대한 주도권을 잡는 데 반해, 삼성은 통신사들의 서로 다른 입장이나 주도권을 존중하면서 유연하게 한 국가 안에서도 여러 통신사들을 통해 스마트폰을 공급하고 있는 윈-윈 관계를 가져가고 있습니다. 누가 최후의 승자가 될지 지켜보는 것 또한 매우 흥미로운 일입니다. 만일 애플이 지금과 같이 타 기업들이 따라오기 힘든 수준의 혁신성을 유지한다면 그 지위를 유지하겠지만, 그렇지 못하다면 언제든지 몰락할 수 있는 위험성을 가지고 있기 때문이죠.

다시 본론으로 돌아오기 전에 왜 고객뿐만 아니라 기업들이 스마트폰에 열광하는지 이유를 살펴볼 필요가 있습니다.

<그림 3-5>는 일반 휴대전화와 아이폰을 사용자들이 사용하는 행태를 비교한 것입니다. 일반 휴대전화의 경우, 통화 기능에 충실하기 때문에 휴대전화 사용 내역의 약 85%가 음성통화와 문자메시지(SMS: Short Message Service)인 반면에 아이폰은 그 비율이 약 59%에 불과합니다. 노트북 등의 주된 용도인 이메일 체크, 음악 감상, 게임, 인터넷 서핑이 40% 가까이 차지할 정도로 스마트폰에서의 컴퓨터 기능이 중요해집니다. 음성통화와 문자메시지의 수익이 통신사 몫이라면 나머지 기능의 수익은 앱스토어 운영 회사, 검색 광고 회사, 음원 판매 회사 등의 몫이 되는 것입니다. 즉, 콘텐츠 회사가 휴대전화 시장보

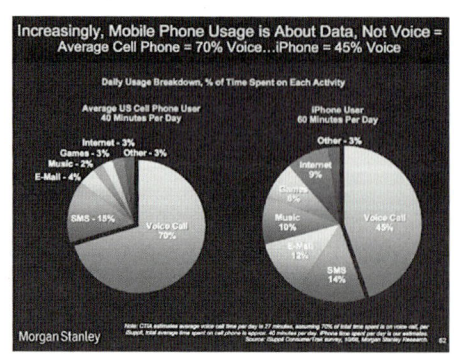

〈그림 3-5〉 모바일폰 사용 행태 비교(휴대전화와 아이폰)[12]

---

12) http://www.macdailynews.com/gfx/article_gfx/2009/091216_iphone_usage.jpg

다 스마트폰 시장에서 크게 성장할 수 있는 여건을 가지게 된다는 의미입니다. 아이폰이 소비자와 콘텐츠를 이어주는 기기라는 말이 있듯이 스마트폰을 통해 소비자는 다양한 콘텐츠의 혜택의 비용을 지불하고 누릴 수 있게 되는 것입니다.

 기업들이 가장 좋아하는 비즈니스는 매월 일정한 수입을 확보할 수 있는 방식의 비즈니스입니다. 앱 스토어가 그 역할을 하고 있는데요. 2008년 7월 오픈한 애플의 앱 스토어는 판매자(개발자)에게 70%의 판매 수익을 분배하고, 나머지 30%는 애플이 가져갑니다. 방금 언급했던 최상의 비즈니스 생태계를 스마트폰을 통해 만든 것이죠. 이 영향은 비단 애플을 포함한 스미트폰 기업에게만 영향을 미친 것은 아닙니다. 게임 회사들 역시 수백억 이상의 막대한 비용을 투입해야 하는 개발 부담을 줄이고, 대신 가볍고 비싸지 않은 게임 개발로 눈을 돌리고 있는 현실입니다. 2010년 10월 이미 30만 개 이상의 앱이 등록되었으며, 70억 번 이상의 다운로드가 이루어졌습니다. 2008년 7월 오픈 당시 500개의 앱이 등록되었던 것에 비하면 엄청난 성장세입니다. 이러한 새로운 비즈니스 생태계에 자극받아 구글은 안드로이드 마켓플레이스를, 노키아는 Ovi 마켓을, 마이크로소프트는 MyPhone을 만들었으며, 심지어 SK텔레콤과 삼성전자에서도 앱 스토어를 만들어 운영하고 있습니다.

 뉴스에서 가끔씩 앱 개발로 수억에서 수십억 원을 번 성공 사례가 다루어지고 있습니다. 개발자 입장에서는 앱을 하나 잘 만들면 인생 역전을 할 수 있을 것이란 희망을 갖게 만들어 주는데요, 현실은 그렇게 녹록하지만은 않습니다. 간단히 생각해서, 30만 개 이상의 앱에서 사용자의 검색 레이더에 포착될 가능성이 얼마나 있으며, 유료로 했을 때 과연 사용자들이 생각만큼 다운로드해줄 것인가에는 의구심이 들지 않을 수 없습니다. 초창기에는 다른 앱보다 조금 더 눈길을 끌 수 있는 앱을 만든다면 성공할 수 있었지만, 요즘은 적지 않은 개발 비용과 개발자들을 확보해서 체계적으로 개발하지 않는다면 만족스러운 성과를 기대할 수 없는 레드 오션(Red Ocean)[13] 시장이 되어가고 있습니다. 다만 특정 기업이나 비즈니스 영역을 대상으로 B2B(Business-to-Business)[14]용 앱을 개발한다면 좀 더 안정적인 수요를 확보할 수 있겠지만, 철저한 준비 없이 뛰어들어 성공할 수 있는 시기는 이미 지났다고 봐야 할 것 같습니다.

그럼 애플 등 앱 스토어 운영 주체들에게 동일하게 적용되는 현상일까요? 그렇지는 않다고 봅니다. 앱 스토어라는 시장 안에서 경쟁이 치열해진 것이지, 결국 사용자들은 오늘도, 지금 이 시간에도 끊임없이 앱을 다운받고 그 대가를 지

〈그림 3-6〉 아이폰 앱 스토어[15]

---

13) 이미 잘 알려져 있는 시장(http://terms.naver.com/item.nhn?dirId=104&docId=14926).
14) 기업 간 전자상거래, 사이버 공간에서 전자매체를 이용해 이뤄지는 기업과 기업 간의 거래.
   (http://terms.naver.com/item.nhn?dirId=116&docId=19148)
15) http://store.apple.com/

불하고 있습니다. 70%를 배분받는 판매자(개발자)가 수시로 바뀔 수는 있겠지만 30%의 이익은 여전히 앱 스토어 운영 주체에게 배분되는 것입니다. 다소 부적절한 표현일지 모르겠지만 하우스에서 도박을 할 때 결국 돈 버는 사람은 하우스 운영자인 것과 같은 이치입니다. 도박꾼 중에 돈을 따는 사람도 생기기는 하지만, 하우스 운영자는 늘 판돈의 일부를 챙기기 때문에 가장 안정적이면서도 수익이 많은 주체라고 할 수 있는 것이죠.

저는 여기서 이번 주제를 정리하지 않고 한 가지 동향 측면에서 짚고 넘어가고 싶습니다. 현재 사용자들은 새로운 기기와 앱에 열광하고 있지만, 언제가 될지 모르지만 결국 다음과 같은 의문을 가지게 될 것입니다. "왜 애플 앱 스토어에서는 다운받을 수 있는데, 안드로이드 마켓플레이스에서는 다운받을 수도 없고 실행할 수도 없지?" "애플 앱 스토어에서 성공한 앱이 포팅되어 안드로이드 마켓플레이스에 등록될 때까지 기다리고 있어야 하는 거지?"와 같은 의문 말입니다. 사실 거의 모든 노트북이나 PC가 윈도 운영체제를 기반으로 하고 있어 이런 의문을 가질 필요가 없었지만 일종의 컴퓨터라고 볼 수 있는 스마트폰에서는 앱에 대한 제약, 기타 프로그램 설치에 대한 제약이 많은 것이 사실입니다. 메모리나 프로세스의 성능을 핑계로 댈 수도 있지만, 앱을 공유하지 못한다는 것은 결국 크로스 플랫폼(Cross Platform)[16]이 지원되지 않는다는 것을 의미하며, 개방성이 부족하다는 의미이기도 합니다. 이는 iPhone OS뿐만 아니라 안드로이드라는 오픈 소스 기반의 스마트폰 운영 체제에도 해당하는 동일한 사안입니다.

위젯(Widget)이 비록 아직까지는 기술적으로 완성되지 않았지만, 크로스 플랫

---

16) 소프트웨어나 하드웨어 등이 다른 환경의 운영 체계(OS)에서 공통으로 사용되는 것.
(http://terms.naver.com/item.nhn?dirId=204&docId=17116)

폼이라는 개념으로 주목을 받게 된 이유도 다양한 기기에서 동일한 위젯, 더 나아가 사용자를 잘 이해하는 비서와 같은 수준의 위젯을 실행할 수 있다는 것이었습니다. 웹 메일처럼 계정 정보만 있다면 어느 컴퓨터에서나 이메일을 체크할 수 있는 수준을 넘어 어느 기기에서나 동일한 계정 정보로 위젯을 실행시킨다는 것은 개인 비서를 항상 옆에 두고 다니는 것과 동일한 효과가 있을 것입니다. 예를 들어 컴퓨터에서, 스마트폰에서, 심지어 냉장고나 TV에서 플랫폼에 상관없이 인터넷을 통해 동일한 위젯을 실행할 수 있다면 얼마나 편리하겠습니까?

저는 궁극적으로 앱 스토어들이 상호운용적(Interoperable)인 형태로 발전하는 동시에 컴퓨터와 스마트폰 운영 체제에 있어서도 그 경계가 허물어지리라고 믿고 있습니다. 이러한 흐름에 동참하는 기업들은 살아남을 것이고 그렇지 못한 기업들은 도태될 것입니다. 애플이 과거의 애플 컴퓨터 사례처럼 기술 외적인 요소로 실패했던 전철을 다시 밟지 않으려면, 구글이 현재의 성장에 안주하다 소리 소문 없이 영향력을 잃지 않으려면 상호운용성(Interoperability)과 개방성이라는 큰 틀 내에서 끊임없이 노력해야 할 것입니다. 미래에는 모든 기기들의 인터넷 접속이 가능해질 것이며, 스마트폰을 포함한 다양한 스마트 기기들과 상호 인지 및 정보의 상호 교환을 통해서 사용자가 인지하지 못하는 가운데 사용자의 의도를 이해하고 보다 편리하게 생활하는 시대가 머지않아 도래할 것으로 생각됩니다. 따라서 이를 효과적으로 지원하기 위해서는 기기 간의 상호운용성과 개방성이 반드시 필요하겠죠?

◎ 앱스토어(App Store)

앱스토어(App Store)는 애플이 운영하고 있는 아이폰, 아이패드 및 아이팟 터치용 응용 소프트웨어 다운로드 서비스입니다. 아이폰 3G가 발표될 즈음인 2008년 7월 10일부터 아이튠즈의 업데이트 형태로 서비스가 시작되었습니다. '앱 스토어'란 이름은 '애플의 응용 소프트웨어 가게(Apple Application Software Store)'란 의미를 담고 있습니다.

개인용 컴퓨터에서 아이튠즈를 이용하거나, 아이폰 및 아이팟 터치의 메뉴에서 직접 3G 네트워크 혹은 Wi-Fi를 경유하여(아이팟 터치의 경우는 Wi-Fi만 지원) 소프트웨어의 다운로드가 가능합니다. 다운로드받을 수 있는 소프트웨어는 유료와 무료가 있으며, 무료 애플리케이션을 다운로드할 때도 아이튠즈 스토어의 계정이 필요합니다.

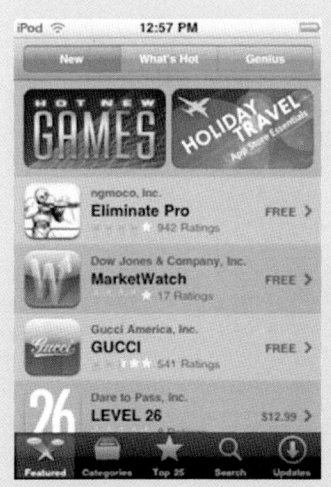

〈그림 1〉 아이팟 터치에서의 앱스토어

일반 이용자는 자신이 개발한 애플리케이션을 앱스토어를 통해 등록하는 것이 가능합니다. 이를 위해서는 애플과 개발자 계약을 한 후, 인텔의 CPU가 탑재된 매킨토시의 Mac OS X 10.5 이상의 운영 체제에서 Xcode, 아이폰 SDK 등의 개발 도구를 이용하여 작성한 뒤, 앱스토어를 통해 전 세계를 대상으로 판매할 수 있습니다. 이를 위해 개발자로서 등록하는 데는 연간 99달러의 비용이 듭니다. 유료 애플리케이션의 판매 가격은 개발자가 자유롭게 매길 수 있으며, 판매 수익의 30%를 애플이 수수료 및 호스팅 비용으로 받는 형태입니다.

　<그림 1>은 아이팟 터치에서 앱스토어를 실행한 예제로 다운로드받을 수 있는 응용 소프트웨어 리스트가 나열됩니다. 그리고 각 리스트는 해당 응용 소프트웨어를 개발한 개발자 또는 회사 정보, 소프트웨어 이름, 고객 선호도 그리고 다운받기 위한 가격 정보를 보여 줍니다.

[내용 출처] http://en.wikipedia.org/wiki/App_Store

◎ 모바일 기기들

모바일 기기는 주머니에 쏙 들어갈 만한 크기의 컴퓨터 장치로, 일반적으로 터치 입력을 가진 표시 화면이나 소형 자판을 갖고 있습니다. 모바일 장치, 휴대용 기기, 모바일 디바이스(mobile device)라는 용어도 통용됩니다. 그리고 대표적인 모바일 기기로는 PDA, MID, UMPC 그리고 Netbook 등이 있습니다.

<그림 2>의 개인 정보 단말기(PDA: Personal Digital Assistant)는 터치 스크린을 주 입력 장치로 사용하고 한 손에 들어올 만큼 작고 가벼운 컴퓨터입니다. 개인의 일정관리, 주소록, 계산기 등의 기본 기능을 가지고 있으며, 데스크톱과 노트북 컴퓨터의 자료를 서로 주고받기 쉽습니다. 현재는 PDA와 휴대전화의 기능을 합친 스마트폰이 대중화됨에 따라서 PDA가 점점 사라지고 있습니다.

<그림 3>의 모바일 인터넷 디바이스(MID: Mobile internet device)는 무선 인터넷이나 멀티미디어의 이용을 주목적으로 하는 소형의 휴대용 장치입니다. 그리고 <그림 4>의 UMPC(Ultra Mobile Personal Computer)는 초

〈그림 2〉 PDA

〈그림 3〉 MDI

〈그림 4〉 UMPC

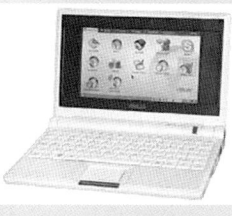

〈그림 5〉 Netbook

소형 휴대용 컴퓨터입니다. 일반적으로, UMPC는 윈도 XP 태블릿 PC 에디션, 윈도 비스타, 윈도 XP를 비롯한 윈도 운영체제를 통해 구동되고 20센티미터(8인치)보다 작은 크기의 터치 스크린에 최소 800×480 해상도를 갖습니다.

<그림 5>의 넷북(Netbook)은 'Internet'과 'Notebook'의 합성어로 웹사이트의 콘텐츠 열람이나 전자 우편·채팅 정도의 기본적인 인터넷 위주의 작업을 이용하는 것을 목적으로 한, 상대적으로 값이 싸고 가벼운 노트북을 말합니다. 비슷한 컴퓨터로 데스크톱 컴퓨터인 넷톱(Nettop)이 있습니다. 넷북 및 넷톱은 비교적 값이 싸면서도 크기가 작은 개인용 컴퓨터(노트북 PC/데스크톱 PC)로서의 최소한의 기능을 갖춘 제품이나 그 제품이 속하는 분류의 명칭입니다.

[내용 출처] http://en.wikipedia.org/wiki/Mobile_device
[내용 출처] http://en.wikipedia.org/wiki/Personal_digital_assistant
[내용 출처] http://en.wikipedia.org/wiki/Mobile_Internet_device
[내용 출처] http://en.wikipedia.org/wiki/Ultra-Mobile_PC
[내용 출처] http://en.wikipedia.org/wiki/Netbook

◎ 2033년의 모바일 기기

모토로라는 디자인센터 CXD(Consumer eXperience Design)를 통해 2033년의 휴대전화를 그려보는 프로젝트를 진행했습니다. 모토로라가 조망한 미래의 휴대전화 모습은 휴대전화가 마치 신체와 감각의 연장처럼 진화, 인류 보편적인 행동으로 정보의 교환과 커뮤니케이션이 가능해져 휴대전화를 매개로 사람들 간에 더욱 자연스럽고 활발한 상호작용이 일어날 것으로 전망했습니다. 또한 모토로라는 임베디드 기술이 널리 확산됨에 따라 디자인은 더욱 다양해지며, 형태변화 기술의 발전으로 휴대전화가 환경에 따라 변화할 것으로 내다봤습니다.

아래 그림들은 2033년 가상 휴대전화를 스케치한 것들입니다. <그림 6>의 텐더(Tender)는 초경량 개인 위성 모바일 기기로 하단에 마이크로 추진 시스템을 내장해 사용자 주변을 항상 떠다닙니다. 그리고 내장 스피커와 홀로그래픽 디스플레이를 통해 사용자와 상호작용하며, 다가올 위험을 감지해 사용자에게 위험에 대해 경고하거나 솔루션을 제공합니다. <그림 7>의 타투(Tattoo)는 나노 기술을 적용해 피부와 밀착되는 젤 형태의 모바일 기기입니다. 디스플레이를 눈 주변에 부착하고 인터페이스를 팔에 붙이면 이 둘의 상호작용을 통해 모바일 기기로서의 기능을 수행합니다.

<그림 8>의 양생(Yangsheng)은 개인 신분증명 기기입니다. 커뮤니케이션과 여행을 돕는 기기로 명함, 신용카드, 신분증, 여권의 역할을 하며 건강 모니터링, 진료기록 보관 등의 기능을 수행합니다. 또한 생물측정 센서를 내장하고 있어 사용자만이 저장된 개인정보에 접근할 수 있습니다. 즉, 명함을 주고받듯 다른 사람과 기기를 맞잡으면 생물측

정 센서가 정보를 교환합니다.

　<그림 9>의 엑소(Exo)는 손에 착용 가능한 모바일 기기입니다. 전화나 메시지를 수신하면 반지와 팔찌가 이어진 모양의 디스플레이를 타고 조명이나 홀로그래픽 이미지가 움직입니다. <그림 10>의 메타모르포즈(Metamorphose)는 사용자의 손짓으로 크기, 모양, 기능이 바뀌는 기기입니다. 기기를 빠르게 흔들면 휴대전화로, 멀티미디어 기기로 변형됩니다. 또한 명함으로 바뀌어 상대방에게 무선으로 정보를 전송합니다.

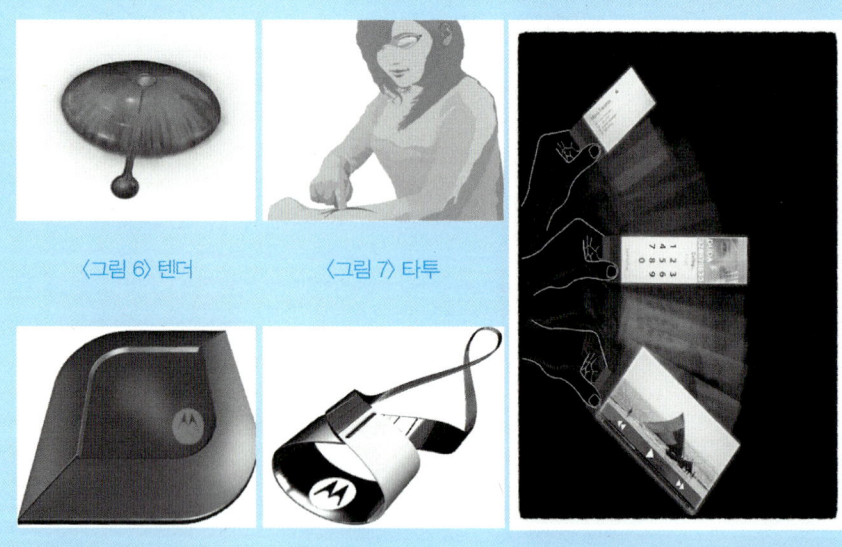

<그림 6> 텐더　　　　　　　<그림 7> 타투

<그림 8> 양생　　　　<그림 9> 엑소　　　　<그림 10> 메타모르포즈

[내용 출처] http://yjpak1.blog.me/60064642610

◎ 위젯(Widget)

　위젯은 PC에서 웹브라우저를 대신하는 개인화된 프로그램을 띄워주는 소프트웨어 시스템입니다. 대표적으로 맥 OS X의 대시보드, 야후 위젯, 미니플, <그림 11>의 네이버 데스크톱, <그림 12>의 구글 데스크톱이 있습니다. 아주 옛날에는 데스크톱 액세서리라는 것들이 있어서, 약간의 멀티태스킹 기능을 제공해 주었습니다. 진정한 멀티태스킹 OS의 시대가 오자, 데스크톱 액세서리들은 보통의 응용 프로그램들로 대체되었습니다. 요즘 들어 '위젯 모델'이 다시 각광받고 있는데, 이는 위젯 모델이 개발 측면에 있어서 개발이 용이한 모델이기 때문입니다.

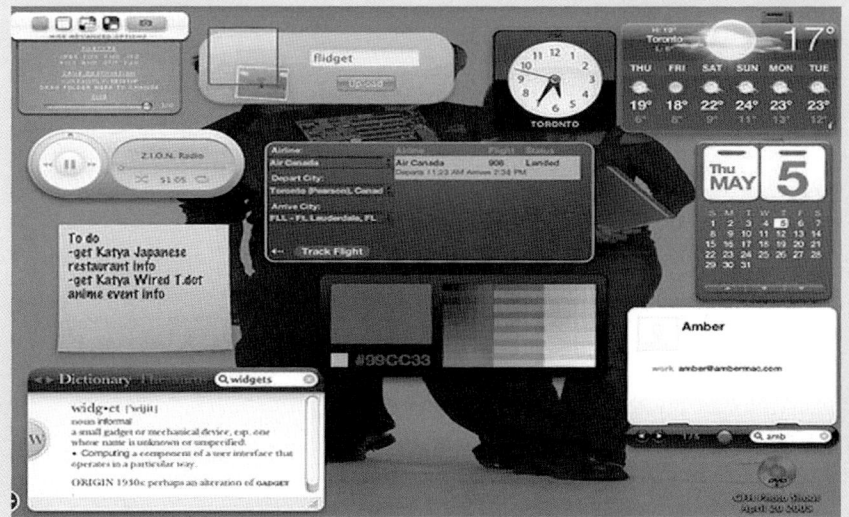

<그림 11> 네이버 데스크톱 위젯

〈그림 12〉 구글 데스크톱 위젯

[내용 출처] http://en.wikipedia.org/wiki/Widget_engine

[그림 출처] http://planspace.tistory.com/548

[그림 출처] http://mong3.textcube.com/5

CHAPTER

IV

인터페이스의 발전

1. 에이전트(Agent)의 진화

이 시나리오는 컴퓨터의 지능이 연결되는 웹 4.0 시대에 일상적으로 일어날 수 있는 사건으로, 개인 비서 역할을 하는 에이전트를 중심으로 구성하여 본 것입니다.[1]

"현수는 퇴근 준비를 서두르고 있다. 집까지 몇 분 내에 걸어서 갈 수 있는 거리에 있지만 겨울이 다가와서인지 날씨가 꽤 춥게 느껴진다. 현수는 개인 에이전트(Personal Agent)에게 집에 도착한 후 편안하게 쉴 수 있는 환경을 만들어 달라는 요청을 한다. 에이전트는 GPS를 통해 현재 위치를 파악한 후 집안의 가전 제어 에이전트에게 현수의 위치 정보와 도착 예정 시각을 전달한다. 가전 제어 에이전트는 기상청 에이전트를 통해 외부 기온을 파악한 후 보일러를 가동시켜 집안의 온도를 조절하기 시작한다. 현수의 휴식 스타일을 이미 학습한 상태이므로 시간대별, 집안 내 위치별로 최적화된 온도 조절이 가능하다."

현수는 사이버 개인 비서인 개인 에이전트를 통해 명령을 내렸고, 개인 에이전트, 기상청 에이전트, 가전 제어 에이전트는 서로 대화를 하며 현수의 명령을 충실히 수행하고 있습니다. 개인 에이전트는 현수의 개인 정보뿐만 아니라 행동 패턴까지 기억하고 있으며, 에이전트들은 최적의 결과를 낳을 수 있도록 상

---

1) http://www.dt.co.kr/contents.html?article_no=2009111102011657731002

호 협력하면서 일을 처리합니다. 이런 개인 에이전트가 있다면 부러우실 게 없겠죠? 저도 하나 갖고 싶은 마음이 굴뚝같이 듭니다.

　물론 이런 시나리오가 현실화되기 위해서는 기술적으로 해결해야 할 많은 이슈들이 있습니다. 시공간 정보를 포함한 주변 상황을 알아차리는 상황 인지(Context-Aware) 기술, 에이전트 간 대화를 가능하게 해주는 서비스 기술, 대화에 필요한 지식을 갖추게 해주는 시맨틱(Semantic) 기술, 각종 센서들과 그들로부터의 데이터를 처리하고 해석하기 위한 기반 기술까지 다양합니다. 그중에서도 인간의 명령을 이해하고 자기들끼리 대화와 협업을 통해 문제를 해결해 나가는 에이전트(Agent)에 대해 살펴보겠습니다.

　에이전트는 특정한 목적을 위해 사용자를 대신해서 작업을 수행하는 자율적 프로세스로서 독자적으로 존재하지 않고 어떤 환경의 일부 또는 그 안에서 동작하는 시스템입니다. 여기서의 환경은 운영체제, 네트워크 등을 지칭하며, 에이전트는 스스로 동작하고 판단하기 위해서 필요한 지식 베이스와 추론 기능을 가지고 있으며, 사용자, 자원(Resource), 또는 다른 에이전트와의 정보 교환과 통신을 통해 문제 해결을 도모합니다. 에이전트는 스스로 환경의 변화를 인지하고 그에 대응하는 행동을 취하며, 경험을 바탕으로 학습하는 기능과 자신의 목적을 가지고 그 목적 달성을 추구하는 능동적 자세를 가지고 있습니다. 에이전트들의 행동은 한 번에 끝나는 것이 아니라 지속적으로 이루어집니다. 다음은 에이전트가 가지는 속성들입니다.[2]

　• 자율성(Autonomy): 에이전트는 사람이나 다른 사물의 직접적인 간섭 없이

---

2) http://ko.wikipedia.org/wiki/%EC%A7%80%EB%8A%A5%ED%98%95_%EC%97%90%EC%9D%B4%EC%A0%84%ED%8A%B8

스스로 판단하여 동작하고, 그들의 행동이나 내부 상태에 대한 어떤 종류의 제어를 가집니다.

- 사회성(Social Ability): 에이전트는 에이전트 통신 언어를 사용하여 사람과 다른 에이전트들과 상호작용할 수 있습니다.

- 반응성(Reactivity): 에이전트는 실세계, 그래픽사용자 인터페이스를 경유한 사용자, 다른 에이전트들의 집합, 인터넷 같은 환경을 인지하고 그 안에서 일어나는 변화에 시간상 적절히 반응 합니다.

- 능동성(Proactivity): 에이전트는 단순히 환경에 반응하여 행동하는 것이 아니라 주도권을 가지고 목표 지향적으로 행동합니다.

- 시간 연속성(Temporal Continuity): 에이전트는 단순히 한 번 주어진 입력을 처리하여 결과를 보여 주고 종료하는 것이 아니라, 전면에서 실행하고 이면에서 잠시 휴식하는 연속적으로 수행하는 데몬(Demon) 같은 프로세스입니다.

- 목표지향성(Goal-Orientedness): 에이전트는 복잡한 고수준 작업들을 수행하면서 작업을 더 작은 세부 작업으로 나누고 처리 순서를 결정하여 처리되는 등의 책임을 집니다.

이렇듯이 에이전트는 자율적으로 반응하고 행동할 수 있는 컴퓨터 프로그램입니다. 그렇지만 컴퓨터 프로그램이라고 해서 검색창 같은 무미건조한 인터페이스를 가져야 한다는 편견은 버려주십시오. <그림 4-1>처럼 아바타 형태로 사용자에게 다가올 수도 있고, <그림 4-2>와 같이 영화 「전격 Z 작전」의 키트(Kitt)처럼 특정 사물과 결합하여 우리 눈앞에 직접 나타날 수도 있습니다. 사용자에게 보이는 형태는 다양하지만 미래의 에이전트가 가져야 하는 속성은 공통적입니다.

〈그림 4-1〉 개인 에이전트가 내장된 스마트폰 예[3]

〈그림 4-2〉 전격 Z 작전의 키트[4]

---

3) http://techdigest.tv/shapeimage_2.jpg
4) http://cfs11.blog.daum.net/image/26/blog/2008/09/21/15/05/48d5e411e2bce&filename=101.png

Richard Benjamins[5]는 미래의 에이전트는 인간이나 다른 에이전트의 언어를 이해할 수 있고 주어진 작업을 수행할 수 있는 지능(Intelligence), 목적을 달성하기 위해 다른 에이전트와 같이 일할 수 있는 협업(Collaboration), 특정 조건이나 환경에서 스스로 행동할 수 있는 자율(Autonomy)이 갖추어져야 한다고 얘기했습니다(<그림 4-3 >참조). 이런 능력이 갖추어지면 마치 사람이 행동하는 것과 같을 것입니다. 여기에 로보틱스(Robotics) 기술에 의해 움직일 수 있는 힘이 생긴다면 영화 「터미네이터」에 등장하는 T-시리즈의 무지막지한 로봇들도 탄생할 수 있을 것 같습니다.

그렇게까지 멀리 내다보지 않더라도, 에이전트가 갖추게 될 능력을 이용해서 우리는 추천(Recommendation)과 개인화(Personalization)에 있어 큰 혜택을 볼 수 있습니다. 궁금해씨의 예를 살펴볼까요?

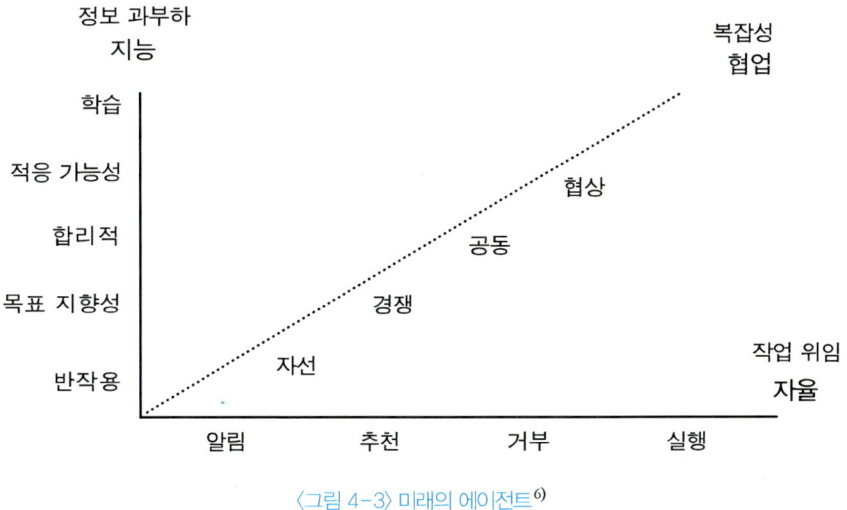

〈그림 4-3〉 미래의 에이전트[6]

---

5) http://www.agentlink.org/agents-barcelona/presentations/3_RichardBenjamins_final.pdf, 6page
6) http://www.agentlink.org/agents-barcelona/presentations/3_RichardBenjamins_final.pdf

궁금해씨는 이번 여름에 모처럼 마음먹고 가족과 함께 해외여행을 떠나기로 계획하고 있습니다. 패키지여행이라면 조금만 고민하고 돈으로 해결하면 되겠지만, 살림이 그다지 넉넉하지 않기 때문에 직접 고르면서 경비도 절약하고 또 여행의 설렘도 느끼기로 했습니다. 그런데 일주일이 지나고 나니 지쳐서 더 이상 살펴볼 힘이 없게 되었네요. 어째서 이런 일이 생긴 것일까요?

궁금해씨가 직접 여행 계획을 짜본 적이 없다 보니 하나에서 열까지 모두 생소하고 공부할 게 너무나 많아서 생긴 일입니다. 일단 어느 지역을 여행할까부터 고민되는데, 여러 여행 정보 사이트들을 돌아다니면서 후보 지역을 골라봐야 하는데, 막상 후보지를 선택하고 보니 예산이 맞지 않아 다시 다른 지역을

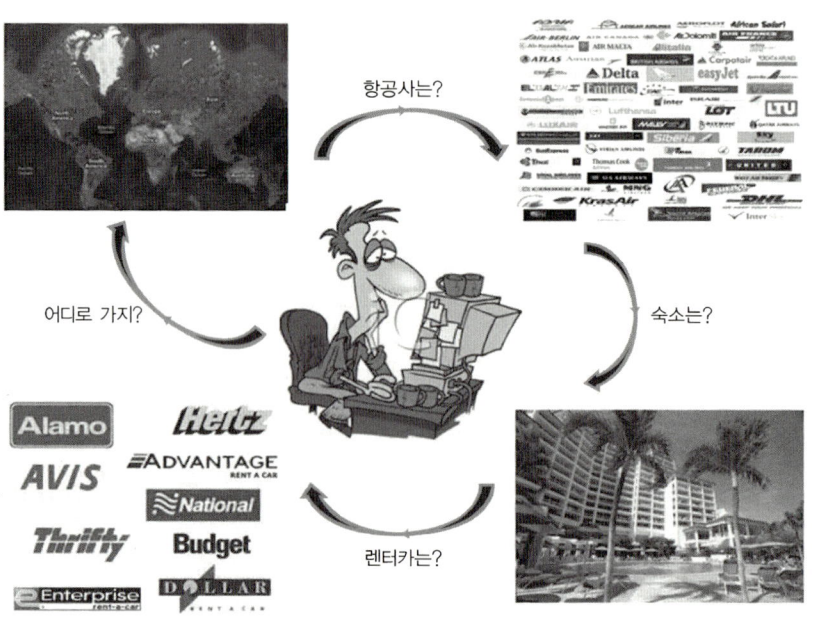

〈그림 4-4〉 여행을 가기 위해 고려해야 할 것들

골라보는 과정을 여러 번 되풀이했습니다. 비용을 최대한 절감해야 하기 때문에 항공사를 선택하는 과정도 순탄치 않았는데, 항공사를 고르고 나니 직항이 없거나 출발과 도착 시간대가 좋지 않아 이 항공사 저 항공사 사이트를 여러 번 돌아다녔습니다. 이 외에도 호텔, 렌터카를 고르는 것도 가격과 평가를 모두 확인해야 하다 보니 여행의 즐거움을 잃어버리고 만 것입니다.

만일 궁금해씨에게 아주 똑똑한 개인 에이전트가 있었다면 어땠을까요? 궁금해씨는 다음과 같이 에이전트에게 명령만 내리고 그 결과를 받아 결정만 하면 될 수도 있었을 겁니다.

"내가 경비가 넉넉하지 않아 유럽이나 미국보다는 동남아, 중국, 일본 쪽을 알아보고 싶은데, 현재 예상하고 있는 경비는 300만 원 내외이고, 3박 4일 코스를 찾아줬으면 해. 너도 알다시피 우리 애들 2명 모두 초등학생이니 걔네들이 재미있어 할 만한 곳을 중심으로 골라 봐. 그렇지만 바닷가에서도 1~2일 쉬고 싶으니 너무 내륙으로 고르지는 말고. 아참, 아내가 입맛이 까다로우니 여러 음식 중에서 골라 먹을 수 있는 곳으로 찾아주면 좋겠어."

궁금해씨 개인 에이전트는 궁금해씨의 성격이나 생활 패턴을 잘 알고 있기 때문에 호텔을 고르더라도 깔끔하면서 저렴한 곳을 중심으로 찾아줄 수도 있고 운전하는 것을 좋아하기 때문에 렌터카로 여행할 수도 있는 코스를 설계할 수도 있습니다. 물론 이런 정보를 개인 에이전트 혼자서 모두 가지고 있다는 것은 불가능합니다. 개인 에이전트는 항공사 에이전트, 호텔 에이전트, 렌터카 에이전트, 국가 정보 에이전트 등 무수히 많은 에이전트들과 대화하고 협업하면서 궁금해씨가 제시한 조건에 맞는 곳을 찾아볼 것입니다. 현재 우리가 여행사에 가서 상담하여 패키지 상품을 고르는 것 이상으로 세심하게 여행 계획을 짜

줄 수 있는 것이죠.

이렇듯이 누구에게나 동일한 결과를 가져다주는 현재의 서비스보다 한층 진화한 개인화되고 정확한 추천 서비스를 미래의 에이전트는 제공해줄 수 있습니다. 앞으로 연구해야 할 일은 특정 분야 또는 웹 자원을 지식화하고 이 지식을 제대로 처리해줄 수 있는 에이전트 서비스를 개발하는 일이겠죠. 머지않은 미래에 에이전트가 보편화되면 사용자의 생활 패턴과 인터넷 기반 사업의 대대적인 변화를 가지고 올 것이며, 진정한 생활 속의 대리인 역할을 할 수 있을 것입니다.

◎ 상황 인지(Context-Aware)

상황 인지란 통신 및 컴퓨팅 능력을 가지고 주변 상황을 인식하고 판단하여 인간에게 유용한 정보를 제공하는 것을 말합니다. 여기서, 상황 정보는 사용자가 상호작용을 하는 시점에 이용할 수 있는 모든 정보로서 사람, 객체의 위치, 식별, 활동, 상태 등을 포함합니다.

예를 들어, 회의 도중 전화를 받게 되면 작은 소리로 전화 통화를 하려는 것은 인간의 감지 객체가 "전화가 왔기 때문에 전화를 받아야 해"라는 상황과 주변 상황 "회의를 방해해서는 안 돼!" 등을 인식하고 여러 선택 가능한 행동 중에 가장 유용한 행동을 선택한 것입니다. 바로 이런 것들이 우리들이 무의식중에 활용하는 상황 인지의 예입니다.

하지만 인간과 컴퓨터가 상호작용할 때는 이러한 상황 정보를 제대로 사용할 수 없습니다. 그래서 컴퓨터가 인간의 상황 정보를 이해하게 만들어서 인간과 컴퓨터 간의 커뮤니케이션을 더욱 효과적으로 만들고, 인간과 같은 컴퓨팅을 가능하게 하는 것이 상황 인지 컴퓨팅(Context Aware Computing)이라고 합니다.

다음은 상황 인지 컴퓨팅의 예입니다. 아마존은 사용자가 도서를 구입할 때 구매 이력을 저장·분석하고, 그

결과를 바탕으로 도서 검색 시에 추천 도서를 보여 줍니다. 또한 구글은 각 개개인이 구글 사이트를 사용하면서 생성되는 형태를 활용해 서비스합니다. 예를 들어, 각 키워드에 대한 링크의 순위, 개인의 검색 이력 등의 웹 내비게이션의 로그 정보를 데이터베이스화하고 이를 분석해 각 사용자의 상황을 고려해 차별화된 검색 결과를 제공합니다.

[내용 출처] http://terms.naver.com/item.nhn?dirId=209&docId=23998

[내용 출처] http://xenerdo.com/197

◎ 로보틱스(Robotics)

로봇은 사람과 유사한 모습과 기능을 가진 기계, 또는 무엇인가 스스로 작업하는 능력을 가진 기계를 말합니다. 제조공장에서 조립, 용접, 핸들링 등을 수행하는 자동화된 로봇을 산업용 로봇이라 하고, 환경을 인식하고 스스로 판단하는 기능을 가진 로봇을 '지능형 로봇'이라 부릅니다. 사람과 닮은 모습을 한 로봇을 '안드로이드'라 부르기도 합니다.

로보틱스(다른 말로 로봇공학)는 로봇에 관한 과학이자 기술학을 말합니다. 즉, 로봇의 설계, 제조, 응용 분야를 다룹니다. 로봇틱스는 전자공학, 역학, 소프트웨어 등 관련 학문의 지식을 필요로 하며, 여러 유관 분야의 다양한 종류의 지식의 도움을 받습니다.

〈그림 1〉 로봇 손   〈그림 2〉 인간형 로봇

[내용 출처] http://en.wikipedia.org/wiki/Robotics

2. 사용자 인터페이스 – 발전 과정

　궁금해씨는 아이가 조르는 바람에 닌텐도 위(Wii)를 사주었습니다. 설치가 그다지 복잡하지도 않고 게임 역시 손에 컨트롤러를 쥐고 움직이면 쉽게 할 수 있기 때문에 아이보다 더 좋아서 하게 되었습니다(<그림 4-5> 참조). 게임을 하면서 '예전에는 키보드 자판 익힌다고 고생했는데, 참 세상 좋아졌네.'라는

〈그림 4-5〉 Wii 테니스 게임[1]

1) http://blogs.theage.com.au/screenplay/archives/battle_stations/002911.html

생각을 해보게 됩니다.

2010년 9월부터는 소니사에서 플레이스테이션 무브(Move)가 출시되었습니다. 무브는 플레이스테이션3 전용 모션 컨트롤러로서 닌텐도 위 등에 적용된 기술과 비슷하지만 사용자의 얼굴, 음성, 동작까지 인식하면서도 반응 속도와 정밀도는 향상되었습니다. 모션 전용 게임뿐만 아니라 일인칭 슈팅(FPS: First-person shooter) 게임이나 어드벤처 게임 타이틀에도 다양하게 활용할 수 있습니다 (<그림 4-6> 참조).

게다가 2010년 11월부터 Xbox 360 키넥트(Kinect)가 출시되면서 컨트롤러조차 필요 없게 되었으니, 남녀노소를 가리지 않고 누구나 게임을 즐길 수 있는

〈그림 4-6〉 플레이스테이션 무브 복싱 게임[2]

2) http://www.nemopan.com/photo_hobby/3697943/page/3

시대가 되었습니다(<그림 1-7> 참조). 사용자 인터페이스는 지금껏 어떻게 발전해 왔으며 앞으로 어떻게 발전해 갈까요? 또한 앞으로 스마트폰이 대세라고 하는데 스마트폰 인터페이스는 지금처럼 키보드나 터치 패드 방식을 유지할까요? 액정 화면도 그대로 남아 있을까요? 궁금한 점이 많습니다.

사용자 인터페이스의 발전 방향을 한 단어로 압축한다면, '내추럴(Natural)'이라고 할 수 있습니다.[3] '내추럴'하다는 말은 '자연스러운'이라는 의미와 함께 '학습이 필요 없으며 눈에 보이지 않는'이라는 의미를 동시에 내포하고 있습니다. 예를 들어, 음성 인식 인터페이스는 별도의 학습 없이 그냥 언어로 명령을 내리면 되는 방식이기 때문에 '내추럴'하다고 표현할 수 있습니다.

사용자 인터페이스는 계속 발전 중에 있는데, 1세대 인터페이스를 대표하는

〈그림 4-7〉 키넥트 스키 게임[4]

3) "차세대 IT기기와 HCI 기술 동향 전망", 최영현·김승인·정한민, 주간기술동향, 통권1435호, 2010.3.3.
4) http://www.wikitree.co.kr/main/news_view.php?id=16456

것이 마우스와 키보드이며, 2세대 인터페이스의 경우에는 터치스크린입니다. 이 둘을 비교한다면, 키보드의 경우에 처음에는 독수리 타법으로 어렵게 타이핑을 해야 할 정도로 배우기가 어렵습니다. 마우스는 상대적으로 직관적이긴 하지만 오른쪽 버튼, 더블 클릭 등의 용도를 익히는 데 어느 정도 시간이 소요됩니다. 반면 요즘 휴대전화에서 많이 채택하고 있는 터치스크린은 눈에 보이는 아이콘이나 메뉴를 손가락으로 누르면 되기 때문에 학습 시간이 짧고 사용하기에도 편리합니다. <그림 4-8>처럼 아이폰을 한 살배기도 사용할 수 있을 정도로 바로 적응할 수 있게 해주는 인터페이스라고 할 수 있습니다.[5]

터치스크린 방식의 인터페이스는 마이크로소프트 서페이스(Surface)로 대표되는 테이블 PC에 활발히 적용될 것으로 예측됩니다(<그림 4-9> 참조). 앞으로는 그냥 나무 테이블에 둘러앉아 프로젝터로 발표를 하고 토론하는 것이 아니라 테이블 위에서 문서를 서로 펼쳐 보고 주고받으면서 활발하게 토론하는 방식으로 회의 모습도 바뀔 것 같습니다.

3세대 인터페이스는 비접촉 동작 인식 방식이 대표적입니다. 닌텐도 위 역시

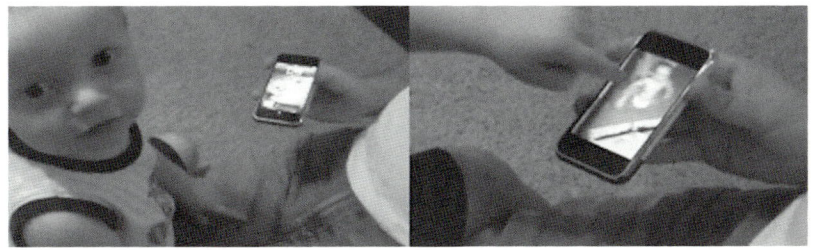

<그림 4-8> 한 살배기 아이가 아이폰을 사용하는 예

---

5) http://www.youtube.com/watch?v=XrVt2ZcrWUY

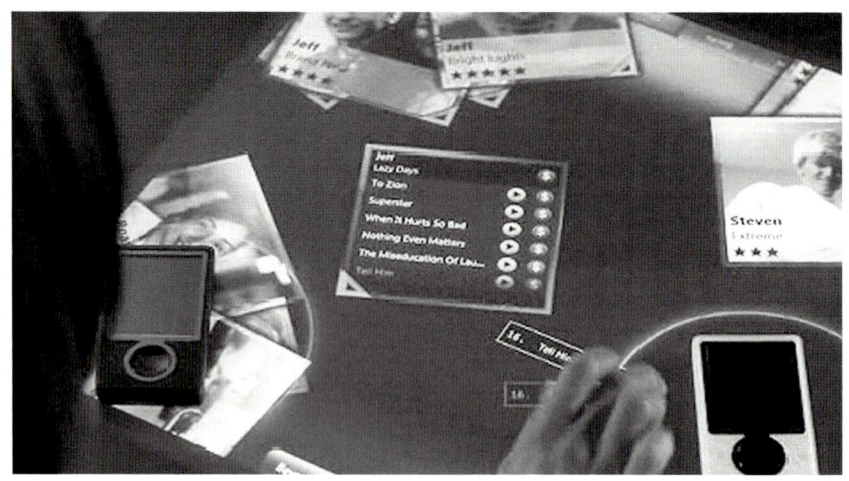

〈그림 4-9〉 마이크로소프트 서페이스(Surface) 예[6]

동작 인식 방식이긴 하지만 반드시 컨트롤러를 가지고 있어야 인식이 가능합니다(<그림 4-10> 참조). 「마이너리티 리포트」에서 보셨던 인터페이스 역시 동작 인식 방식이라고 할 수 있습니다(<그림 4-11> 참조). <그림 4-7>의 키넥트 같은 경우 별도의 컨트롤러 없이 사용자의 동작을 인식해서 처리하기 때문에 비접촉 방식이라고 할 수 있습니다. 결국 2세대에서 3세대로의 진화는 접촉 여부에 있다고 볼 수 있습니다.

4세대 인터페이스는 비접촉 3D 상호작용(Interaction) 방식이 대표적입니다. 하나의 예로 독일 Fraunhofer HHI[7]에서는 실사 수준의 가상 3D 콘텐츠를 생성하고 3D 안경을 착용하지 않고서도 사용할 수 있는 Free2C 3D 키오스크(Kiosk)를 개발하고 있습니다. 인터페이스가 이 수준까지 진화하면 상품을 구입하기 위해 상점에 직접 가지 않더라도 컴퓨터를 통해 상하좌우를 살피고 내

---

6) http://cdn.slashgear.com/wp-content/uploads/2009/03/microsoft-surface.jpg
7) Fraunhofer Heinrich-Hertz Institute(http://www.hhi.fraunhofer.de/)

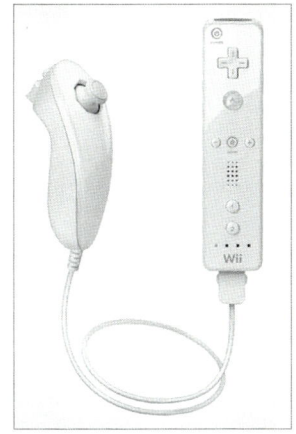

〈그림 4-10〉 닌텐도위   〈그림 4-11〉 영화 「마이너리티 리포트」에서의 검색 인터페이스[9]
         컨트롤러[8]

부를 열어볼 수 있게 되어 인터넷 쇼핑 후에 기대했던 것과 달라 반품하는 일도

많이 줄어들겠죠.

8) http://images.amazon.com/images/G/01/videogames/detail-page/B000IMYKQ0-1-lg.jpg
9) http://media.tested.com/uploads/0/5/6432-minorityreport_600_super.jpg

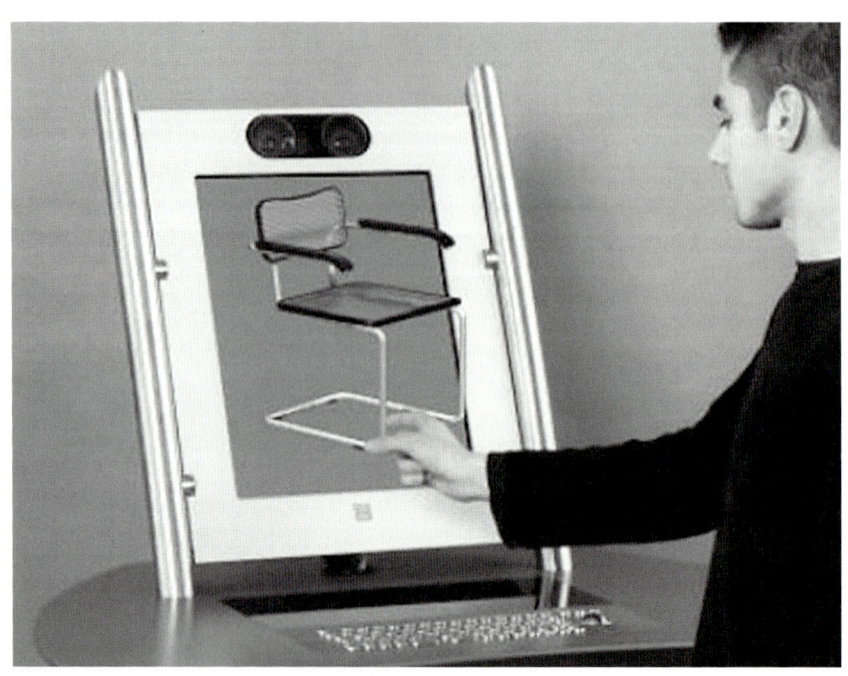

〈그림 4-12〉 Free2C 3D 키오스크(Kiosk)[10]

---

10) http://www.formula-d.co.za/3d_kiosk.html

◎ 사용자 인터페이스(UI)와 인간과 컴퓨터 상호작용(HCI)

사용자 인터페이스(UI: User Interface)는 사람(사용자)과 사물 또는 시스템, 특히 기계, 컴퓨터 프로그램 등 사이에서 의사소통을 할 수 있도록 일시적 또는 영구적인 접근을 목적으로 만들어진 물리적·가상적 매개체를 뜻합니다. 즉, 사용자 인터페이스는 사람들이 컴퓨터와 상호작용하는 시스템으로 물리적인 하드웨어와 논리적인 소프트웨어 요소를 포함합니다. 그리고 사용자 인터페이스를 판단하는 기준으로 사용성이 있습니다. 좋은 사용자 인터페이스는 신리학과 생리학에 기반을 두어, 사용자가 필요한 요소를 쉽게 찾고 사용하며 그 요소로부터 명확하게 의도한 결과를 쉽게 얻어 낼 수 있어야 합니다.

그래서 인간(사용자)과 컴퓨터 간의 상호작용에 대해 연구하는 학문 분야인 인간과 컴퓨터 상호작용(HCI: Human-computer interaction)이 있습니다. HCI의 목적 사람들이 컴퓨터라는 도구에 대한 부담 없이 원하는 일을 성공적으로 수행하는 데 도움을 줄 수 있도록 하는 것입니다.

다음의 <그림 1-4>는 사용자 인터페이스의 사례를 보여 줍니다. 특히, <그림 4>의 식스 센스는 MIT 미디어랩에서 올해 발표한 첨단 인터페이스로, 다양한 디지털 액세서리를 이용해서 주변의 다양한 환경들과 상호작용할 수 있고 전체 시스템을 구상하는 비용이 350 달러에 불과하다고 하니 곧 상용화가 될 것 같습니다.

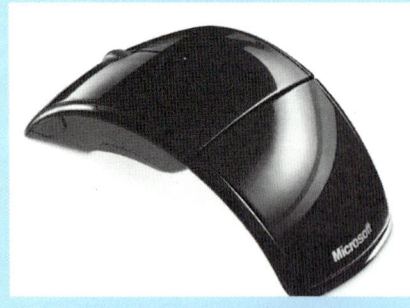

〈그림 1〉 마우스

〈그림 2〉 키보드

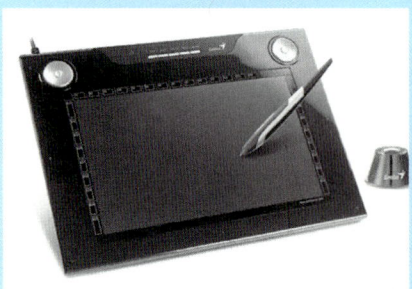

〈그림 3〉 태블릿

〈그림 4〉 식스 센스

[내용 출처] http://en.wikipedia.org/wiki/User_interface

[내용 출처] http://en.wikipedia.org/wiki/Human%E2%80%93computerinteraction

[그림 출처] http://news.cnet.com/8301-17938_105-10036423-1.html

[그림 출처] http://www.androidpub.com/813888

[그림 출처] http://www.bidorbuy.co.za/item/10531219/Genius_G_Pen_M712_USB_Dual_Mode_MultiMe dia_Tablet.html

[그림 출처] http://health20.kr/561

◎ Xbox 360 키넥트(Kinect)

키넥트(Kinect)는 컨트롤러 없이 이용자의 신체를 이용하여 게임과 엔터테인먼트를 경험할 수 있는 Xbox 360과 연결해서 사용하는 주변기기입니다. 키넥트는 인간을 뜻하는 'Kin'과 접속을 나타내는 단어 'Connect'를 결합해 만들었습니다. 2009년 6월 1일 E3에서 처음 "프로젝트 나탈(Project Natal)"이란 이름으로 발표했으며, E3 2010에서 공식 명칭인 '키넥트'를 발표합니다.

키넥트 센서는 신체 48개 부위를 감지해 사용자가 팔을 꼬고 머리를 긁는 등의 시소한 동작까지 인식할 만큼 정교한 RGB 카메라와 깊이 측정기, 멀티-어레이 마이크로폰 등으로 이뤄져 있습니다. 그래서 카메라와 깊이 측정기의 모션 캡처로 플레이어의 동작을 인식하며, 마이크 음성을 인식합니다.

〈그림 5〉 Xbox 360 키넥트

〈그림 6〉 Xbox 360 키넥트 활용 예

[내용 출처] http://en.wikipedia.org/wiki/Xbox_360

[그림 출처] http://www.xbox.com/ko-KR/kinect

3. 사용자 인터페이스 − 미래 트렌드

예전에 만화 「드래곤볼」을 재미있게 보신 분들은 베지터 등이 착용했던 스카우터를 기억하실 겁니다. 스카우터는 상대방의 전투력을 투명 디스플레이를 통해 확인하거나 행성 정부를 파악할 수 있는 기능을 가지고 있습니다(<그림 4-13> 참조). 지금으로 말하자면 증강 현실(Augmented Reality)이 적용된 디스플레이라고 할 수 있습니다. 좀 더 기술적으로 살펴보면, 사진 촬영, 무선 랜 통신이나 위성 통신, 클라우드 컴퓨팅 서비스 등 세부 기술들이 더 필요하지만 여

<그림 4-13> 만화 「드래곤볼」에 나오는 스카우터 착용 모습 예[1]

---

1) http://www.eventful.co.kr/?document_srl=9465&mid=shopStory&category=16049

기서는 다루지 않겠습니다.

이미 오래전에 나왔음에도 불구하고 영화나 만화 속에서 사용되는 기기들은 우리의 상식을 뛰어넘고 있거나 현실화가 시작되는 등 상당히 앞서 간다는 측면에서 제작자들이 존경스러울 따름입니다.

2009년까지만 해도 증강 현실이란 용어조차 생소했는데 지금은 누구나 한 번은 들어보고 적용된 제품을 보기도 할 정도로 일상생활에 점점 빨리 침투되고 있습니다. 그렇기 때문에 사용자 인터페이스의 미래 트렌드를 예측한다는 것이 무모할 수도 있겠지만, 나름대로 정리하면서 생각할 수 있는 시간을 가져 보겠습니다.

Dccohen[2]은 기기들의 사용자 인터페이스가 앞으로는 방금 소개한 증강 현실을 포함해서 생체 인식, 無스크린을 추구하는 방향으로 발전할 것이란 예측을 내놓았습니다. 하나씩 살펴보도록 하겠습니다.

증강 현실은 기본적으로 사물에 대한 인식이 이루어진다는 가정을 전제로 합니다. 부가 정보를 실체와 결합시켜 보여 주려면 실체가 무엇인지 알아야 하니까요. 그래서 바코드 등의 태그 정보를 이용한 인식이나, RFID(Radio Frequency IDentification)[3], GPS(Global Position System)[4] 등의 센서를 이용한 인식이나, 이미지 또는 음성 인식이 필요한 것입니다. <그림 4-14>는 얼굴 인식 후 소셜 네트워크 정보를 입혀 디스플레이하는 응용의 한 예를 보여 줍니다. 트위터[5], 페이스북[6] 등 소셜 네트워크 서비스에서 해당 인물에 대한 정보를 가지

---

2) http://cybject.wordpress.com/2010/02/07/2010-technology-forecast-the-internet-of-things-slowly-comes-of-age/

3) IC칩과 무선을 통해 식품, 동물, 사물 등 다양한 개체의 정보를 관리할 수 있는 차세대 인식 기술.
(http://terms.naver.com/item.nhn?dirld=706&docld=9289)

4) 위성 위치 확인 시스템(http://terms.naver.com/item.nhn?dirld=211&docld=11947).

〈그림 4-14〉 얼굴 인식에 기반을 둔 증강 현실 예(TAT Augmented ID)[7]

고 와서 그 사람 주변에 보여 주는 방식이죠. 저는 기억력이 상당히 안 좋다 보니 만났던 사람을 제대로 기억하지 못하는 경우가 종종 있습니다. 이런 응용이 성공적으로 발전한다면, 아는 사람인 듯싶을 때 스마트폰을 꺼내 살짝 그 사람을 비추어 보면 "아하!" 하고 먼저 다가가서 인사하고 가족 안부도 물을 수 있겠죠. 그렇지만 사생활 노출이라는 측면이 또 다른 이슈로 분명 다가오리라 생각합니다. 지금도 입사 지원자들의 블로그, 트위터 등을 조사한다고 하는데, 앞으로는 면접장에서 휴대전화로 지원자들을 비추면서 "자네 얼마 전에 왜 그런 글을 올렸나?" 하고 묻는 일이 현실로 다가올지도 모르겠습니다.

생체 인식의 응용이 가장 활발히 이루어지는 분야가 보안 분야일 겁니다. 허

---

5) 블로그의 인터페이스와 메신저 기능을 한데 모아 놓은 소셜 네트워크 서비스로 이용자가 웹사이트, 휴대전화를 통해서 최고 140자의 문자메시지를 볼 수 있는 블로그 + 문자 서비스(http://www.twitter.com).
6) 이용자들끼리 친구들과 대화하고 정보를 교환할 수 있도록 만들어주는 소셜 네트워크 웹사이트. (http://www.facebook.com)
7) http://www.manifest-tech.com/images/society/augmented_reality/TAT-Augmented-ID-Meeting.jpg

〈그림 4-15〉 증강 현실을 이용한 게임[8]

가된 사람에게만 접근을 허용하기 위해서는 생체만큼 정확한 게 없기 때문이
죠. 그래서 공항에서도 지문 인식이 일반화되고 있고, 보안이 심한 곳은 홍채
(Iris) 인식이나 정맥(Vein) 인식까지 적용하고 있습니다(<그림 4-16, 4-17, 4-18>
참조). 미국 국토안보부에서는 한 단계 더 나아가 테러리스트 후보를 찾기 위
해 다각적인 생체 신호를 이용하기 위한 연구를 활발히 진행하고 있습니다. 최
근에 개발된 Malitent는 혈압, 심장 박동, 동작을 원격으로 체크하고 비정상적
인 수치가 나올 경우 바로 경고를 줄 수 있는 시스템입니다(<그림 4-19> 참조).
공항에 설치되어 작동하는 것을 목표로 하는 시스템인데, 앞으로는 공항에서
해외여행의 설렘으로 가슴이 두근두근하거나 초조해하다가 조용히 불려 가서
조사받을지도 모르겠습니다.

8) http://www.trendbird.co.kr/attach/1/1055891970.jpg

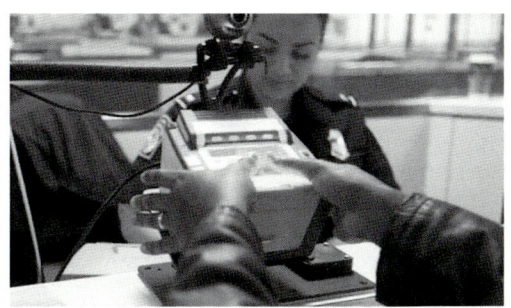

〈그림 4-16〉 출입국 등록 시 지문 인식[9]

〈그림 4-17〉 여행자 홍채 인식[10]

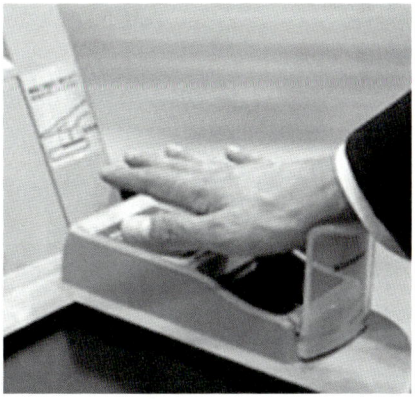

〈그림 4-18〉 정맥 인식[11]

영화 「마이너리티 리포트」에서도 생체 인식 장면이 나옵니다. 주인공이 추적을
피해 도망을 가고 있을 때, 벽에 설치된 광고판 옆의 카메라가 주인공을 인식하
고 주인공이 좋아하는 '불가리' 향수 광고를 바로 광고판에 내보내는 장면입니
다. 결국 인식된 사람 정보를 인터넷 서비스를 통해 입수한 후 프로파일 정보를

9) http://cdn.wn.com/pd/c0/9a/9d156fd9c4b209fffbfdf5441b83_grande.jpg
10) http://www.cbsa-asfc.gc.ca/media/imgal-galimg/3/2007-001.jpg
11) http://www.sourcesecurity.com/images/moreimages/pressrelease/august06/palm_vein2.jpg

분석하고 그 사람에게 가장 적절하다고 판단된 광고를 내보냄으로써 개인화 광고 모델을 만들 수 있는 것입니다. 여기에 시간 정보까지 더한다면 좀 더 세밀한 광고 모델이 가능해지는데, 예를 들어 특정한 장소를 어느 사람이 지나가더라도 근무 시간에 지나가는 것과 퇴근 시간 이후 또는 한밤중에 지나갈 때 그 목적이 다르기 때문에 시간대별로 적절한 내용의 광고를 내보낼 수 있습니다. 생체 인식 인터페이스는 증강 현실과 따로 발전하는 것이 아니라 궁극적으로는 융합될 것입니다. 생체 인식 후 실체에 대한 정보를 불러와 증강 현실 기법으로 사용자에게 보여 주는 방식이 될 것이란 얘기죠.

無스크린이란 표현을 쓰면 좀 생소할 수 있을 것 같습니다. 휴대전화, 노트북, 태블릿 PC, 모니터, TV에 스크린이 없다는 상상을 하기가 쉽지 않습니다. TV의 경우에도 브라운관, PDP, LCD, LED, 3D로 계속 발전하고 있지만, 변하지 않는 점은 눈으로 TV를 보는 화면은 TV 앞에 붙어 있다는 사실입니다. 無

〈그림 4-19〉 공항에 적용 예정인 Malitent 시스템과 감시 예[12]

---

12) http://idailymail.co.uk/i/pix/2008/09/24/article-1060972-02C7288900000578-759_468x336.jpg

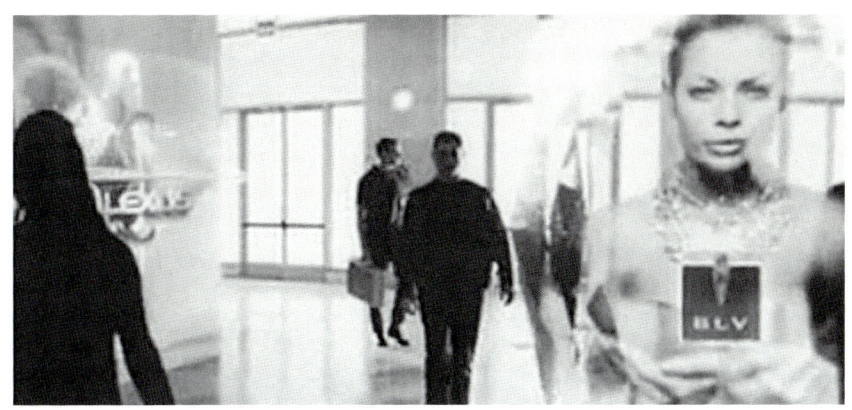

〈그림 4-20〉 영화 「마이너리티 리포트」에서 얼굴 인식이 적용된 개인화 광고 사례[13]

〈그림 4-21〉 영화 「마이너리티 리포트」의
가상 디스플레이[14]

스크린의 발전 방향은 크게 두 가지로 요약할 수 있습니다. 하나는 가상 스크린을 생성하는 방식이고, 다른 하나는 개인용 가상 디스플레이를 생성하는 방식입니다. 둘 다 가상 스크린을 가진다는 점에서는 동일하지만, 여러 명이 볼 수 있느냐, 혼자 볼 수 있느냐의 차이가 있다고 보시면 됩니다.

Light Touch[15]는 가상 스크린을 평평한 바닥이나 벽에 터치스크린 방식으로 생성합니다(〈그림 4-22〉 참조). 사용자는

---

13) http://travel-industry.uptake.com/blog/files/2009/11/Minority-Report-shopping.jpg

14) http://univjam.smarterplanet.co.kr/files/2009/10/minority-report.jpg

15) http://www.youtube.com/watch?v=jxxONCg2rXc

프로젝트를 통해 비추어진 화면과 상호작용을 할 수 있는데, 메뉴를 선택하거나 게임을 플레이할 수도 있습니다. 터치스크린이 실제 부착되어 있는 마이크로소프트 서페이스(Microsoft Surface)보다 한 단계 진화한 방식입니다.

2010년 라스베이거스에서 열린 CES(The International Consumer Electronics Show: 국제전자제품박람회)에 출품된 개인용 가상 디스플레이 Vuzix Wrap 920AR은 3미터 떨어진 곳에서 67인치 모니터를 보는 것과 같은 효과를 내는 동시에, 증강 현실을 이용하여 게임 등을 할 수 있게 해줍니다. 다른 분들도 마찬가지 경험이 있으시겠지만, 저는 집에서 TV 채널로 싸울 때가 가끔씩 있는데 이런 디스플레이가 있다면 각자 하나씩 쓰고(이렇게 된다면 TV 스크린은 필요 없을 겁니다.) 좋아하는 TV 프로그램을 즐길 수 있겠죠. 그렇지만 가족 간의 대화도 중요하므로 너무 여기에 빠지지 마시라고 몇 년 후 일이겠지만 미리 주의를 드립니다.

오래전에 큰 인기를 끌었던 TV 드라마 「600만 불의 사나이」를 기억하시나요? 불의의 사고를 당해 신체 손상을 입었지만 과학 기술의 힘으로 엄청난 능력을 갖게 되었고 악당들을 물리친다는 대표적인 액션 드라마였습니다. 그는 멀리 떨어진 물체도 독수리처럼 자세하게 볼 수 있을 정도의 '기계 눈'을 가졌습니다. 누구나 한 번쯤 나도 그런 눈을 가지면 얼마나 좋을까 하는 상상을 해보셨을 겁니다. 몇 년 뒤가 될지는 모르겠지만, 그런 눈을 가지실 수 있을 겁니다. 디지털 콘택트렌즈는 멀리 있는 물체를 당겨서 보거나, 유용한 정보를 증강 현실 기술을 통해 실물과 같이 볼 수 있도록 해줍니다. 아직은 초기 연구 단계에 있지만 모두가 '600만 불의 사나이'가 되는 세상이 정말 올지도 모르겠습니다.

아, 기기만 증강시킬 수 있는 것은 아닙니다. 사람도 증강 대상이 될 수 있습

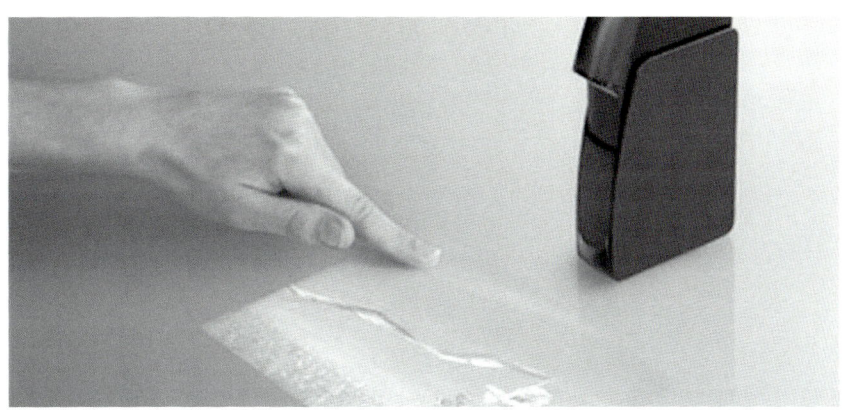

<그림 4-22> 가상 터치스크린을 생성하는 Light Touch[16]

니다. 군대에서 수십 킬로그램의 군장을 메고 달리거나 행군하는 모습을 보면 안쓰럽기도 합니다. 그렇다고 군장을 버리고 맨몸으로 싸우러 갈 수는 없겠죠? 누가 신속하게 이동할 수 있느냐도 중요한 경쟁력이 될 수 있기 때문에 군인을 도와줄 수 있는 기술 개발이 필요합니다. 이런 필요에서 출발한 게 휴먼 증강(Human Augmentation)입니다. 비단 군인에게만 필요한 것은 아닙니다. 몸이 불편한 장애인이나 노약자도 계단을 좀 더 쉽게 오르거나 무거운 짐을 들 수 있다면 사회 복지 측면에서도 바람직한 기술이라 볼 수 있습니다. 여러분은 또 증강시키고 싶으신 게 있는지요? 소원을 말해 보시면 소녀시대나 지니가 아니더라도 누군가 들어 줄지도 모릅니다.

이렇듯이 사용자 인터페이스 기술은 현대 생활에서 버릴 수 없는 기기, 기계와 사람 간의 원활한 상호작용을 지원하는 데 초점을 맞추고 있습니다. <사용 편의성>에서 상호작용의 효과를 올리는 사례들을 보시겠지만, 어차피 같이 공

16) http://www.instablogsimages.com/images/2010/01/06/light-touch_01_1T7Er_22976.jpg

〈그림 4-23〉 Light Touch를 이용한 메뉴 주문[17]

〈그림 4-24〉 개인용 가상 디스플레이 Vuzix Wrap 920AR glasses[18]

존해야 하는 것들이라면 피하지 말고 즐겨 보시는 게 어떨까요?

17) http://www.instablogsimages.com/images/2010/01/06/light-touch_05_uD1KE_22976.jpg
18) http://www.cnet.co.uk/i/c/blg/cat/gadgets/vuzix/vuzix_m.jpg

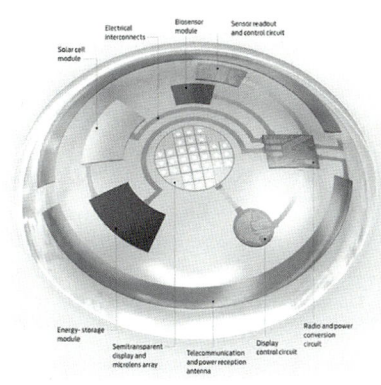
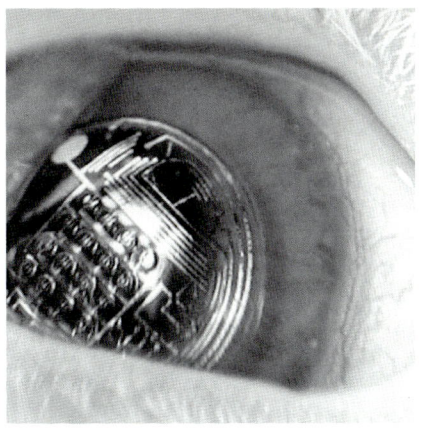

〈그림 4-25〉 디지털 콘택트렌즈[19]

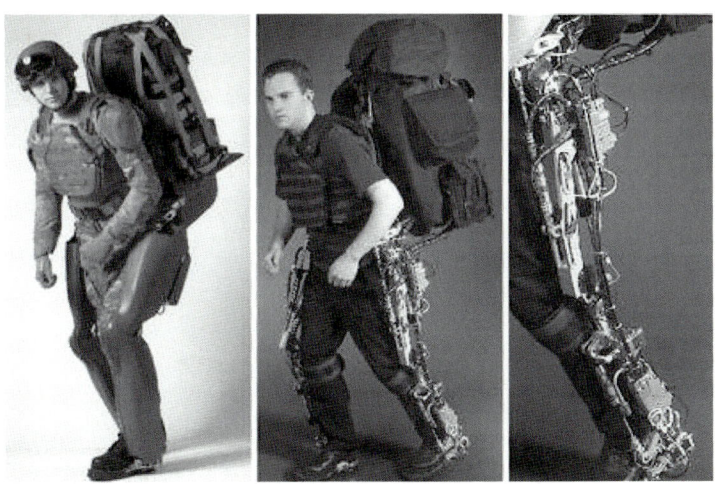

〈그림 4-26〉 휴먼 증강[20]

19) http://blog.monty.de/?p=704
　　http://blog.monty.de/wp-content/uploads/2009/09/digital-led-eye-lense.jpg
　　http://blog.monty.de/wp-content/uploads/2009/09/digital-contact-lense.jpg
20) http://www.zamazing.org/imaj/zabun/bleex-berkeley-lower-extremity-exoskeleton.jpg

◎ 증강 현실(AR: Augmented Reality)

증강 현실은 사용자가 눈으로 보는 현실세계에 가상 물체를 겹쳐 보여 주는 기술입니다. 현실세계에 실시간으로 부가정보를 갖는 가상세계를 합쳐 하나의 영상으로 보여주므로 혼합현실(MR: Mixed Reality)이라고도 합니다. 현실환경과 가상환경을 융합하는 복합형 가상현실 시스템(Hybrid VR System)으로 1990년대 후반부터 미국·일본을 중심으로 연구·개발이 진행되고 있습니다.

현실세계를 가상세계로 보완해주는 개념인 증강현실은 컴퓨터 그래픽으로 만들어진 가상환경을 사용하지만 주역은 현실환경입니다. 컴퓨터 그래픽은 현실환경에 필요한 정보를 추가 제공하는 역할을 합니다. 사용자가 보고 있는 실사 영상에 3차원 가상영상을 겹침으로써 현실환경과 가상화면과의 구분이 모호해지도록 한다는 뜻입니다.

최근 스마트폰이 널리 보급되면서 본격적인 상업화 단계에 들어섰으며, 게임 및 모바일 솔루션 업계·교육 분야 등에서도 다양한 제품을 개발하고 있습니다. 또한 증강현실을 실외에서 실현하는 것이 착용식 컴퓨터(Wearable Computer)입니다. 특히 머리에 쓰는 형태의 컴퓨터 화면장치는 사용자가 보는 실제 환경에 컴퓨터 그래픽·문자 등을 겹쳐 실시간으로 보여줌으로써 증강현실을 가능하게 합니다.

다음 <그림 1~2>는 현재 사용되고 있는 증강현실 사례를 보여 주고 있습니다. <그림 1>은 스마트폰 응용 프로그램인 'Layars'로 스마트폰으로 주위 환경을 비추면 화면 속의 유적지, 커피숍, 공원, 식당 등의 정보가 화면에 나타나며, 목적지를 클릭하면 구글 지도와 연동하여 지도 및 거리까지 알려 줍니다. 또한 <그림 2>는 H&M 온라인 쇼핑몰의

'가상 옷 입히기' 응용 프로그램으로 고객과 비슷한 유형의 모델을 찾아 선택하고, 구입하고 싶은 옷과 액세서리 등을 클릭해 입혀 보고, 마음에 드는 물건들을 구매할 수 있는 기능을 제공합니다. H&M은 이 기술을 통해, 교환 및 환불 업무와 관련된 비용을 크게 줄였고 그 비용을 상품 가격에 반영할 수 있게 되었습니다.

〈그림 1〉 Layars 사례

〈그림 2〉 H&M 사례

[내용 출처] http://ko.wikipedia.org/wiki/%EC%A6%9D%EA%B0%95%ED%98%84%EC%8B%A4

[그림 출처] http://www.neonpunch.com/android-layar/

[그림 출처] http://blog.naver.com/marblekid?Redirect=Log&logNo=60117368777

4. 사용편의성(Usability)

　이번 주제는 사용편의성입니다. 사용성이라고도 하는데, 사용자가 사용하기 편한 정도를 의미하는 용어입니다. 기술 트렌드를 직접적으로 살펴보는 내용은 아니지만, 기술의 발전이 탄생시킨 각종 첨단 기기들에 있어서 반드시 고려되어야 하는 요소이기 때문에 다루어 봅니다.

　<사용자 인터페이스>에서 한 살배기 아이가 아이폰을 사용하는 예를 보았습니다. 무슨 생각이 드시는지요? '저 아이는 한 살이 아님에 틀림없어.' '저 아이는 천재일 거야.' 또는 '아이폰이 사용하기 편리한가 봐.' 등등. 제 생각은 아이도 분명 똑똑한 것 같고 아이폰도 사용하기 편리한 것 같다는 것입니다. 집에서 부모님이나 어린 자녀, 또는 여러분이 새로 산 전자 제품을 제대로 조작하지 못해 고생한 경험이 있으실 겁니다. 그 원인을 대부분 사람들은 새로운 전자 제품이고 다양한 기능이 많기 때문에 본인이 배우지 못해 그런 것이라고 치부합니다만, 엄격히 말해서 사용편의성이 제대로 갖추어지지 않은 경우도 많습니다. 요즘 대기업들이나 포털들은 사용편의성을 개선하기 위한 조직을 별도로 운영하는 경우도 많을 정도로 그 중요성이 점점 강조되고 있습니다.

　<그림 4-28>을 잠시 보죠. 우리나라에서는 잘 볼 수 없지만 미국 호텔 등에서 종종 볼 수 있는 자판기입니다. 어떤 사람이 자판기에서 음료수를 사려고 버튼

을 누르고 있습니다. 그런데 뭔가 잘못된 것 같네요. 음료수가 안 나오니 말입니다.

답을 찾으셨는지요? 누르고 있는 버튼 아래 안내 문구를 보시면 '이쪽에서 선택하세요.'라고 적혀 있고 화살표가 오른쪽 방향을 가리키고 있습니다. 사실

〈그림 4-27〉 잘못된 사용편의성[1)]   〈그림 4-28〉 사용편의성이 결여된 자판기 예

---

1) http://www.notcot.com/archives/2006/11/world_usability.html

음료수를 선택할 수 있는 버튼들은 동전 투입구 밑에 일렬로 배치되어 있지만, 그 사람은 그런 사실을 발견하지 못한 것입니다. 이렇게 실수한 원인은 무엇일까요? 그림을 다시 한 번 천천히 살펴보면 왼쪽 버튼처럼 보이는 부분들이 오른쪽 실제 버튼들보다 훨씬 선명하고 크기도 크며 음료수 사진도 잘 보인다는 점이 눈에 뜨입니다. 반면 오른쪽 버튼들은 어둡고 작아 시선을 끌기에 부족합니다. 아마도 이 자판기를 설계한 사람은 먹음직스러운 음료수를 강조하기 위해 선명한 사진을 넣은 것으로 보이는데, 그렇다면 그 사진을 버튼으로 만드는 편이 훨씬 나았을 것입니다. 안내 문구를 써넣어야 한다는 것은 사용편의성이 떨어진다는 명백한 증거입니다.

아직도 우리나라 대부분의 빌딩에 가보면 'PUSH/PULL' 표시가 문에 붙어 있

<그림 4-29> PUSH 또는 PULL 딜레마[2]

습니다. 어떤 문은 'PUSH/PULL' 표시가 있지만 아무 쪽으로나 움직여도 열리는 반면에 어떤 문은 반드시 표시된 대로 움직여야 열리기도 합니다. 이 표시 역시 사용편의성이 떨어진다는 증거지요. 표시가 없더라도 실수없이 문을 열 수 있게 만든다면 사용편의성이 좋아질 것입니다.

<그림 4-30>도 한번 보겠습니다. 제가 어느 공항 화장실에서 직접 찍은 사진입니다. 제가 화장실에서 사진 찍는 모습을 보고 제 딸 지민이가 아빠는 변태라고 하더라고요.

---

2) http://blog.swivel.com/weblog/images/midvale_2.gif

오해받아가면서 어렵게 찍은 사진입니다. 사진은 여느 화장실과 별반 다른 점이 없는 것 같아 보이지만, 자세히 보시면 왼쪽 세면대 유리에 '자동수전'이란 안내 문구가 붙어 있습니다. 즉, 이 세면대의 수도꼭지에서는 물이 자동으로 나온다는 의미인데, 오른쪽 수도꼭지와 비교해 보시면 서로 모양이 다름을 아실 수 있습니다. 오른쪽은 수동으로 동작하는 수도꼭지입니다. 그래서 오른쪽 세면대 유리에는 안내 문구도 없습니다. 제가 어린이들을 대상으로 이 사진을 보여 주면서 잘못된 부분을 찾아 보라고 했더니, 왼쪽 세면대에는 물비누가 있는데 오른쪽에는 없다는 재미있는 대답도 나왔습니다. 세면대가 높아 어린이에게 불편하다는 의견도 나오고요. 아이들의 생각은 참 재미있고 기발합니다. 다시 본론으로 돌아가서, 이전 그림에서 설명한 것처럼 안내 문구가 있다는 것은 사용편의성이 떨어진다는 사실을 암시하는 것입니다. 아마도 많은 사람들이

〈그림 4-30〉 공항 화장실에서 발견한 사용편의성이 결여된 세면대 예

왼쪽 세면대의 수도꼭지를 두드리거나 조작하려고 했던 것 같습니다.

사용편의성을 개선하고 문제점을 찾아내기 위해 다양한 형태의 사용성 평가(Usability Test)를 합니다. 네이버가 2010년 사용자 인터페이스, 특히 검색 결과 화면을 개선하는 과정에 수행했던 사용성 평가를 잠시 소개합니다.

네이버는 기존의 통합 검색 화면(<그림 4–31 참조)의 사용편의성을 개선하고자 아이 트래킹(Eye Tracking, <그림 4–32> 참조), 인터뷰 등을 포함한 다양한 사용성 평가를 실시하였습니다. <그림 4–32, 4–33>을 보시면, 일반적으로 널리 알려진 대로 사용자는 시선을 좌상우하 방향순으로 두며 좌측에 시선을 오래 둔다는 사실을 확인할 수 있습니다만, 첫 200픽셀(1280×1024 크기인 경우 좌측 약 1/6 지점)까지 시선이 머무는 시간보다 그 이후가 더 크다는 또 다른 사실

〈그림 4–31〉 네이버 통합 검색 화면[3]

---

3) http://www.naver.com

을 확인할 수 있습니다. 이는 많은 사이트들이 좌측에 **GNB(Global Navigation Bar**: 통합 내비게이션 바)를 두어 메뉴로서 활용하기 때문에 사람들이 무의식적으로 그 영역에 관심을 가지지 않기 때문입니다.

이러한 사실에 기초하여 네이버는 통합 검색 결과 화면을 <그림 4-34>, <그림 4-35>와 같이 개편했습니다. 통합 검색 결과를 만든 각 소스별 검색을 위해 좌측 영역을 GNB로 사용함으로써 주요 콘텐츠에 사용자 시선이 집중될 수 있도록 하였습니다. 사실 많은 사이트들에서 이미 이런 방식을 적용하고 있다는 점에서 다소 늦은 감은 있으나, 사용자를 배려하고 사용편의성을 높이려는 여

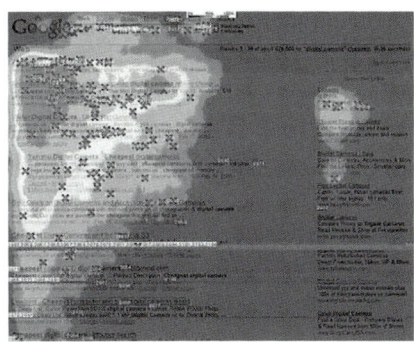
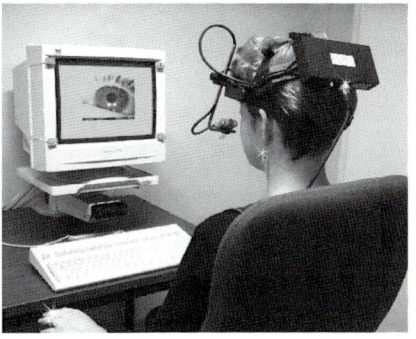

▲ 〈그림 4-32〉 아이 트래커(Eye Tracker)를 이용한 웹 페이지 분석 예[4]

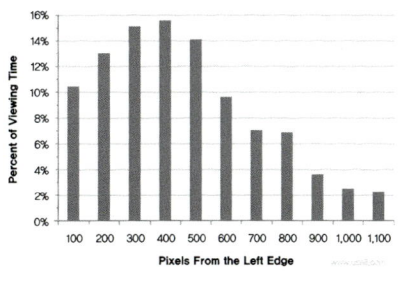

◀〈그림 4-33〉 화면상에서 사용자가 시선을 둔 시간 비율 예

---

4) http://www.iqcontent.com/blog/files/eyetracking_google.jpg
http://www.mpi.nl/world/images/femke_s.jpg

러 시도들이 최근 들어 관심이 되고 있다는 점은 반가운 일이 아닐 수 없습니다.

또 다른 사례로 저희 연구팀과 홍익대학교 디자인혁신센터가 수행한 법무부 '아이로 시스템' 프로젝트의 사용자 인터페이스 개발 전략 수립 과정을 간단히 소개하겠습니다. 개발 전략 수립을 위해 아이 트래킹, FGI(Focus Group Interview), 사용자 서베이(User Survey), 온라인 설문 등 여러 방법들이 사용되었습니다. <그림 4–36>, <그림 4–37>은 개발 전략 수립 과정에서 도출된 사용자 요구 사항을 사용자 그룹과 기능 그룹 관점으로 구성한 예와 개발 전략 일

◀ 〈그림 4–34〉 네이버 통합 검색 결과 화면 개편안[5]

▼ 〈그림 4–35〉 네이버 통합 검색 결과 화면 예

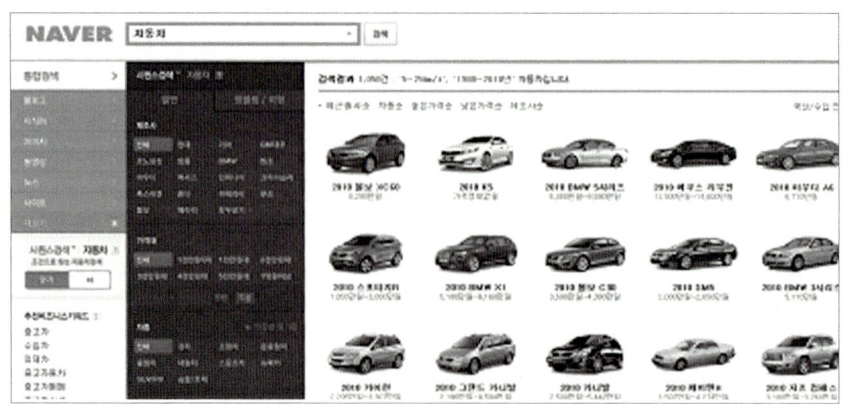

5) http://www.morningnews.co.kr/upimages/gisaimg/201004/10g21501.jpg

부를 보여줍니다. 무수히 많은 공공 기관, 기업, 전자상거래 업체 등이 홈페이지와 서비스를 개발하고 있지만, 아직까지도 사용자 인터페이스 개발 과정에서 사용편의성을 제대로 고려하지 못해 사용자에게 불편을 주는 사례가 많이 있습니다. 현재는 일방적인 정보와 서비스를 강요하던 웹 1.0 시대가 아니라 상호 소통과 협력을 중시하는 웹 2.0 시대를 지나고 있으므로 사용자에 대한 배려가 점점 커질 것으로 기대합니다.

사람이 기억하는 방식은 두 가지라고 합니다. 잠깐 기억하고 잊어버리는 단

▶ 〈그림 4-36〉 법무부 '아이로 시스템' 사용자 인터페이스 (UI) 개발 전략 수립 과정에서 도출된 사용자 요구 사항

▼ 〈그림 4-37〉 법무부 '아이로 시스템' 사용자 인터페이스개발 전략 일부

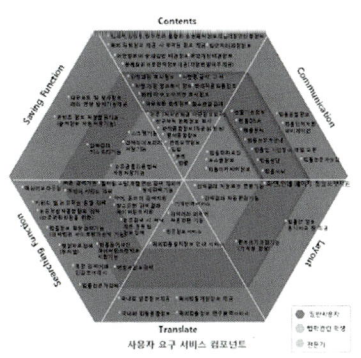

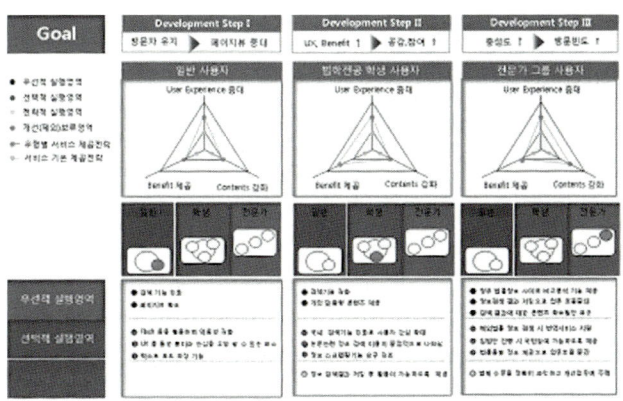

기 기억(Short-term) 메모리 방식과 몇십 년이 지나도 잊지 못하는 첫사랑처럼 오래도록 기억하는 장기 기억(Long-term) 메모리 방식으로 나누어집니다. 단기 기억 메모리에 있어서 중요한 점은 매직 넘버라고 불리는 7 플러스/마이너스 2, 즉 5~9까지의 수입니다. 새로운 사실을 접할 때 단기 기억 메모리에서 한 번에 기억할 수 있는 크기라고 볼 수 있는데, 예를 들어 전화번호를 들었을 때 한 번에 외우지 못하고 다시 한 번 물어보는 경우가 많은데 이는 매직 넘버를 넘는 숫자를 한 번에 기억하려고 하기 때문입니다. 요즘 휴대전화 번호는 대개 xxx-xxxx-xxxx와 같이 10자리이기 때문에 한 번에 쉽게 외우기 어렵습니다. 저도 한 번에 외우지 못해 다시 물어보곤 합니다만, 이는 평균적인 사람들의 기억 방식이기 때문이므로 너무 자책하실 필요는 없습니다. **Jakob Nielsen**[6]은 사용편의성과 단기 기억 메모리를 같이 설명하면서 사용편의성을 증진시킬 수 있는 방안을 제시한 바 있습니다. 몇 가지를 살펴보면 다음과 같습니다.

① 응답 시간 단축: 사용자가 내비게이션이나 작업하는 중에 무엇을 하고 있었는지 잊어버리지 않도록 서비스 응답 시간을 단축시켜야 한다.

② 방문 링크 색상 변경: 사용자가 이미 방문했던 링크인지 기억할 필요가 없도록 클릭했던 링크는 색상을 변경해야 한다.

③ 편리한 상품 비교(<그림 4-38> 참조): 사용자가 상품 비교를 위해 반복적으로 이 상품, 저 상품 페이지를 왔다 갔다 하지 않게 해야 한다.

---

6) http://www.useit.com/alertbox/short-term-memory.html

④ 쿠폰 코드 대신 다이렉트 링크 제공(<그림 4-39> 참조): 이벤트 안내 메일 등을 보내면서 사용자가 직접 쿠폰 코드를 입력하게 하지 말고 이벤트 링크에 코드를 인코딩하여 클릭만으로 접근하게 해야 한다(윈도나 백신 프로그램, 신용카드 등을 등록할 때 영어와 숫자가 섞인 10~20여 자리 라이선스 번호를 직접 입력하셨던 분이라면 쉽게 이해하실 수 있을 겁니다.).

⑤ 문맥(Context: 상황)에 따라 사용자 지원 기능이나 도움말 제시(<그림 4-40> 참조): 사용자가 별도의 도움말 페이지로 이동하고 그 내용을 기억하지 않도록 지원해야 한다

사용편의성 향상을 방해하는 요소 중 하나는 주관적 견해입니다. "내가 좋아하는 디자인이 아니다." "나 같으면 그곳을 클릭할 것 같지 않다." 또는 "다른

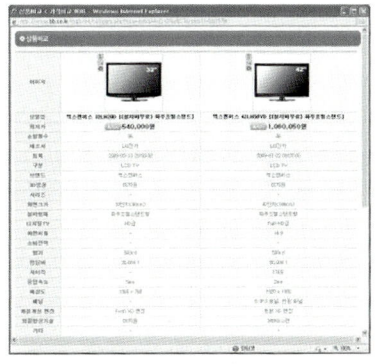

〈그림 4-38〉 편리한 상품 비교 예 [7]

〈그림 4-39〉 이메일을 통해 제공되는 다이렉트 링크 제공 예

---

7) http://www.bb.co.kr/

사람들은 내가 의도한 바를 잘 알 것이다."와 같이 시스템이나 서비스 개발 과정에서 객관적이지 못한 시각이 반영되면 사용편의성은 떨어질 수밖에 없습니다. 결국 사용편의성은 기기가 아닌 사람에 대한 것이므로 보편적으로 허용되는 가이드라인을 따르고 최소한의 인원(2~3명)이라도 활용하여 사용성 평가를 수행한다면 우리가 느끼는 만족도는 더욱 커질 것입니다.

〈그림 4-40〉 문맥에 따른 사용자 지원 기능 예(다른 단어 검색 페이지로 이동하지 않더라도 마우스를 갖다 대거나 클릭하면 뜻풀이를 볼 수 있습니다)[8]

---

8) http://endic.naver.com/

◎ 표적집단면접법(FGI: Focus Group Interview)

표적집단면접법은 소수의 응답자와 집중적인 대화를 통하여 정보를 찾아내는 소비자 면접조사를 말합니다. 표적시장으로 예상되는 소비자를 일정한 자격기준에 따라 6~12명 정도 선발하여 한 장소에 모이게 한 후 면접자의 진행 아래 조사목적과 관련된 토론을 함으로써 자료를 수집하는 마케팅조사 기법입니다.

보통 1시간 30분에서 2시간 정도 걸리며, 응답자들 간의 상호작용을 통하여 유익한 정보가 도출되어야 하므로 면접자는 응답자 전원이 자유로운 분위기에서 자신의 의견을 말할 수 있도록 유도해야 합니다. 또 대화에 의해 자료가 수집되므로 면접자의 대인 간 커뮤니케이션 능력과 청취능력, 응답자 발언에 이은 탐사질문 능력이 요구됩니다. 또한 면접법의 결과로 설문지 작성에 필요한 기본정보를 수집할 수 있고, 신제품에 대한 아이디어, 소비자의 제품구매 및 사용실태에 대한 이해, 제품사용에서의 문제점 등을 파악할 수 있습니다.

대표적인 사례는 다음과 같습니다. GM 자동차의 Buick 사업부는 2-door 6인승 자동차인 Regal 새 모델을 개발하기 위해, 전국에 20개의 표적 집단에 대사를 실시해서 신 모델을 도입하기 5년 전에 고객들이 원하는 자동차의 특성을 파악했습

니다. 그리고 해충방제 전문서비스 회사인 포스코는 가정 시장에서의 부진한 문제 해결을 위해, 표적집단면접법을 실시했습니다. 그 결과로, 일반 소비자가 해충방제 서비스를 큰 규모의 서비스로 오해하는 문제가 있음을 발견하고 각종 매체를 통해 이미지 제고를 위한 노력을 했습니다.

[내용 출처] http://100.naver.com/100.nhn?docid=777416

CHAPTER

V

서비스의 발전

1. 클라우드 컴퓨팅(Cloud Computing)

　요즘 아이폰, 갤럭시S 등 스마트폰(Smart Phone)의 열기가 대단합니다. 2011년도에 신규 출시되는 휴대전화의 절반 이상이 스마트폰이 될 것이라는 예측까지 나오고 있습니다. 지금 쓰고 있는 휴대전화는 구닥다리처럼 보이고 왠지 지하철이나 버스에서 스마트폰으로 인터넷 서핑하고 게임하는 친구들이 부럽기만 한 시대에 있습니다. 몇 년 전까지만 하더라도 경쟁적으로 데스크톱 컴퓨터, 노트북 등에 있어서도 이런 현상이 있었습니다. 펜티엄 시리즈에 이어 듀얼코어, 쿼드러플 코어 등 도대체 어디까지 발전할지 아무도 모를 정도로 끊임없이 새로운 CPU(Central Processing Unit)가 쏟아져 나왔습니다. 불과 1년 전에 산 데스크톱 컴퓨터며 노트북인데 옆 사람 것에 비해 속도가 너무 느린 것 같아 또 사야 하는 것 아닌가 하는 불안감이 엄습했었죠. 그런데 요즘은 예전만큼 CPU 성능에 대해 신문 기사며 홈쇼핑에서 떠들고 있지는 않습니다. 더 이상 발전할 수 없을 정도로 이미 고도화되어 버린 것일까요? 아니면 CPU 성능이 이제 더 이상 예전만큼 중요해지지 않은 것일까요? 저는 후자라고 생각합니다.

　노트북이나 스마트폰과 같이 휴대성이 뛰어난 기기가 대세로 자리 잡고 있는 시대에서 성능과 휴대성 중 하나를 선택하라고 하면 어느 것을 선택하시겠습니까? 대부분 휴대성을 좀 더 중요하게 생각할 것입니다. 아무리 성능이 뛰어나도 '철갑을 두른 듯' 무거워서 들고 다니기 어렵다면(제 아는 분도 무거운 노트북을 하루 종일 들고 다니다 어깨가 까진 아픈 경험을 가지고 있습니다.) 선뜻 선택하실 수 있겠습니까?

그런데 여기서 생각해 보아야 할 것은 과연 우리들이 요구하는 서비스 수준이 예전보다 떨어져서 더 이상 성능 지상주의를 추구하지 않게 된 것인지입니다. 네이버, 다음, 네이트 등 포털 사이트만 보더라도 예전보다 더욱 현란해지고 다양한 맞춤형 서비스들이 점점 늘어나고 있습니다. 분명 우리가 기대하는 서비스는 점점 발전하고 있습니다.

최근에 출시된 네이버의 N드라이브를 살펴보겠습니다(<그림 5-1> 참조). 네이버 N드라이브는 웹하드와 파일 탐색기를 합쳐 놓은 파일 시스템으로 자신의

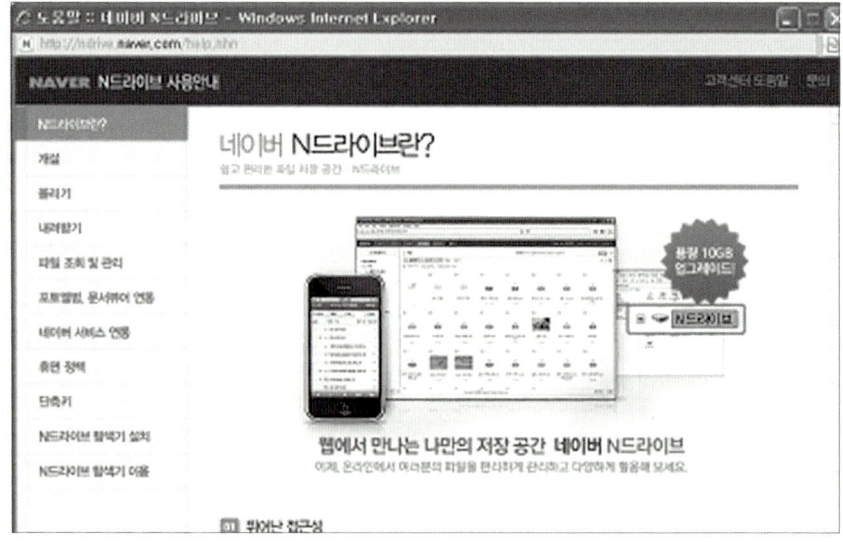

〈그림 5-1〉 네이버 N드라이브 사용 안내 페이지[1]

---

1) http://ndrive.naver.com/index.nhn

컴퓨터에 있는 파일을 웹에서 손쉽게 사용할 수 있도록 해주어, 번거롭게 USB 메모리를 이용해서 파일을 복사하여 들고 다닐 필요가 없게 해줍니다. <그림 5-2>는 네이버 워드를 보여 주는데, 한술 더 떠서 컴퓨터에 한글이나 MS 워드 등 워드 프로그램을 설치하지 않더라도 웹에서 편하게 편집하고 저장할 수 있는 기능을 제공해 줍니다. 또한 요즘 대부분의 사람들이 지메일을 비롯하여 포털들에서 제공하는 웹메일 서비스를 이용하고 있죠.

이렇듯이 서비스 수준뿐만 아니라 서비스의 패러다임도 바뀌고 있는 것입니다. 이제 더 이상 문서를 편집하기 위해 컴퓨터에 프로그램을 설치하거나, USB 메모리 등 별도의 휴대 장치를 들고 다니지 않더라도 인터넷을 통해, 서비스를 언제 어디에서든 받을 수 있게 되었습니다. 이것이 클라우드 컴퓨팅 개념입니다. 2006년 9월 세계적 검색 업체 구글의 직원인 크리스토프 비시글리아가 에릭 슈미츠 최고경영자(CEO)와의 회의에서 처음 제안한 '클라우드 컴퓨팅' 개념이 화제를 불러 모았고 이어 전 세계 내로라하는 IT 업체들이 관심을 표명하며 차세대 전략으로 삼겠다고 앞다투어 발표했으며, 대표적인 글로벌 IT 기업인 야후, 인텔, HP가 기존 패키지에 대한 의존도를 줄이기 위해 클라우드 컴퓨팅 기술 개발에 집착하고 있는 상황이기도 합니다.

클라우드 컴퓨팅에서의 클라우드는 구름이라는 의미인데요, 사용자는 인터넷과 연결만 되면 구름 뒤에 있는 서비스를 통해 언제든지 원하는 서비스를 받을 수 있게 되는 것입니다. 이것이 시사하는 바가 적지 않은데, 첫째, 더 이상 고성능이 휴대용 기기가 필요하지 않으며, 둘째, 서비스를 받기 위해 프로그램을 사서 설치하지 않아도 되며, 셋째, 자신의 파일을 본인 컴퓨터에 저장하지 않아도 되는 등 많은 변화를 암시합니다.

〈표 5-1〉 클라우드 컴퓨팅 사례들

클라우드 컴퓨팅	설명
마이크로 소프트	윈도 라이브 서비스(라이브 이메일, 라이브 메신저, 라이브 포토 갤러리 등) Windows Live Mesh, Windows skyDrive
구글	Google Docs, Google App Engine
아마존	Amazon S3 Service, EC2
애플	Mobilc Me
IBM	Blue cloud
위즈솔루션	CNN(Cloud Computing Network)

〈그림 5-2〉 네이버 워드 사용 안내 페이지[2]

사용자가 요구하는 것은 단 하나입니다. 원하는 서비스를 언제 어디서든 기기의 성능이나 프로그램 설치 유무에 영향받지 않고 이용할 수 있게 해 달라는 것입니다. 클라우드 컴퓨팅 환경에서 사용자는 자신의 파일이 어디에 저장되는지 알 필요가 없습니다. 단지 원하는 시간에 즉각적으로 해당 파일을 이용하여 서비스를 받으면 되는 것이지요. 앞으로 이러한 서비스 영역은 더욱 확대될 것이고, 휴

2) http://inside.naver.com/naverword

대용 기기의 성능은 진부한 이슈로 취급될 것입니다. 심지어 Juneja[3]는 "미래의 데이터 저장소는 기본적으로 클라우드가 될 것이다."라고까지 말하였습니다.

Wikipedia[4]는 클라우드 컴퓨팅을 '서비스로서(as a Service)' 제공되는 정보 기술 관련 처리 능력을 가진 컴퓨팅 스타일이라고 정의하고 있습니다. 정의가 다소 어렵나요? 핵심은 '서비스로서'입니다. 혹시 'SaaS(Software as a Service)'라는 용어를 들어보셨는지요? 앞에서 예로 든, 네이버 워드와 같이 소프트웨어를 컴퓨터에 설치하지 않고 (웹) 서비스를 통해 이용할 수 있는 소프트웨어를 일컫는 말입니다. 클라우드 컴퓨팅에서는 단지 소프트웨어만 서비스 대상으로 하지 않습니다. 뒤에서 다시 말씀드리겠지만, 사람까지도 서비스 대상이 됩니다.

클라우드 컴퓨팅을 실현하기 위한 핵심 기술은 가상화(Virtualization) 기술입니다. <그림 5-3>을 보면 알 수 있듯이, 각각의 하드웨어 자원을 별개로 관리하지 않고 통합하여 하나의 하드웨어 자원처럼 사용하는 기술을 의미합니다.

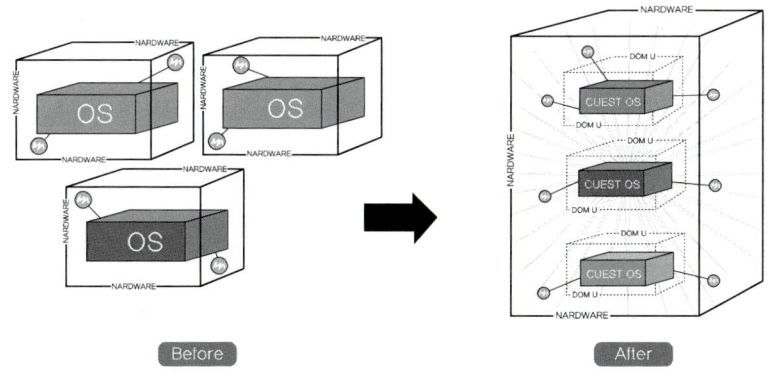

〈그림 5-3〉 가상화 개념도[5]

---

3) http://www.slideshare.net/njuneja/cloud-computing-presentation-644830
4) http://en.wikipedia.org/wiki/Cloud_computing
5) http://pds17.egloos.com/pds/200909/13/92/c0098592_4aaced904031c.png

가상화 대상은 플랫폼, 응용 프로그램, 저장소, 메모리, 네트워크, 데스크톱, 데이터베이스 등 모든 컴퓨터 자원으로 확장될 수 있습니다.

궁금해씨가 두 대의 컴퓨터를 가지고 있다고 예를 들어 보겠습니다. 한 대는 문서 파일들을 저장하는 컴퓨터이고, 다른 한 대는 동영상 파일들을 저장하는 컴퓨터입니다. 두 컴퓨터의 용도가 엄격히 다르고, 심지어 파일 시스템이나 운영체제까지 달라 호환이 안 된다고 가정하겠습니다. 불행히도 동영상 파일들을 저장한 컴퓨터의 하드디스크 용량이 최근 다운받은 동영상들 때문에 가득 차서 무언가 조치를 취해야 하는 상황에 이르렀다고 할 때 궁금해씨는 어떤 결정을 할 수 있을까요? 일단 나머지 한 대의 컴퓨터에는 공간이 아무리 많이 남아 있더라도 파일을 저장할 방법도 없고 용도도 달라 사용하기 어려우므로, 하드디스크를 추가로 구입하거나 대용량 저장소를 가진 컴퓨터로 교체해야 할 겁니다. 궁금해씨 입장에서는 너무나 큰 낭비가 발생하는 셈입니다. 만일 두 컴퓨터의 저장소를 하나인 것처럼 사용할 수 있다면, 이런 낭비를 막을 수 있겠죠. 이것이 가상화 개념입니다.

물론 가상화 기술이 아무 곳에나 적용될 수 있지는 않기 때문에, 또 적용된다 하더라도 큰 효과를 거둘 수 있는 경우가 흔하지 않을 수 있기 때문에, 현재는 수많은 서버를 운영하고 있는 인터넷 데이터 센터(IDC: Internet Data Center)에 적용하고 있습니다. 데이터 센터는 운영비를 최소화하는 게 핵심 목표 중 하나이니까요.

최근 뉴스[6]에 따르면 우리나라 정부 데이터 센터에도 클라우드 컴퓨팅 서비스를 도입하겠다고 합니다. 어느 경우에 가상화와 클라우드 컴퓨팅 효과가 있

---

6) http://itnews.inews24.com/php/news_view.php?g_serial=534909&g_menu=020200&rrf=nv

을지 예를 들어 보겠습니다. 입시철만 되면 입시 지원 때문에 서버 용량과 서비스 부하가 극도로 심해집니다. 심지어 서버가 다운되기도 하죠. 그렇지만 이런 현상은 일 년 내내 일어나는 것이 아니라 특정 시기에만 집중하는 경향이 있습니다. 현재까지 이에 대한 대처 방안은 피크 타임을 고려해서 서버를 충분히 구입하는 것이었습니다만, 서버 구입비용을 포함해서 서버 운영비용까지 고려하면 낭비가 심한 방안이 아닐 수 없습니다. 만일 가상화와 클라우드 컴퓨팅 서비스를 이용한다면 필요한 기간에 유연하게 서버 자원을 확보할 수 있고 해당 기간이 지나면 서버 자원을 반환하면 끝입니다. 간단하죠?

현재 클라우드 컴퓨팅 시장에서는 구글, 세일즈포스닷컴, 마이크로소프트, 아마존, 선마이크로시스템즈 등 글로벌 IT 기업들이 치열하게 경쟁하고 있습니다. 왜 본연의 업무를 놓아두고 이 시장에서 치열하게 경쟁하는 것일까요? 물론 돈이 되기 때문이겠죠.

<사물의 인터넷>에서 영화 「A.I.」에 등장하는 Dr. Know를 설명하면서 클라우드 컴퓨팅을 아주 잠깐 소개한 적 있습니다. 주인공들이 Dr. Know 서비스를 이용하기 위해 돈을 기계에 투입하는 장면인데요, 클라우드 컴퓨팅의 비즈니스 모델이 바로 이것입니다. '사용한 만큼 돈을 낸다.'입니다. PC방에서 1시간 컴퓨터를 사용하면 1,000원 안팎의 비용을 지불합니다. 집에서 전기나 가스를 사용하면 사용한 만큼 계량기를 통해 계산되고 비용이 청구됩니다. 전화 요금 역시 마찬가지이죠. 사업하시는 분들이 SK텔레콤, KT, LG U+ 등 통신사들을 부러워하는데 그 이유는 이들이 가만히 앉아서 매달 사용료를 받는 비즈니스를 하고 있기 때문입니다. 사업하시는 분들의 로망이라고 할 수 있는 것이죠. 클라우드 컴퓨팅 시장이 바로 로망을 실현시켜주는 시장이기 때문에 글로벌 기업들이 앞다

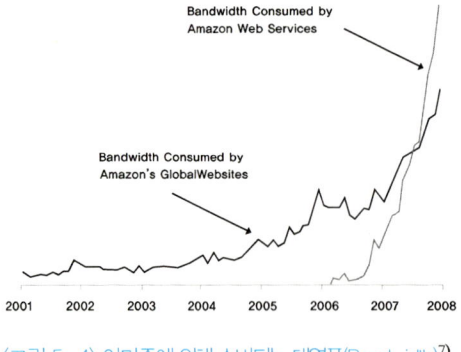

Bandwidth Consumed by
Amazon Web Services

Bandwidth Consumed by
Amazon's GlobalWebsites

2001   2002   2003   2004   2005   2006   2007   2008

〈그림 5-4〉 아마존에 의해 소비되는 대역폭(Bandwidth)[7]

투어 뛰어들고 있는 것입니다.

아마존(Amazon)을 어떤 회사로 알고 계신가요? 대부분 사람들은 세계 최대 온라인 서점으로 알고 있습니다. 웹 2.0 개념을 정립시킨 대표적 사례 중 하나이기도 하지요. 그런데 Alex Iskold[8]는 "실제로 아마존은 웹 컴퓨팅 시대에 또 다른 마이크로소프트처럼 보이기 시작하고 있다! 아마존의 웹 서비스 스택은 새로운 컴퓨팅 패러다임의 증거이다."라고 얘기했습니다. 우리가 알고 있는 아마존인가 하는 의구심이 들게 하는 말입니다만, <그림 5-4>와 <그림 5-5>를 보시면 그 의미를 아실 수 있습니다.

아마존 웹 서비스 스택을 보시면 가장 하단의 인프라스트럭처 솔루션에 'Simple Storage Service'와 'Elastic Compute Cloud'가 위치해 있습니다. 나머지 부분들도 모두 웹 서비스입니다만, 특히 이 두 서비스는 대표적인 클라우드 컴퓨팅 서비스입니다. 하드웨어 수준의 컴퓨터 자원을 제공하는 클라우드 컴퓨팅 서비스인데, 이들을 포함해서 많은 웹 서비스들이 아마존 웹사이트에 의해 소비되는 대역폭을 훨씬 뛰어넘어 급격히 대역폭을 소비하고 있습니다. 이제 더 이상 아마존을 온라인 서점이라고 생각해서는 안 되는 이유 중 하나인 것이죠.

세계적인 클라우드 컴퓨팅 서비스 업체인 세일즈포스닷컴은 마치 우리가 부대찌개에 사리 추가하듯이 고객 관계 관리(CRM: Customer Relationship Management) 서비스에 다양한 옵션을 부여하여 맞춤형 서비스에 가깝게 만들

---

7) http://www.zdnet.co.uk/i/z5/illo/nw/story_graphics/09july/amazon-bandwidth.jpg
8) http://alexiskold.wordpress.com/2006/11/03/amazon-rolls-out-its-visionary-webos-strategy

어 놓았습니다(<그림 5–6> 참
조). 고객 관계 관리 서비스를 필
요로 하는 우리나라의 대부분
기관이나 기업들은 단발성 사업
을 발주하여 서비스를 구축하고
매년 유지 보수를 통해 운영하
는 방식을 취합니다만, 클라우

Amazon Web Services Stack

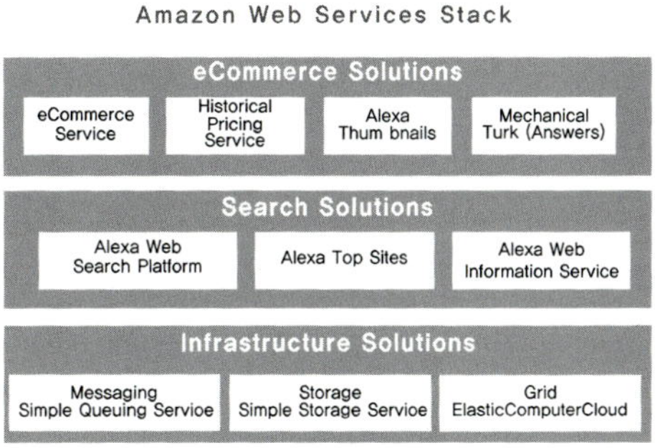

〈그림 5–5〉 아마존 웹 서비스 스택[9]

드 컴퓨팅 서비스를 이용하게 되면, 서버를 직접 운영할 필요도 없고 필요에 따
라 서비스 옵션을 변경할 수 있는 등 더 나은 가치를 창출할 수 있는 기반을 기
질 수 있습니다.

그럼 클라우드 컴퓨팅 서비스 대상이 소프트웨어나 하드웨어에만 국한되는
것일까요? '서비스로서 모든 것(XaaS: Everything as a Service)'이라는 개념처럼
서비스 대상은 제한이 없습니다. HaaS(Human as a Service)처럼 사람조차도 서
비스 대상이 될 수 있습니다. 예
를 하나 들어 보겠습니다.

궁금해씨가 소속된 회사에서
발주한 웹사이트 개발 사업이 마
무리 단계에 왔습니다. 회사는 개
발 관리 책임자인 궁금해씨에게
웹 사이트 오픈 전에 모든 버그나
개선 사항을 체크하여 오픈 후 문

〈그림 5–6〉 세일즈포스닷컴의 고객 관계 관리(CRM)
서비스 카탈로그

9) http://static.flickr.com/115/287609089_1d921e11dc.jpg?v=0

제가 생기지 않게 하라는 엄명을 내렸습니다. 문제가 생길 시 궁금해씨는 인사상 불이익까지 감수해야 할 다급한 처지가 되어 버렸습니다. 이 상황을 궁금해씨는 어떻게 타개해야 할까요? 먼저 버그나 개선 사항을 회사가 요구하는 수준으로 체크하려면 약 100명의 인력이 필요한 것으로 결론이 났습니다만, 도대체 오픈까지 두 달도 남지 않은 기간에 어떻게 사람들을 구해서 체크까지 하고 이를 웹사이트 개발 회사에 전달해서 수정시킬 수 있을까요?

일단 100명의 아르바이트를 구해야 하고, 100대의 컴퓨터를 이용하여 버그 및 개선 사항 체크 환경을 만들어 주어야 하며, 체크 결과를 정리해서 회사와 웹사이트 개발 회사에 전달해야 합니다. 궁금해씨 혼자서 이 업무를 두 달 내에 다 처리하는 것은 분명 무리입니다. 그렇지만 궁금해씨는 결국 지인의 도움을 얻어 HaaS 서비스를 통해 이 문제를 해결하고 회사로부터 능력을 인정받을 수 있었습니다. 아래의 예는 궁금해씨가 HaaS 서비스에 의뢰한 내역입니다.

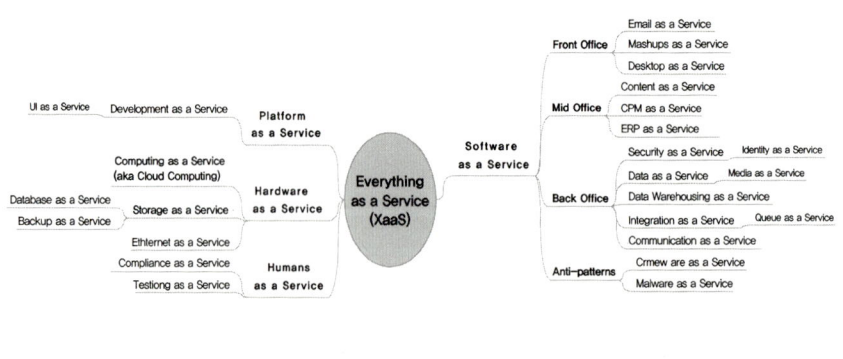

〈그림 5-7〉 '서비스로서 모든 것(XaaS)'에 대한 개념도[10]

---

10) http://sites.google.com/site/saaslink/aaSTree_Laird_May08.png

<HaaS 서비스 의뢰서>

작업 내용: A 회사 웹사이트 버그 및 개선 사항 체크

작업 인원: IT 경력을 가진 100명

작업 결과물: 버그 및 개선 사항 체크 리스트

작업 기간: 2010. 12. 1 ~ 2010. 12. 31

······

궁금해씨가 HaaS 서비스를 이용함으로써 아르바이트를 구하고, 테스트 서버들을 설치하고 운영하는 부수적인 비용들이 필요 없게 되어, 비용 측면에서나 시간 측면에서 모두 만족스러운 결과를 얻을 수 있게 된 것입니다.

하지만 클라우드 컴퓨팅이 풀어야 할 과제도 산적해 있습니다. 기업관계자들은 클라우드 컴퓨팅이 가져올 새로운 확장성과 유연성 그리고 비용 절감 측면에서는 상당히 호의적이지만 보안, 지연, 서비스 수준, 가용성에 대해 적지 않은 우려들을 갖고 있는데 그것은 통제권 상실에 대한 두려움라고 합니다. 물론 클라우드 컴퓨팅이 초기 단계인 지금의 시점에서는 그런 부분이 전무하다고 단언할 순 없지만 점차적으로 안정화되게 되면 클라우드 컴퓨팅이 가져다 줄 상대적인 이익은 가늠하기조차 힘든 큰 것이기에 애써 불안해하거나 조급할 필요는 없지 않을까 싶습니다. 또한 모든 정보가 중앙에 집중됨으로써 클라우드 컴퓨팅이 보편화된다면 보안에 문제가 발생할 경우 정보의 유출을 막을 방법은 어떻게 할 것이냐는 보안 방법론이 문제로 대두되고 있지만 이를 극복하

기 위한 기술도 클라우드 컴퓨팅 기술과 함께 진화할 것으로 보는 것이 타당할 것으로 생각됩니다. 지금도 많은 서비스가 제공되고 발전하고 있지만 그 기본은 보안에 가장 큰 비중을 두고 있으며, 이는 메인 센터와 연동된 수많은 시스템과 사이트의 다양한 장애요인을 사전에 감지하고 통제할 수 있는 시스템 기반 확충이 전제되어야 한다는 논리에 부응하기 때문입니다.

미국 경제주간지 『포천』은 최신호에서 "클라우드 컴퓨팅의 발달로 PC는 사망 선고를 당하게 되지만 결국 디지털라이프는 더욱 풍부해질 것"이라고 전망했으며, 또한 "제2의 디지털시대가 다가오고 있다. MS 플랫폼이 클라우드 컴퓨팅 혁명의 중심이 될 것이다."라고 주장한 빌 게이츠 MS 전 회장이 미국 라스베이거스 국제가전전시회(CES: Consumer Electronics Show) 기조 연설에서 또 다른 디지털 혁명을 예고하고 나선 것도 클라우드 컴퓨팅이 거스를 수 없는 대세라는 점에 주목해야 합니다. 미래의 우리 생활에 있어 클라우드 컴퓨팅이 중심이 되어 모든 정보 유통이 원활하게 이루어지고 보다 많은 다양한 정보들을 빠르고 원활하게 사용할 수 있는 길이 열리게 될 것으로 전망됩니다. 또한 머지않아 클라우드 컴퓨팅은 그린 IT 기술로 우리 모두의 컴퓨팅 환경으로 깊숙이 자리 잡게 될 것입니다.[11]

11) http://www.designlog.org/2511600

◎ 고객 관계 관리(CRM: Customer Relationship Management)

고객 관계 관리(CRM)은 기업이 잘 정리된 방법으로 고객관계를 관리해 나가기 위해 필요한 방법론이나 소프트웨어 등을 지칭하는 정보 산업계 용어로서, 대개 인터넷 서비스 기능을 가지고 있습니다. 예를 들면, 기업은 관리계층이나 판매사원들이 서비스를 제공하기 위하여, 자기 고객들에 대한 관계를 설  명해줄 수 있을 만치 충분히 자세한 데이터베이스를 구축할 수 있을 것이며, 심지어 고객이 요구하는 제품계획과 매출을 부합시키고, 고객의 서비스 요구를 상기시키며, 그 고객이 다른 어떤 제품을 함께 구입했었는지 등을 알기 위해, 고객들이 그 정보에 직접 액세스할 수 있도록 할 수도 있을 것입니다. 산업계의 일각에 의하면, CRM은 다음과 같은 것들로 구성된다고 합니다.

– 기업의 마케팅 부서에서, 자신들의 최고 고객을 식별해내고, 명확한 목표를 가지고 그들을 겨냥한 마케팅 캠페인을 추진할 수 있게 하며, 판매팀을 이끌기 위한 품질을 만들어내는 데 도움을 줍니다.

– 다수의 직원들이 최적화된 정보를 공유하고, 기존의 처리절차를 간소화(예를 들어 무선 단말기를 사용하여 주문을 받는 등)함으로써, 통신판매, 회계 및 판매관리 등을 개선하기 위한 조직을 지원합니다.

－고객만족과 이익의 극대화를 꾀하고, 회사에 가장 도움이 되는 고객들을 식별해 내며, 그들에게 최상의 서비스를 제공하는 등, 고객들마다 선별적인 관계의 형성을 허용합니다.

－고객에 관해 알아야 하고, 고객들의 요구가 무엇인지를 이해하고, 회사와 고객기반 그리고 배송 파트너들과의 관계를 효과적으로 구축하기 위해 꼭 필요한 정보와 처리절차를 직원들에게 제공합니다.

그렇다면 국내외 CRM 성공사례로는 어떤 게 있을까요?

영국 테스코(우리나라 홈플러스)의 경우 400여 만 종의 쿠폰 북을 발송하는데 여기에는 고객들이 자주 구매하는 품목뿐 아니라 고객별 구매확률이 높은 품목이 포함돼 쿠폰의 실제 사용비율은 약 40%로 업계 평균인 5% 수준을 크게 상회하고 있습니다.

또한 오릭스그룹은 일본 1위의 자동차 리스회사인 오릭스 오토리스의 고객정보 분석을 바탕으로 이업종 간 교차판매 서비스를 제공해 고부가가치를 창출하고 있습니다. 즉, 오릭스 오토리스 고객들 중 중견·중소 기업인들이 세무, 금융에 관해 어려움을 느낀다는 사실을 파악하고 이들에게 맞는 오릭스그룹의 생명보험, 증권, 할부, 융자, 부동산 등의 금융상품을 제공하고 있습니다.

국내의 경우 SK텔레콤은 통화패턴 및 선호도 분석 등 고객정보 분석결과를 바탕으로 미래가치가 높다고 판단한 25세 미만 고객층을 타깃으로 선정해 성과를 올린 사례입니다. 1999년 7월 업계 최초로 타깃 고객층에 특화된 멤버십 서비스(TTL)를 출시해 신세대 패턴에 맞춘 요금제, 오프라인 공간 TTL존과 TTL전용사이트 등의 혜택을 제공하면서 2000년 4월 말까지 197만 명의 신세대 가입자를 멤버십 고객으로 확보할 수 있었습니다.

[내용 출처] http://terms.co.kr/CRM.htm

[내용 출처] http://www.dt.co.kr/contents.html?articleno=2008032802011860611002

2. 클라우드 컴퓨팅(Cloud Computing)과 그린 IT

　정보 기술(IT: Information Technology)이 전 세계 에너지 소비 및 탄소 배출에서 차지하는 비중은 현재 2.5%입니다만, 2025년에는 전 세계 탄소 배출량의 10~15%를 차지할 것이라고 예측될 정도로 일반적인 에너지 소비에 비해 12배 빠른 속도로 그 비중이 커지고 있습니다.[1] 이런 건 상대적으로 크다고 해서 결코 좋은 게 아니죠. 이번에 다룰 이슈는 클라우드 컴퓨팅과 그린 IT입니다. <클라우드 컴퓨팅>에서 소개했듯이 수많은 글로벌 기업들이 이 매력적인 비즈니스 모델을 선점하고자 노력을 하고 있는데, 이것이 그린 IT와 무슨 관련이 있을까요?

　그린 IT를 포함하는 개념이 녹색 기술(Green Technology)인데, 2010년 1월 13일에 제정된 「저탄소 녹색성장 기본법」 제2조에서는 다음과 같이 정의하고 있습니다. "녹색기술이란 온실가스 감축기술, 에너지 이용 효율화기술, 청정생산기술, 청정에너지기술, 자원순환 및 친환경기술(관련 융합기술 포함) 등 사회·경제활동의 전 과정에 걸쳐 에너지와 자원을 절약하고 효율적으로 사용하여 온실가스 및 오염물질의 배출을 최소화하는 기술을 말한다." 어려워 보일 수도 있지만, 간단히 설명하자면 지구를 오염시키는 행위를 줄이는 기술이라고 할 수 있습니다. 저탄소 녹색 성장에 그 의미가 함축되어 있다고 볼 수 있죠.

---

1) http://www.idg.co.kr/newscenter/common/newCommonView.do?newsId=54299&parentCategoryCode=0200
&categoryCode=0000&searchBase=DATE&listCount=10&pageNum=1&viewBase=ITC

그린 IT는 특히 정보 기술을 이용하여 저탄소 녹색 성장을 이루거나, 정보 기술 내에서 저탄소를 추구하는 것을 의미합니다. 아직도 클라우드 컴퓨팅과 그린 IT의 관계가 잘 보이지 않으실 겁니다. 단도직입적으로 설명을 다시 드리겠습니다.

클라우드 컴퓨팅의 핵심은 인터넷으로 연결된 서비스를 언제 어디서나 제공하는 데 있습니다. 그럼 이 서비스는 어디에서 제공하고 있을까요? 바로 글로벌 기업들이 운영하는 대규모 데이터 센터에서 제공하고 있습니다(<그림 5-8> 참조).

기존에 개별 기관이나 기업들이, 심지어 개인들이 가지고 있는 컴퓨터, 서버 등은 전원이 들어와 있는 동안 탄소 배출을 꾸준히 하고 있습니다. 밤 시간이나 휴일에 사용하지 않는 경우에도 전원은 들어와 있으며, 계속 운영되고 있는 것이죠. 전기 요금 계량기는 멈추지 않고 돌고 있으며, 탄소는 계속 배출되고 있는 것입니다. 클라우드 컴퓨팅 서비스의 개념은 '필요할 때 서비스를 제공받는다.'이기 때문에 필요 없을 때는 서비스를 이용하지 않기 때문에 기관, 기업, 개인 입장에서는 탄소를 배출하는 행위를 하지 않는 것이죠. 그럼 이런 반문을

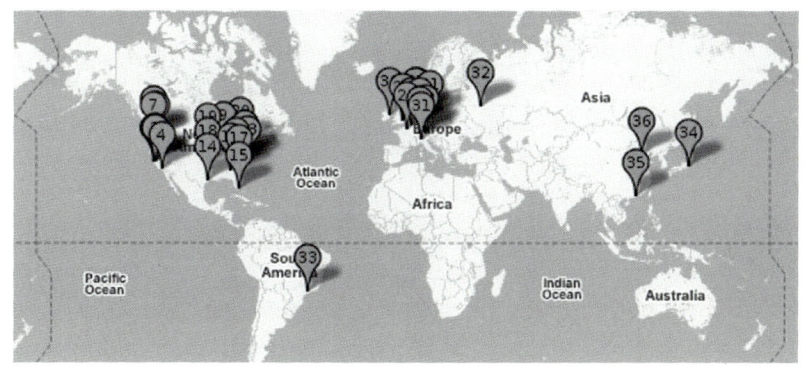

〈그림 5-8〉 전 세계에 위치한 구글 데이터 센터[2]

2) http://imod.co.za/2009/03/15/do-googles-data-centers-affect-seo/

하실 분이 계실 겁니다. "그렇지만 클라우드 서비스를 제공하는 데이터 센터는 365일, 24시간 계속 운영되어야 하기 때문에 탄소 배출의 주범이 아니냐?"고요. 맞는 말씀이긴 하지만 약간의 해명이 필요하기도 합니다.

클라우드 컴퓨팅 서비스 기업의 데이터 센터 운영은 극도로 고도화되어 가고 있고, 또 되어 있습니다. 우리들의 상상 이상의 기술들이 적용되어 있는 것이죠. 일반 기관, 기업이 자체적으로 가지고 있는 데이터 센터를 클라우드 컴퓨팅 서비스 기업의 데이터 센터 운영 수준으로 고도화시키려면 시설을 전면 개조하는 리노베이션을 하거나 데이터 센터의 아웃 소싱을 해야 합니다. 서버 온도를 낮추는 데 2012년까지 매년 400억 달러씩 비용이 증가하고 있다는 통계만 보더라도 개별 기관이나 기업의 서버 운영, 유지 비용은 상당한 것이죠.

무엇보다도, 개발 기관이나 기업의 자체 데이터 센터는 휴일에조차 사용자가

〈그림 5-9〉 MS Quincy Washington 데이터 센터[3]

3) http://www.indiancinemafans.com/board/upload/story-pics-111/inside-ten-world-s-largest-data-centers-62903/

있든 없든 쉬지 않고 돌아가고 있습니다. 가상화 기술[4], 전원 관리 기술을 포함한 그린 IT 기술(<그림 5–10> 참조)이 제대로 적용되어 있지 않기 때문에 탄소 배출은 심각한 수준입니다. 가상화 기술만 제대로 적용되어도 JIT(Just-In-Time) 방식의 효과로 현재 서버 수를 65% 감소시킬 수 있다고 하니 그린 IT 기술이 저탄소 녹색 성장에 큰 기여를 하는 셈이네요.

글로벌 기업들의 데이터 센터 효율화 수준은 놀랄 정도인데, 구글의 획기적인 특허가 눈길을 끌게 합니다. 구글이 1998년 8월 특허를 살펴보면 상상을 초월하면서도 과연 구글다운 아이디어라고 생각이 됩니다. 구글이 함선을 만들어서 그것을 데이터 센터로 활용하겠다고 합니다. ZDNET[5]에 의히면 구글이 데이터 센터용으로 함선을 띄우게 되면 몇 가지 장점을 가지게 된다고 합니다.

우선 바다에서는 데이터 센터를 짓겠다고 허가를 받을 필요가 없다는 겁니다. 데이터 센터를 지으려면 국가나 지방자치단체에 신고하고 허가를 받는 과정이 요구되는데, 바다에서는 허가 과정이 필요 없다는 겁니다. 또한 경제적으로 세금을 안 내도 되는 이점을 가집니다. 미국의 경우 부동산 보

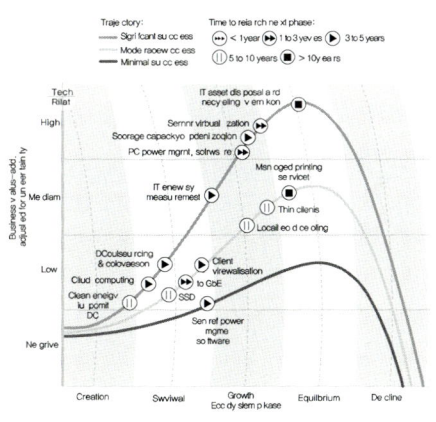

〈그림 5–10〉 그린 IT 기술 동향[6]

---

4) 컴퓨터 리소스의 물리적인 특징을 추상화하며, 사용자에게는 논리적 리소스를 제공하여 이를 통해 다양한 기술적/관리적 이점들을 제공하는 기술로 클라이언트 PC가 서버 또는 보조서버 쪽으로 접속하여 마치 자신의 PC에서 프로그램을 돌리는 것과 같은 효과를 내기 위한 기술.

5) http://www.zdnet.co.kr/

6) http://tjcanning.files.wordpress.com/2009/07/090618–forrester–big.jpg?w=317&h=307

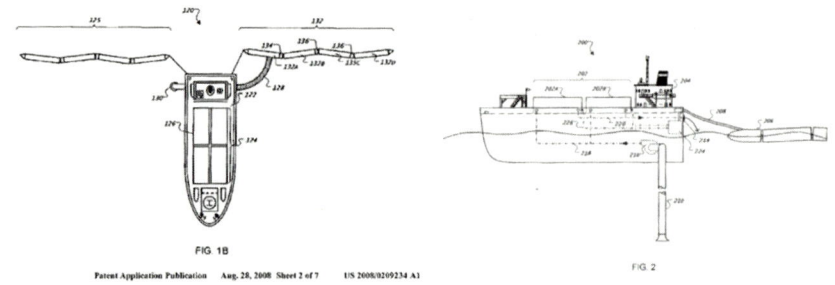

FIG. 1B

Patent Application Publication   Aug. 28, 2008 Sheet 2 of 7   US 2008/0209234 A1

FIG. 2

〈그림 5-11〉 구글 데이터 센터 관련 특허[7]

유세에 건물 유지와 관련된 다양한 세금이 부과될 텐데 바다에서는 모든 세금을 낼 필요가 없습니다. 마지막으로는 파도를 이용해서 자체적으로 전기를 생산할 수 있다는 겁니다. 또한 바닷물을 이용한 수냉식 방법을 통해서 컴퓨터의 쿨링 시스템까지 만들어 낼 수 있다는 것이죠.[8]

MS가 '윈도 애저'라는 퍼블릭 클라우드 확산을 위해 전통적인 파트너들과 협력을 단행했습니다. MS는 미국 워싱턴 주에서 2010년 7월 개최된 WPC(Worldwide Partner Conference)에서 관련 내용을 발표했습니다. 협력 방식이 재밌습니다. MS는 윈도 애저라는 퍼블릭 클라우드 인프라를 제공하고 있는데요. 이 인프라를 HP, 델, 후지쯔, 이베이의 데이터 센터에도 설치할 수 있도록 한 것이죠. 즉, MS 자신이 퍼블릭 클라우드 서비스를 제공하는 데 머물지 않고 이런 인프라를 전통적인 협력 관계에 있는 파트너들의 데이터 센터에도 설치, 파트너들이 외부 고객들을 대상으로 퍼블릭 클라우드 서비스를 제공할 수

---

7) http://farm4.static.flickr.com/3120/2840084844_03a2114e48_o.jpg
  http://i.i.com.com/cnwk.1d/i/bto/20080908/Google_Floating_DC.bmp_540x393.jpg
8) http://www.multiwriter.co.kr/279

있도록 한 것입니다. 아마존이 클라우드 서비스로 독자적인 사업 모델을 겨냥하고 있는 데 비해 MS는 되도록이면 자신의 인프라를 많은 파트너들을 통해 더 많은 고객들에게 다가가겠다는 것이죠. 이번에 협력한 서버 벤더들은 윈도 애저 클라우드 플랫폼에 최적화된 어플라이언스를 만들어 자신들의 데이터 센터에 우선적으로 설치, 운용합니다. 이렇게 되면 해당 서버 벤더들은 퍼블릭 클라우드 서비스도 제공할 수 있게 되고, MS가 제공하는 윈도 애저와 자신들의 퍼블릭 클라우드를 손쉽게 연동시켜 고객들에게 다양한 선택의 기회를 제공할 수 있게 됩니다.[9]

데이터 센터의 효율화는 저탄소 녹색 성장에 기여하는 것뿐만 아니라 클라우드 컴퓨팅 서비스의 대중화도 앞당길 수 있습니다. 클라우드 컴퓨팅 서비스의 경쟁력은 무엇일까요? 우리가 국제전화를 이용할 때 통화 품질 이외에 가장 많이 고려하는 요소가 가격 경쟁력일 겁니다. 클라우드 컴퓨팅 서비스 역시 동일한 수준의 서비스를 제공한다는 가정하에서 누가 더 저렴하게 서비스를 제공하느냐가 소비자로부터 선택받을 수 있는 가치가 될 것임에 틀림이 없습니다. 데이터 센터의 효율화는 서버 운영비용을 줄여 시간당 서비스 요금을 낮추는 효과를 가져다 줄 수 있기 때문에 매우 중요한 이슈이기도 합니다. 명분과 실리 측면으로 볼 수 있는 녹색 성장과 운영비 절감이라는 두 마리 토끼를 잡을 수 있는 데이터 센터의 효율화를 누가 빨리 이루어 클라우드 컴퓨팅 서비스 시장에서 우위를 점할까요?

---

9) http://www.bloter.net/archives/34865

◎ 그린 IT(Green IT)

어느 한 회사는 영상회의실을 구비
해서 지방법인, 공장, 연구소 등과 원
격회의를 진행하고 이를 통해 월 평균
480명의 출장비 감축효과를 얻었습니
다. 또 전사 프린터 통합실을 운영해
서 토너, 종이, 전력을 통합적으로 관
리하고 전사 인터넷폰을 도입해서 A4

용지 약 37%, 토너 사용량 13%를 절약했습니다. 또 이 회사는 온수, 난방 등은 지열을
이용해서 전력 소모량을 줄였고, 재택근무를 활성화해서 회사 내 별도 사무기기를 사
용하지 않아 출퇴근 차량 및 PC 등에서 발생하는 탄소배출량을 줄였습니다.

이처럼 그린 IT(Green IT) 또는 그린 컴퓨팅(Green Computing)은 작업에 소모되는 에
너지를 줄여 보자는 기술캠페인입니다. 그린 IT는 녹색 ICT의 일환으로, 컴퓨터 자체를
움직이는 여러 에너지들뿐만 아니라 컴퓨터의 냉각과 구동 및 주변 기기들을 작동시키
는 데 소모되는 전력 등을 줄이기 위해서 CPU나 GPU 등 각종 프로세서들의 재설계, 대
체 에너지 등을 활용하는 방안 등 탄소 배출을 최소화시키는 등의 환경을 보호하는 개
념의 컴퓨팅입니다.

[내용 출처] http://blog.naver.com/green_kai?Redirect=Log&logNo=120119012558

[내용 출처] http://ko.wikipedia.org/wiki/%EA%B7%B8%EB%A6%B0_%EC%BB%B4%ED%93%A8%ED%
8C%85

[그림 출처] http://ninejang.egloos.com/5111224

◎ JIT(Just-In-Time)

1973년 도요타 자동차주식회사를 설립한 도요타 기이치로는 제2차 세계대전 중에 극심한 물자의 부족 속에 자동차를 생산하게 되었으며, 이 과정에서 하나의 조그마한 물품이라도 낭비하지 않고 아껴 써야 한다는 것을 체험하였습니다. 전쟁이 끝난 후에는 15개월에 걸친 극심한 노사분규 때문에 도산 직전의 위험을 겪게 되었습니다. 이러한 전쟁 중과 전후의 도요타자동차 공장의 운영에서 얻은 교훈은 어떠한 경우에도 낭비를 해서는 안 되며 기업에 이익이 있어야 기업도 성장하고 종업원에게 임금을 줄 수 있다는 뼈아픈 교훈을 얻었습니다.

그래서 도요타는 필요한 부품을, 필요한 때에, 필요한 양만큼 공급하는 JIT 시스템을 도입하게 되었습니다. JIT 시스템은 원재료나 부품의 적시 및 적량 구입, 적시 및 적량 투입, 적시 및 적량 생산, 적시 판매를 통해 불필요한 재고보유에 따른 낭비를 제거하고 원가를 절감함으로써, 생산시스템의 효율성을 높이는 장점을 가지고 있습니다. 하지만 JIT 시스템을 운

영하기 위해서는 부품 등 공급업체에 대한 철저한 협의와 관리가 요구되며, 부품의 빈번한 납품을 강요하는 단점도 가지고 있습니다.

[내용 출처] http://blog.naver.com/rhlobjw?Redirect=Log&logNo=50085415520

[그림 출처] http://www.whssvc.com/blog/2008/06/test.html

◎ 윈도 애저(Winodws Azure)

마이크로소프트가 PDC(Professional Developers Conference)에서 클라우드 컴퓨팅용 운영체제 윈도 애저(Windows Azure)를 발표했습니다. 프로젝트 레드도그(Red Dog)로 알려진 윈도 애저는 마이크로소프트 클라우드 환경에서 애플리케이션을 배치하는 데 사용할 수 있는 확장성이 강화된 호스팅 환경입니다.

클라우드 환경에서 컴퓨터를 사용한다는 것은 직접 소프트웨어를 구매하고 관리하는 것이 아닌 인터넷상에서 접근 가능한 방대한 저장 공간 등 다양한 서비스를 통해 많은 것을 활용할 수 있게 된다는 것을 포함합니다. 이처럼 클라우드에서 데이터를 저장하고 애플리케이션을 운영하는 것은 여러 가지 이점을 지니고 있습니다. 시스템 구매 및 설치, 관리를 위한 복잡한 절차를 클라우드 제공자에게 대신 맡기면 된다는 것이 가장 큰 장점입니다. 또한 사용자는 자신이 사용한 저장 공간이나 컴퓨팅에 대해서만 비용

〈그림 1〉 애저 서비스 플랫폼 구성도

을 지불하면 됩니다. 필요한 데이터 저장 공간이 늘어나도 클라우드는 유연하게 확장하면서 이에 대응합니다.

이처럼 윈도 애저는 다양하게 니즈를 충족시키며 여러 가지 시나리오에 활용될 수 있습니다. 예를 들어 차세대 페이스북(Facebook)을 만들려고 하는 소규모 웹 사이트 개발 회사는 인프라스트럭처에 드는 비용 걱정 없이 코드개발에만 주력할 수 있습니다. 사용자가 적기 때문에 사용 비용도 그만큼 감소하게 되고, 사용자가 늘어날 경우 그만큼의 비용만 추가적으로 더 지불하면 되기 때문입니다. 또한 기존의 온프레미스 윈도 애플리케이션을 SaaS(Software as a Service) 버전으로 개발하려는 ISV(Independent Software Vendor)도 윈도 애저를 활용할 수 있습니다. 윈도 애저는 가장 표준적인 윈도 환경을 지향하기 때문입니다. 고객용 애플리케이션을 개발하는 기업도 닷넷과 같이 쉽고 적합한 기술을 지원하는 윈도 애저를 적은 비용에 활용할 수 있습니다.

마지막으로, 마이크로소프트 최고 소프트웨어 아키텍트인 레이 오지는 "윈도 애저는 웹 계층 컴퓨팅을 위한 새로운 윈도 운영체제"라며, "윈도 컴퓨팅 플랫폼이 핵심 분야로 확장되었다는 것을 의미한다."고 강조했습니다.

◎ 스마트 그리드(Smart Grid)

우리가 사용하는 전기는 실제 사용량보다 10% 정도 많이 생산하도록 설계돼 있습니다. 이는 전력의 최대소비량에 맞춰진 양으로 혹시라도 더 많이 사용할 경우에 대비해 전기를 미리 확보해 놓은 것입니다. 연료는 물론 각종 발전설비도 추가적으로 필요하고, 버리는 전기 또한 많아 에너지

효율이 떨어집니다. 또 석탄, 석유, 가스 등을 태우는 과정에서 이산화탄소 배출도 늘어납니다.

꼭 필요한 만큼 전기를 생산하거나 생산량에 맞춰 전기를 사용할 수 있다면 전기를 더 효율적으로 사용하면서 지구온난화도 막을 수 있습니다. 이것이 바로 전력망에 IT기술을 융합해 전기사용량과 공급량, 전력선의 상태까지 알 수 있는 스마트그리드가 주목받는 이유입니다.

글자 그대로 해석하면 똑똑한 전력망인 스마트그리드의 핵심은 전력망에 IT기술을 합쳐 소비자와 전력회사가 실시간으로 정보를 주고받는 것입니다. 이 시스템을 이용하면 소비자는 전기요금이 쌀 때 전기를 쓸 수 있고, 전자제품이 자동으로 전기요금이 싼 시간대에 작동하게 하는 것도 가능합니다. 전력생산자 입장에서는 전력 사용 현황을 실시간으로 파악하기 때문에 전력공급량을 탄력적으로 조절할 수 있습니다. 전력 사용

이 적은 시간대에 최대전력량을 유지하지 않아도 되므로 버리는 전기를 줄일 수 있고, 전기를 저장했다가 전력 사용이 많은 시간대에 공급하는 탄력적인 운영도 가능합니다. 또 과부하로 인한 전력망의 고장도 예방할 수 있습니다.

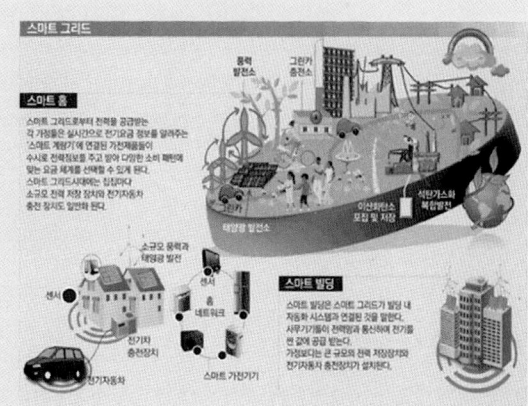

〈그림 2〉 제주도 스마트 그리드 실증단지의 개념도(사진제공 농아일보)

결국 스마트그리드는 일반 가정에서 사용하는 TV, 냉장고와 같은 전자제품뿐 아니라 공장에서 돌아가는 산업용 장비들까지 전기가 흐르는 모든 것을 묶어 효율적으로 관리하는 신개념 시스템입니다. 집, 사무실, 공장 어느 곳에서나 사용한 전기요금을 실시간으로 확인할 수 있고, 전기요금이 비싼 낮 시간대를 피해 세탁기를 밤에 돌리는 등 가전제품을 선별해 사용하는 것이 가능합니다.

[내용 출처] http://kr.blog.yahoo.com/yhwon114/6123

CHAPTER

VI

콘텐츠의 발전

1. 콘텐츠의 진화 - 웹 2.0 시대

웹 1.0 시대에서 웹 2.0 시대로 접어들면서 우리들이 콘텐츠에 접근하는 방법이나 범위도 획기적으로 바뀌었습니다. 웹 초창기에는 특정 콘텐츠, 예를 들어, 기사를 보기 위해서는 해당 콘텐츠를 만든 웹사이트에 접속해야만 했습니다. 그런데 요즘은 어떤가요? 기사를 읽기 위해 아직도 특정 신문사 사이트나 방송 사이트에 접속하나요? 아마도 대부분은 그렇지 않을 겁니다. 네이버, 다음, 네이트 등 포털 사이트들이 우리 입맛에 맞게 아주 잘 정리해서 기사들을 보여주고 있습니다. 그것도 흥미를 끌 수 있는 제목이나 요약으로 압축해서 말이죠(<그림 6-1> 참조). 기사를 골라 볼 때 어느 신문사에서 쓴 기사인지 관심을 가지지도 않습니다. 단지 우리의 호기심을 자극할 수 있는 기사에만 관심이 있는 것이죠.

웹 2.0 시대에는 더 이상 특정 콘텐츠를 얻기 위해 콘텐츠 생산자와 직접 접촉할 필요가 없습니다. 태우[1] 님이 "소비자에게 있어 중요한 것은 그들이 구매한 제품이 디즈니의 상품이라는 것이지,

〈그림 6-1〉 포털에서 제공하는 신문사별 기사 모음 예

---

1) http://web.archive.org/web/20071011010030/twlog.net/wp/?page_id=586

어디서 샀는지는 사실 전혀 의미가 없거나 최소한 별로 중요하지 않다. 어디서 내가 이것을 읽고 있는가보다는 어떤 정보를 내가 흡수하고 있으며 어떤 서비스를 내가 경험하고 있으며, 이것이 누구에 의해 생성된 정보인가 하는 점이다." 라고 말한 것이 마음에 쏙 와 닿습니다. 우리에게는 너무나도 많은 선택이 주어지게 된 것이죠. A 신문사가 쓴 기사가 A 신문사 사이트뿐만 아니라 네이버, 다음, 네이트 등 각종 포털뿐만 아니라 블로그, 트위터 등 소셜 네트워크 서비스 등에서도 볼 수 있게 된 것입니다.

Herbert Simon[2]은 "정보는 점점 흔해지고, 관심은 점점 귀해진다."라는 말을 통해 정보 보편성에 따른 현상을 설명하고 있습니다. 인터넷 초창기에는 정보를 접할 수 있는 계층이 한정되어 있었고, 그에 따라 정보 독점이 가능했지만, 지금은 위키리크스(Wikileaks)의 사례[3]처럼 기밀문서까지도 인터넷에서 구할 수 있는 시대인 것입니다.

〈그림 6-2〉『나이키의 상대는 닌텐도다』책 표지

정보가 흔해지면 어떤 현상이 일어날까요? 하루는 24시간으로 고정되어 있습니다. 하루를 25시간, 26시간으로 늘리지 않는 이상 우리가 정보를 접할 수 있는 시간은 고정될 수밖에 없습니다. 결국 우리의 관심을 분산시켜야 하는 것이죠. 1980~1990년대 하나의 서버를 여러 명이 사용하기 위해 시분할(Time

2) http://en.wikipedia.org/wiki/Herbert_Simon
3) 정부 및 기업비리, 불법 행위 고발사이트로 관련 사진, 동영상, 문서자료 등이 제공됨(http://www.wikileaks.org/).

Sharing)[4]이란 개념으로 운영 체제가 동작했었습니다. 1초조차도 잘게 쪼개어 돌아가면서 사용자에게 할당하였지요. 지금의 상황과 크게 다르지 않습니다. 우리는 우리에게 주어진 시간과 관심을 쪼개어 사용할 수밖에 없습니다.

이제 더 이상 콘텐츠를 독점할 수도 없으며, 더욱이 같은 분야 내에서만 경쟁할 수도 없습니다. <그림 6-2>의 『나이키의 상대는 닌텐도다』라는 마케팅 책의 제목처럼 예전에는 전혀 상관없는 회사들끼리도 경쟁할 수밖에 없는 치열한 환경에 놓여 있습니다. 아이들이 바깥에서 운동하며 놀지 않고 집 안에서 닌텐도 위나 DS를 가지고 놀면 나이키의 매출은 떨어질 수밖에 없습니다. 동아일보[5]도 『참이슬 경쟁상대는 파브? 엔씨소프트 맞수는 미드?』라는 제목의 기사를 통해 이러한 추세를 다룬 적이 있을 정도로 보편화되어 가고 있는 현상입니다.

구글이나 마이크로소프트가 어떤 회사들을 사들일까요? 정보 서비스 또는 정보 관리와 관련된 회사들도 있지만 항공사진, 음악, 동영상 등 어떠한 분야이든 콘텐츠를 제공하는 회사들을 경쟁적으로 인수하고 있습니다.

사용자의 관심이 점점 분산되어 가고 있는 현재 추세에서 지금까지의 통합 검색처럼 각 소스로부터의 검색 결과를 별개의 바구니에 담아 제공해서는 경쟁력을 확보할 수 없기 때문에, 직접 콘텐츠를 제어할 수 있도록 콘텐츠 회사들과 협력하는 것이 아니라 인수를 통해 자신의 콘텐츠로 흡수하고 있는 것입니다. 사용자가 원하는 정보를 하나로 확실히 모아 제공하겠다는 의도지요.

지난 7월 미국 아마존닷컴의 CEO 제프 베조스(Bezos)는 아마존의 2분기 전자책 판매량이 종이책 판매량을 추월했다고 밝혔습니다. 판매량 측정 기준에 대해

---

4) 컴퓨터가 복수의 일을 아주 짧은 시간으로 구분하여 단속적으로 처리하는 일을 말함.
   (http://terms.naver.com/item.nhn?dirId=107&docId=7221)
5) http://en.wikipedia.org/wiki/List_of_acquisitions_by_Google

Acquisition date	Company	Business	Country	Value (USD)	Used as / Integrated with
December 3, 2010	Phonetic Arts	Speech synthesis	UK		Google Voice
December 3, 2010	Widevine Tecnologies	DRM	USA		Google TV
October 1, 2010	BlindType	Touch Typing	GRE		Android
September 28, 2010	Plannr	Schedule Management	USA		
September 13, 2010	Quiksee	Online video	ISR	$10,000,000	Google Maps
August 30, 2010	Angstro	Social networking service	USA		
August 30, 2010	SocialDeck, Inc.	Social gaming	CAN		
August 15, 2010	Like.com	Visual Search Engine	USA	$100,000,000	boutiques.com
August 10, 2010	Jambool	Social Gold payment	USA	$70,000,000	
August 5, 2010	Slide.com	Social gaming	USA	$182,000,000	
August 4, 2010	Instantiations	Java/Eclipse/AJAX Developer Tools	USA		Google Web Toolkit
July 16, 2010	Metaweb	Semantic Search	USA		
July 1, 2010	ITA Software	Travel technology	USA	$700,000,000	
June 3, 2010	Invite Media	Advertising	USA	$81,000,000	DoubleClick
May 21, 2010	Ruba.com	Travel	USA		Google
May 20, 2010	Simplify Media	Music syncing	UK		Android
May 18, 2010	Global IP Solutions	Music and Video	SWE	$68,000,000	Google Talk & Gmail
April 30, 2010	Bump Technologies	Desktop environment	CAN	$30,000,000	Google Android
April 27, 2010	LabPixies	Gadgets	ISR		
April 20, 2010	Agnilux	Server technology start-up	USA		
April 12, 2010	PlinkArt	Visual Search Engine Mobile start-up	UK		Google Goggles
April 2, 2010	Episodic	Online video platform start-up	USA		YouTube
March 5, 2010	DocVerse	Microsoft Office files sharing site	USA	$25,000,000	Google Docs
March 1, 2010	Picnik	Photo Editing	USA	$5,000,000	Picasa
February 17, 2010	reMail	Email Search	USA		Gmail
February 12, 2010	Aardvark	Social Search	USA	$50,000,000	Aardvark

논란이 있기는 하지만 앞으로 전자책이 종이책의 많은 부분을 대체하는 것은 불가피해 보이며, 기존의 콘텐츠 출판 환경은 애플사의 아이패드와 삼성의 갤럭시 탭 등 태블릿 PC의 출현으로 인해서 e북 콘텐츠의 진화를 가속화하고 있습니다. 국내 신문사들과 잡지사들도 이미 스마트폰 등을 통해 e신문과 e잡지 형태의 전자책 기반의 콘텐츠를 제공하고 있으며 전자 잡지만을 제공하는 디지털 잡지사

---

6) http://en.wikipedia.org/wiki/List_of_acquisitions_by_Google

Date ▼	Company ▼	Business ▼	Country ▼	Value (USD) ▼
October 29, 2010	Canesta, Inc.	3-D sensing technology	United States	
December 10, 2009	Opalis Software	Software	Canada	
December 10, 2009	Sentillion, Inc.	Identity and Access Management Software for Healthcare	United States	
September 22, 2009	Interactive Supercomputing	Software	United States	
June 1, 2009	Rosetta Biosoftware	Bioinformatics solutions for life science research	United States	
May 7, 2009	BigPark	Interactive online gaming	Canada	
September 28, 2008	Greenfield Online	Search and e-commerce services	United States	$486,000,000
September 16, 2008	DATAllegro	Data software	United States	—
August 11, 2008	Powerset	Semantic Search	United States	—
June 26, 2008	Mobicomp	Mobile applications	Portugal	—
June 18, 2008	Navic Networks	Management software	United States	—
June 4, 2008	Quadreon	Software	Belgium	—
May 26, 2008	Kidaro	Software	United States	—
April 25, 2008	Fast Search & Transfer	Enterprise search	Norway	$1,191,000,000
April 15, 2008	Danger	Mobile Internet software	United States	$500,000,000
April 14, 2008	Farecast	Online search software	United States	$75,000,000
March 31, 2008	90 Degree Software	Business intelligence software	Canada	—
March 19, 2008	Komoku	Rootkit security software	United States	$5,000,000
March 14, 2008	Rapt	Advertising yield management software	United States	—
February 27, 2008	YaData	Software	Israel	—
February 7, 2008	Caligari Corporation	Software	United States	—
January 22, 2008	Calista Technologies	Software	United States	—

도 속속 생겨나고 있습니다.

스마트폰[8]이나 태블릿[9] PC에서 동작하는 전자책 애플리케이션들은 부드러운 스크롤 기능과 터치 기능으로 페이지 조작이 쉽고, 책의 특정 부분을 이메일

---

7) http://en.wikipedia.org/wiki/List_of_acquisitions_by_Microsoft
8) 휴대전화에 인터넷 통신과 정보검색 등 컴퓨터 지원 기능을 추가한 지능형 단말기.
   (http://100.naver.com/100.nhn?docid=742770)
9) 평면판 위의 임의의 위치를 펜으로 접촉해 컴퓨터에 입력할 수 있도록 한 장치.
   (http://100.naver.com/100.nhn?docid=719357)

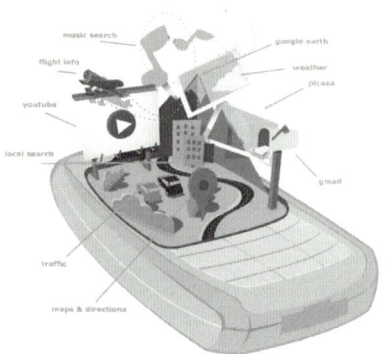

〈그림 6-3〉 구글 통합 서비스 개념 예[10]

〈그림 6-4〉 디즈니사에서 개발한 『토이스토리』 e북[11]

---

10) http://www.ohgizmo.com/wp-content/uploads/2007/11/gphone-google1.jpg
11) http://0.tqn.com/d/portables/1/0/t/F/Toy-Story.jpg

로 발송하거나 페이스북[12)으로 포스팅할 수 있습니다. 또한 웹 연계를 통해 웹 상의 다양한 멀티미디어 자원과의 연계를 통해 기존 콘텐츠의 한계를 극복했습니다. 또한 온라인 접속이 가능한 곳은 어디에서든 스마트폰을 통해 e북을 구매하고 바로 다운로드받아 책을 읽을 수 있다. 아이패드의 아이북스는 실제로 책장을 넘기는 느낌을 그대로 살렸고 화면 밝기, 폰트 조절을 할 수 있으며 검색 기능과 책갈피 기능이 제공됩니다. 또한 단어 위에 손가락을 올리면 사전 기능이 활성화되고, 중요한 부분은 형광펜처럼 색으로 표시할 수 있습니다. 이제 e북은 단순히 읽는 책에서 벗어나 움직이는 e북으로 진화하고 있습니다. 손가락의 움직임에 따라 그림들이 움직이고, 흔들거나 돌릴 때마다 그 방향으로 그림이 쏟아집니다. 이런 기능들은 특히 삽화가 많이 등장하는 아동용 책에서 많은 활용이 가능한데, 디즈니사에서는 어린이를 위한 다양한 전자책을 개발하고 서비스하고 있습니다.[13)

12) 글로벌 소셜 네트워킹 서비스로 사람들이 친구들과 대화하고 정보를 교환할 수 있도록 도와줌.
   (http://en.wikipedia.org/wiki/Face_book)
13) http://books.chosun.com/site/data/html_dir/2010/09/28/2010092800870.html

2010년 1등 브랜드가 꼽은 경쟁 상대들

제품군	1위 브랜드	이유	경쟁상대
주류	진로 '참이슬'	저녁 회식 대신 집에서 TV 드라마나 영화를 보기 때문이다.	엑스캔버스, 파브
게임	엔씨소프트	게임 대신 드라마로 여가를 보낸다.	미드(미국드라마)
화장품	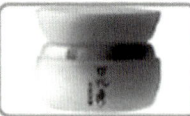한방화장품	한방화장품의 기능이 한약이나 스파의 효능과 경쟁한다.	한의원, 스파
자양 강장제	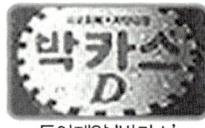동아제약 '박카스'	20대 젊은 세대들은 박카스 대신 커피전문점을 선호한다.	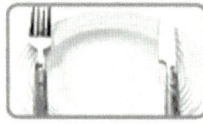스타벅스
가공 식품	CJ제일제당 '다시다'	입맛이 서구화될수록 다시다가 주로 쓰이는 한식 소비도 줄게 된다.	양식 레스토랑
생활 용품	동아제약 '가그린'	구강청정 기능을 가진 상품이 늘고 있다.	XYLITOL 333 자일리톨 껌

해당 브랜드 담당 매니저 대상으로 13~15일 서면 설문조사.

동아일보는 13~15일 주류, 휴대전화, 게임, 식품 등 소비자와 밀접한 10개 분야 선호도 1위 브랜드 매니저를 대상으로 "지금 당신의 경쟁상대는 누구인가"를 조사했습니다. 이 조사는 국내 산업계의 경쟁지도가 '영역 없는 경쟁'에 들어간 것을 보여 줍니다.

일례로, 국내 1위 게임회사인 엔씨소프트는 '미드(미국드라마)'를 경쟁상대로 지목했습니다. 과거 드라마가 제작자 위주의 일방적인 콘텐츠였던 반면 게임은 쌍방향성을 무기로 10, 20대의 젊은 소비자를 끌어안았습니다. 하지만 미드는 '시즌' 개념을 도입해 소비자 요구를 실시간으로 반영하면서 전 세계인의 여가 시간을 놓고 싸우는 경쟁자로 부상했습니다.

또한 스포츠용품 업계의 거인인 나이키도 한때 침체의 늪에 빠졌습니다. 1994년부터 5년 연속 3배 이상의 경이적인 성장률을 보인 뒤 서서히 둔화의 기미를 보이기 시작한 것입니다. 당시 나이키가 철저한 시장 조사 끝에 내린 결론은 '닌텐도에 주목하라.'였습니다. 청소년들이 닌텐도 게임에 정신이 팔려 운동하러 집 밖에 나가지 않으면 운동화 매출이 줄어들 수밖에 없었던 것입니다. 나이키 사례는 '같은 업계의 평면적인 시장점유율 경쟁이 다른 업종 간 고객 시간점유율 경쟁으로 바뀌고 있다.'는 21세기 신(新)경쟁지도를 보여 주는 것입니다.

◎ 구글이 인수한 회사들

먹깨비는 영화 「고스트버스터즈」에
나오는 초록색 유령으로 모든 음식
을 마구 먹어 치우는 식신유령입니다.
구글은 마치 먹깨비처럼 올해 총 16억
달러를 들여 40개의 회사를 먹어 치우

는 대단한 기록을 세웠습니다. 이는 지난 2001년부터 M&A를 시작한 이래 가장 많은 기업 인수를 기록한 것입니다. 재미있는 것은 16억 달러의 인수 금액 중 한창 인기를 끌고 있는 소셜 게임 사이트인 Slide.com에 약 1억 7천 9백만 달러를 지출했고, 애플도 눈독들여 인수 경쟁을 벌였던 모바일 광고 회사인 AdMob을 6억 8천 1백만 달러에 사들였습니다. 그리고 비디오 코덱 기술을 가지고 있는 On2 Technologies라는 회사를 약 1억 2천 3백만 달러에 사들여 비디오 코덱 WebM을 무료로 공개했습니다.

특히 온라인 광고 회사인 Doubleclick은 가장 큰 인수 금액인 31억 달러를 들여 인수했는데, Doubleclick은 Microsoft, MySpace, Coca-Cola, Motorola, Visa USA, Nike, The Wll Street Journal 등 유명 대기업들의 온라인 광고를 서비스하고 있었습니다. 이는 구글이 중소규모 사업체의 광고뿐 아니라 브랜드를 중시하는 대규모 사업체의 광고도 유치할 수 있게 됨으로써, 온라인 광고 시장을 80% 이상 점유하게 될 것으로 판단됩니다.

또한 구글은 여행 소프트웨어 회사인 ITA와도 인수 계약을 진행 중인데 미국 반독점 조사에서 이 인수 건이 승인되기를 기다리고 있습니다. 3분기 결산이 끝난 현재 구글은 약 330억 달러의 현금을 가지고 있다고 하는데 이 돈으로 또 다른 회사를 인수할 준비를 하고 있겠죠.

2. 콘텐츠의 진화 – 웹 3.0 시대

우리나라 역사에 관심이 많은 궁금해씨가 『조선왕조실록』을 보기 위해 국사
편찬위원회 홈페이지에 접속을 했습니다(<그림 6-5> 참조). 홈페이지에 와 보
니 '왕대별 열람' 코너에서 조선 시대 임금님들 목록이 보이는데 그중에서 '세종
실록'을 보고 싶어 링크를 클릭하면 어떤 일이 벌어질까요? 해당 홈페이지가 다
운되어 있지 않은 이상, <그림 6-6>처럼 '세종실록' 홈페이지를 볼 수 있을 겁니

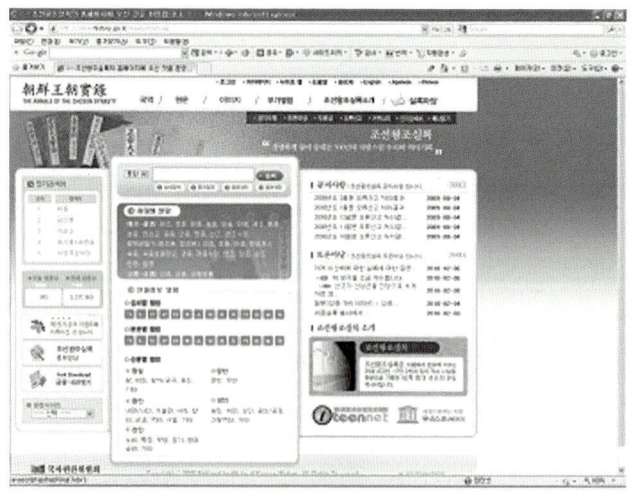

〈그림 6-5〉 국사편찬위원회의 '조선왕조실록' 홈페이지[1]

---

1) http://sillok.history.go.kr/main/main.jsp

다. 우리는 누구나 링크를 누르면 어떤 내용의 웹 문서가 보일지 알고 있고 상상할 수 있습니다. 그럼 컴퓨터는 어떨까요? 과연 링크의 의미를 알고 세종실록 홈페이지를 보여준 것일까요?

　인터넷 익스플로러와 같은 웹브라우저에서 '소스 보기'를 하면, 아래와 같은 프로그램이 보입니다. 이곳에서 '세종'을 찾아보죠. 프로그램을 이해하시기 어렵기 때문에 간단히 설명드리면, '세종'이라는 글자를 클릭하면, onclick이라는 이벤트가 발생하고, goInspKing('kda')이라는 함수가 실행됩니다. 함수 내부를 보시면 현재 홈페이지에 '…/inspection/inspection.jsp?…'을 붙인 URL(Uniform Resource Locator)[2]을 생성하고 그곳으로 이동하라는 명령을 실행하게 됩니다. 그 URL이 'http://sillok.history.go.kr/inspection/inspection.jsp?mTree=0&id=kda'이며, <그림 6-6>에서 확인하실 수 있습니다. 어려우신가요? 이 부분을 정확히 아

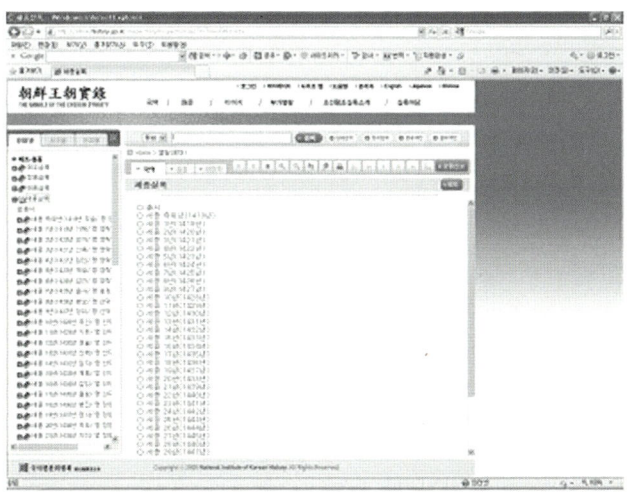

〈그림 6-6〉 국사편찬위원회의 '세종실록' 홈페이지

---

2) 웹 문서의 각종 서비스를 제공하는 서버들에 있는 파일의 위치를 표시하는 표준.
　(http://100.naver.com/100.nhn?docid=719453)

실 필요는 없습니다. 단지 컴퓨터가 어떻게 '세종실록' 홈페이지를 보여 주는지를 설명드린 것뿐이니까요. 여기서 중요한 것은 사람들은 '세종실록'의 의미를 알고 웹브라우저를 통해 쉽게 찾아가고 있지만, 컴퓨터는 '세종실록'이 무엇인지, '세종'이 무엇인지 전혀 알지 못한다는 것입니다. 단지, '세종'의 아이디가 'kda'이고 'goInspKing( )' 함수를 마우스로 클릭하면 실행해야 한다는 것만 알고 있는 것이죠. 컴퓨터가 똑똑할 것이라고 기대하셨던 분들은 실망이 크실 것 같습니다.

　현재의 웹 문서는 사람들만 읽고 이해할 수 있습니다. 컴퓨터는 전혀 그 의미를 모르고 있죠. 컴퓨터가 생각보다 똑똑하지 못해서, 컴퓨터에게 이해시키기 위해서는 웹 문서를 최소한의 정보 단위인 데이터로 쪼개고 연결해야 합니다. 이러한 웹을 '데이터의 웹(Web of Data)'이라고 하며, 현재의 웹인 '문서의 웹(Web of Documents)'의 진화 형태가 될 것으로 예측하고 있습니다. 웹 3.0 시대에서는 '문서의 웹'과 '데이터의 웹'이 공존할 것이라고 하는데, '데이터의 웹'은 어떻게 생겼을까요? 구체적인 얘기는 <링크드 데이터>에서 자세히 다루고, 여기서는 기본적인 개념만 설명드리겠습니다.

```
function goInspKing(sil_id) {
        var urlstr =
        "../inspection/inspection.jsp?mTree=0&"+encodeURI("id="+sil_id);
        document.location.href = urlstr;
}

......
<a onclick="goInspKing('kaa');" class="king">태조</a>,
<a onclick="goInspKing('kba');" class="king">정종</a>,
<a onclick="goInspKing('kca');" class="king">태종</a>,
<a onclick="goInspKing('kda');" class="king">세종</a>,
<a onclick="goInspKing('kea');" class="king">문종</a>,
<a onclick="goInspKing('kfa');" class="king">단종</a>,
<a onclick="goInspKing('kga');" class="king">세조</a>,
<a onclick="goInspKing('kha');" class="king">예종</a>
......
```

요즘 포털들은 인물, 영화, 자동차 등 특정 정보에 대해 뉴스, 블로그, 웹사이트 등 웹 문서뿐만 아니라 <그림 6-7>과 같이 잘 정리된 정보를 제공합니다. 이 그림을 보면, 소녀시대의 멤버가 누구이고, 소속사, 경력 등을 정확히 알 수 있어 소녀시대를 궁금해하는 사람들에게 많은 도움을 줍니다. 그럼 컴퓨터 입장으로 바꾸어 보겠습니다. 컴퓨터가 윤아, 수영과 같은 단어가 무엇인지, 멤버가 무슨 뜻인지, 2010. 10이란 숫자가 무엇을 가리키는지 알 수 있을까요? 정답은 '모른다'입니다.

똑똑하지 않은 컴퓨터에게 이것을 설명하는 것은 정말 어렵습니다. 우리들이 지금은 다 이해하고 있지만 처음부터 그렇지는 않았습니다. 태어나서 엄마라는 단어의 뜻을 배우는 데도 1년 이상 걸렸고, 멤버라는 영어 단어를 이해하는 데는 4~5년 이상 걸렸을 겁니다. 그 이전부터 아신 분이 계시다면 천재시겠죠. 컴퓨터에게 이런 의미들을 주입하기 위해서는 현재의 웹 문서로는 불가능하다고 할 수 있습니다.

'윤아'를 컴퓨터에게 이해시켜 볼까요? 아무것도 모르는 아이에게 이해시키는 것과 다를 바가 없을 겁니다. 먼저, '윤아'가 사람이라는 것부터 시작을 해야겠죠. 그럼 사람은 무엇이라고 설명해야 할까요? 사람은 영장류이고, 포유동물의 일종이고, 동물에 속하며, 움직이는 생명체로 볼 수 있다고 설명해야 합니다. '윤아'의 직업인 가수를 설명하려면, 먼저 직업이 무엇인지부터 설명해야 합니

<그림 6-7> '소녀시대'의 네이버 검색 결과 예

인물 정보

윤아 (임윤아) 가수, 탤런트
출생 1990년 5월 30일
소속그룹 소녀시대
소속사 SM엔터테인먼트
학력 동국대학교 연극학과
데뷔 2007년 소녀시대 싱글 음반 [다시 만난 세계]
수상 2010년 제46회 백상예술대상 TV부문 여자 인기상
사이트 안기환카페
멜론그래피 · (주)싸, 영고

이미지더보기

〈그림 6-8〉 '윤아'의 네이버 검색 결과 예[3]

다. 아무것도 모르는 아이에게 '윤아'만 설명하는 데도 끝없는 설명의 연결 고리가 있어 오늘 하루 내로 끝나지 않을 것 같네요. 아이들이 호기심이 생기는 시기가 되면, 질문이 꼬리에 꼬리를 물고 이어지죠? 처음에는 기특하게 생각하고 대답을 해주지만, 나중에는 아이가 자신을 약 올린다는 생각이 들 정도로 짜증나기 시작합니다. 컴퓨터도 이와 다를 바가 없습니다.

닷컴 버블의 시대를 지나고 살아남은 닷컴들의 주요 기술과 서비스를 중심으로 기존의 웹 1.0과 비교하면서 웹 2.0을 정의하였습니다. 웹 1.0은 기술 중심으로 대부분이 운영체제와 브라우저에 종속성을 가지고 있었고, 웹 2.0은 사람이 중심이 되는 참여와 공유의 개념을 바탕으로 운영체제와 브라우저에 상관없이 기능 구현이 가능할 뿐만 아니라 필요에 따라서는 사용자들에 의해 확장 가능하였습니다. 브리태니커, 벅스, 와레즈 사이트가 웹 1.0의 대표적인 서비스이었다면 위키피디아, 냅스터, 비트토렌트가 웹 2.0 서비스인 이유는 웹 2.0 서비스의 기본 개념인 사용자 간 개방, 협력, 참여, 공유와 같은 사회적 협력과 집단지성들을 서비스에 활용하였기 때문입니다.

웹 2.0이 새로운 기술의 선도이었던 시대가 불과 몇 년 지나지 않아서 데이터의 의미를 중심으로 서비스의 패러다임이 바뀌는 웹 3.0 시대가 다가왔습니다. 2006년 5월에 월드와이드웹의 발명가 팀 버너스리는 다음과 같이 언급하였습

---

3) http://search.naver.com/search.naver?where=nexearch&query=%C0%B1%BE%C6&sm=top_hty&fbm=1

<그림 6-9> 웹 2.0의 정의와 시각

니다. "사람들은 웹 3.0이 무엇인지 묻는다. 내 생각엔 사용자가 모든 것이 접혀 있어 애매하게 보이는 크기를 조절할 수 있는 벡터 그래픽스의 오버레이를 사용할 때 웹 2.0과, 커다란 데이터 공간을 가로지르며 통합되는 시맨틱 웹에 대한 접근에서 사용자는 어마어마한 데이터 자원에 접근할 수 있을 것이다(팀 버너스리, 더 혁명적인 웹)." 2007년 5월, 서울 디지털 포럼에서 구글의 CEO 에릭 슈미트는 웹 2.0과 웹 3.0에 대해 정의해 달라는 부탁을 받고 다음과 같이 응답하였습니다. "웹 2.0은 마케팅 용어이며 나는 여러분이 웹 3.0을 방금 발명했다고 생각한다. 그러나 웹 3.0이 무엇인지 추측할 때, 여러분에게 이는 응용 프로그램을 만드는 다른 방식이라고 말하고 싶다. 웹 3.0이 궁극적으로 함께 결합된 응용 프로그램으로 보일 것이라는 것이 나의 추측이다. 수많은 특성이 있다. 응용 프

로그램들은 상대적으로 작고 데이터는 그 무리들 안에 있으며 그 응용 프로그램들은 아무 장치나 PC, 휴대전화를 통해 실행할 수 있다. 응용 프로그램들은 매우 빠르며 사용자 맞춤식으로 이러한 프로그램들을 변경할 수 있다. 게다가 이러한 응용 프로그램들은 바이러스가 전염되는 것처럼 소셜 네트워크, 전자우편을 통해 배포된다. 가게에 가서 물건을 구입하지 않아도 된다. 우리가 컴퓨팅에서 볼 수 있었던 응용 모델과는 매우 다르다."[4]

웹 3.0 시대는 지식을 연결하는 시대입니다. '윤아'라는 단어 또는 개념이 홀로 있다면 별 의미가 없겠지만, 이것이 다른 개념들과 서로 연결되면서 그 힘은 점차 커지게 됩니다. 데이터에서 정보로, 정보에서 지식으로 발전하는 것이죠. 이 지식의 소비자는 사람도 되긴 하지만 컴퓨터가 될 것입니다. 컴퓨터가 이해할 수 있는 콘텐츠를 생산하는 것이 웹 3.0의 핵심 가치인 것입니다. 혹자는 인간이 100년 동안 배워야 할 지식을 이러한 '데이터의 웹'상에서는 하루면 배우게 될 것이라고 얘기합니다. 정보 간에 연결이 잘 되어 있고, 그 정보를 컴퓨터가 이해할 수 있는 수준으로 기술(Description)한다면 충분히 가능한 얘기입니다. 그렇다고 인간을 위한 '문서의 웹'이 없어지지는 않을 겁니다. 웹 3.0 시대에는 인간과 컴퓨터가 각각 이해할 수 있는 '문서의 웹'과 '데이터의 웹'이 상호 공존할 것입니다.

---

4) http://en.wikipedia.org/wiki/Web_3.0#Web_3.0

◎ '문서의 웹'과 '데이터의 웹'

　시맨틱 웹(Semantic Web)에 대한 가장 직관적인 정의는 "현재의 웹이 문서 웹(The web of documents)이라고 한다면 시맨틱웹은 데이터 웹(The web of data)이다"라는 것입니다. 또 다른 유용한 비유는 문서 웹은 전 세계적인 거대한 파일시스템이고, 데이터 웹은 전 세계적인 거대한 데이터베이스라는 것입니다. 분산되어 서로 연결되어 논리적으로 하나의 데이터베이스를 이룬다고 상상하면 됩니다. 그리고 문서 웹은 사람이 사용하기 위한 웹이고, 데이터 웹은 기계가 사용하기 위한 웹입니다.

　기존의 HTML로 작성된 문서는 컴퓨터가 의미정보를 해석할 수 있는 메타데이터보다는 사람의 눈으로 보기에 용이한 시각정보에 대한 메타데이터와 자연어로 기술된 문장으로 가득 차 있습니다. 예를 들어 '<em>바나나</em>는 <em>노란색</em>입니다.'라는 예에서 볼 수 있듯 <em>이라는 태그는 단지 바나나와 노란색이라는 단어를 강조하기 위해 사용됩니다. 이 HTML을 받아서 처리하는 기계(컴퓨터)는 바나나라는 개념과 노란색이라는 개념이 어떤 관계를 가지는지 해석할 수 없습니다. 단지 <em> 태그로 둘러싸인 구절을 다르게 표시하여 시각적으로 강조를 할 뿐입니다. 게다가 바나나가 노란색이라는 것을 서술하는 예의 문장은 자연어로 작성되었으며 기계는 단순한 문자열로 해석하여 화면에 표시합니다.

　반면에, 시맨틱 웹은 XML에 기반한 시맨틱 마크업 언어를 기반으로 합니다. 가장 단순한 형태인 RDF는 <Subject, Predicate, Object>의 트리플 형태로 개념을 표현합니다. 위의 예를 트리플로 표현하면 <urn:바나나, urn:색, urn:노랑>과 같이 표현할 수 있습니다.

구분	문서들의 웹 (Web of Documents)	데이터의 웹 (Web of Data)
개체	문서	사물(Thing) 또는 리소스
링크	문서 간 링크	사물(리소스) 간 링크
역할	글로벌 파일시스템	글로벌 데이터베이스
표현형식	HTML	RDF(Resource Description Format)
목적	사람의 이해	기계의 이해

이렇게 표현된 트리플을 컴퓨터가 해석하여 'urn:바나나'라는 개념은 'urn:노랑'이라는 'urn:색'을 가지고 있다는 개념을 해석하고 처리할 수 있게 됩니다.

[내용 출처]

http://ko.wikipedia.org/wiki/%EC%8B%9C%EB%A7%A8%ED%8B%B1_%EC%9B%B9

3. 링크드 데이터(Linked Data)

　궁금해씨가 모처럼 휴일을 맞아 여자 친구와 영화를 보기로 했습니다. 첩보 영화인데, 영화 속 한 장면 중에 인공위성으로 어느 지점을 찍어 그 위성사진 속에 나타난 테러 용의자의 정보를 컴퓨터를 통해 확인하는 상면이 있있습니다 (<그림 6–10> 참조). 위성사진을 확대하여 용의자 얼굴을 캡처하니 바로 옆 화면에 용의자의 신원 정보가 자세하게 보이는 장면입니다. 궁금해씨는 역시나 궁금증이 발동했네요. 위성사진이야 해상도가 상당히 높은 인공위성과 사진기만 있다면 가능할 것이고, 용의자 얼굴 인식도 지금은 어렵겠지만 앞으로 충

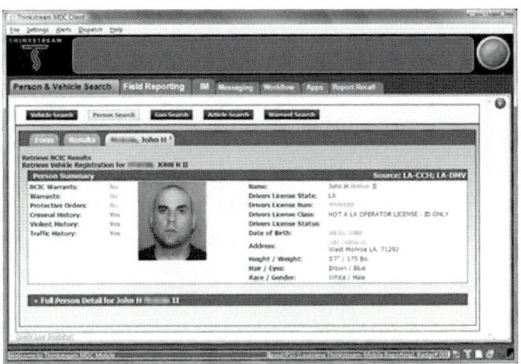

〈그림 6–10〉 용의자 정보 확인[1]

---

1) http://www.policemag.com/_Images/articles/FirstLook–50.jpg

분히 기술이 발전하면, 요즘 대학들에서 도입하여 사용하고 있는 자동차 번호판 자동 인식 기반 주차 시스템처럼 인식할 수 있을 것이란 생각이 들었죠. 그런데 용의자 정보는 어디서 가지고 와서 보여 주는지가 궁금했죠. 첩보 기관에서 전 세계 모든 용의자 정보를 확보하고 있는 것은 아무래도 쉽지 않을 것 같고, 인터넷에서 가져온다면 사람 이름으로 검색할 때 제대로 검색된 결과가 나오기 쉽지 않고 검색 결과를 얻었다고 가정해도 검색 결과로부터 실시간에 용의자 정보를 정리해서 보여 주는 게 가능할 것 같지 않다는 생각을 했습니다. 현재의 웹에서는 이것이 결코 쉽지 않은 일임에는 분명합니다. 그렇지만 이를 현실화시키기 위한 프로젝트가 엄청난 속도로 진행되고 있습니다.

세계 웹 표준화 기구인 W3C에서 주도하고 있는 프로젝트 중에 **Spacial Media Fragments** 프로젝트는 동영상 내에서 웹에 존재하는 자원들과 인식된 개체를 연결하고 해당 동영상 내 개체를 클릭하면 연결된 웹 자원 정보를 보여 주는 것을 목표로 하고 있습니다. 여기에서 대상으로 삼고 있는 인식된 개체와 웹 자원은 또 다른 프로젝트인 **LOD(Linking Open Data)** 프로젝트를 통해 구축되고 있습니다. <그림 6–11>에서 보시는 것처럼 특정 인물이나 도시 개체에 링크를 만들어 놓고 이 링크를 LOD 프로젝트를 통해 만들고 있는 링크드 데이터와 연결하고 있습니다. 이렇게 되면, 동영

〈그림 6–11〉 Spacial Media Fragments 프로젝트 예[2]

---

2) http://www.w3.org/2008/01/beth_2.jpg

상을 보다 나타나는 특정 인물이 궁금하다면 바로 클릭해서 잘 정리된 정보를 실시간으로 확인할 수 있게 되는 거죠.

연결된 데이터란 의미의 링크드 데이터는 LOD(Linking Open Data) 프로젝트가 만들고자 하는 목표이자 산물입니다. 이 프로젝트는 누구나가 자유롭게 이용 가능한 데이터를 만드는 것을 목표로 하고 있으며, RDF(Resource Description Framework)라는 형식으로 웹에 데이터를 공개하고 데이터들 간의 링크를 만듦으로써 상호 연결을 강화하는 방향으로 '데이터의 웹'을 만들고 있습니다. 예를 들어 설명하자면, 현재는 각 기관별로 구축한 문서 또는 데이터들이 타 기관 문서 또는 데이터들과 별다른 연결 없이 독지적인 서비스를 하기 때문에 서로 다른 기관에서 동일한 정보를 다루더라도 각 기관 홈페이지나 서비스를 통해 별도로 얻은 후에 우리가 나름대로 조합해서 해석할 수밖에 없었습니다. 데이터들 간에 기관을 떠나 상호 연결된다면, <콘텐츠의 진화>에서 설명 드렸던 것처럼 특정 기관 홈페이지로 갈 필요가 없어지게 됩니다.

이 프로젝트는 2007년에 시작되어 당시 약 5억 개 이상의 링크드 데이터(정확히 표현하자면, RDF 트리플이라는 지식 단위지만 편의상 데이터로 쓰겠습니다.)를 생산했습니다만, 2008년 4월에 20억 개 이상으로, 2009년 3월에 45억 개 이상으로, 2009년 11월에 131억 개 이상으로, 2010년 9월에 250억 개 이상으로 급속히 늘어나고 있습니다(<그림 6-12> 참조).

데이터의 웹은 데이터가 연계, 협업될 때 진정한 의미로서의 시맨틱 웹이 실현될 수 있음을 강조하던 팀 버너스 리(Tim. Berners-Lee)는 2009년 TED 콘퍼런스에서 링크드 데이터의 중요성에 대해 언급하며, 데이터 웹을 위해서는 데이터의

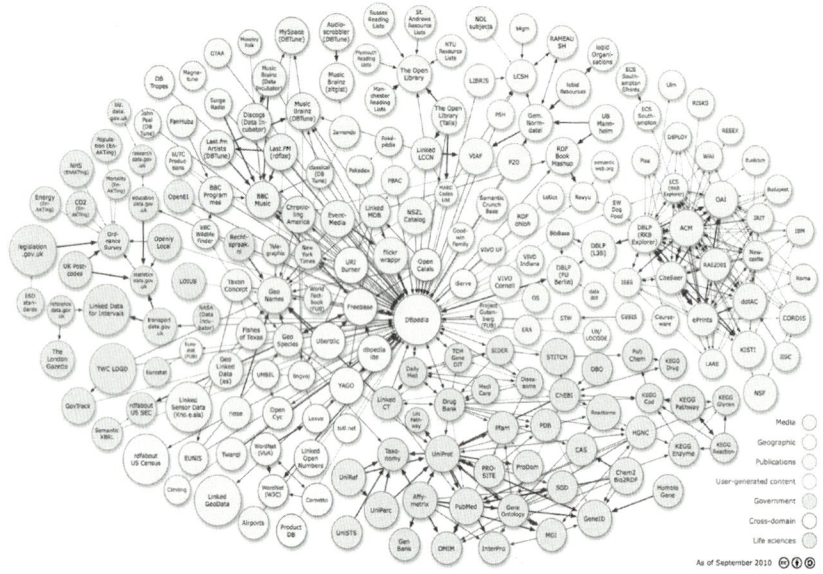

〈그림 6-12〉 2010년 9월의 링크드 데이터 클라우드[3]

개방을 통한 연계, 협업이 이루어져야 함을 강조했습니다. 즉 가공된 데이터가 아닌 로우 데이터(Raw Data)가 더 많이 개방되고 연계되어야 시맨틱 웹이 실현될 수 있고, 이 로우 데이터가 더 많이 링크드 데이터화되어야 화려하고, 풍족한 정보의 꽃을 피울 수 있는 웹이 될 수 있음을 다시 한번 강조한 것입니다.

<그림 6-13>은 여섯 다리의 법칙(Six Degree of Separation)을 보여 주는 그림으로서 지구상의 어떤 사람이 다른 사람을 알기 위해서 인간의 네트워크상에서 6단계(여섯 사람)를 거치면 알 수 있다는 이론이 있습니다. 데이터의 경우도 마찬가지로 모든 데이터들이 상호 연계된 환경에서는 하나의 데이터로 시작되어서 몇 단계 링크를 거치면 원하는 데이터에 접근할 수 있습니다.

---

3) http://richard.cyganiak.de/2007/10/lod/lod-datasets_2010-09-22_colored.html

링크드 데이터는 학술 데이터뿐만 아니라 정부 데이터, 백과사전, 엔터테인먼트, 사진, 동영상 등 전 분야를 망라한 전 세계 데이터를 포함하고 있습니다. 현재의 속도로 커나간다면 몇 년 내에 '문서의 웹'에 있는 대부분의 정보를 '데이터의 웹'에서도 볼 수 있을 것으로 예측됩니다. 데이터가 연결된다는 것이 얼마나 큰 힘을 발휘하는지 예를 통해 살펴보겠습니다. <그림 6–14>에서 보시는 것처럼 특정 인물을 하나 선택하면, 그 사람이 어디에서 글을 올렸는지 확인할 수있고, 그 지역을 다룬 신문 기사를 계속해서 찾아 볼 수 있고 그 기사에서 다룬주제에 해당하는 사진과 사진이 찍힌 위치와 작가를 연속적으로 확인할 수 있습니다. 링크드 데이터는 이렇듯이 끊임없이 연결된 데이터를 통해 모든 관련정보를 한눈에 볼 수 있게 해줍니다. 앞에서 예를 든 것처럼, 테러 용의자의 정

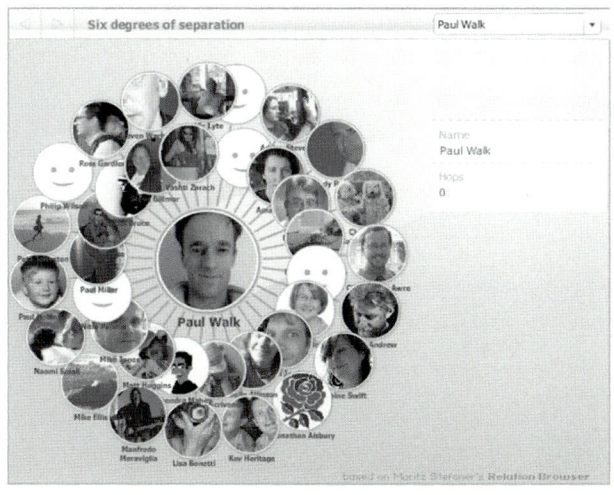

〈그림 6-13〉 여섯 다리의 법칙(Six Degree of Separation) 예제[4]

---

4) http://www.paulwalk.net/images/six-degrees-separation.jpg

보를 하나의 웹사이트에서 가져오는 것이 아니라 수많은 웹사이트에서, 그것도 웹 문서 통째가 아닌 해당 정보만 선별해서 가져올 수 있는 것입니다. 정보 검색의 정확도와 범위가 상상 이상으로 높아지고 확대되게 됩니다.

Harmelen[5]은 연결(Link, 링크)의 힘을 골프공에 비유해서 재미있게 설명했습니다. 하나의 연결 크기를 골프공 한 개의 크기라고 가정한다면, 천만 개(10^7)의 연결 크기는 수에즈 운하를 덮을 수 있으며, 여기에 0이 하나 더 붙인 일억 개(10^8)의 연결 크기는 달을, 다시 '0'이 하나 더 붙인 십억 개(10^9)의 연결 크기는 지구를 덮을 수 있다고 하네요. 링크드 데이터의 크기가 1년이 멀다 하고 커져가는 것을 보면서 지구에 있는 모든 지식을 담을 수 있는 날이 머지않았다는 것을 실감합니다.

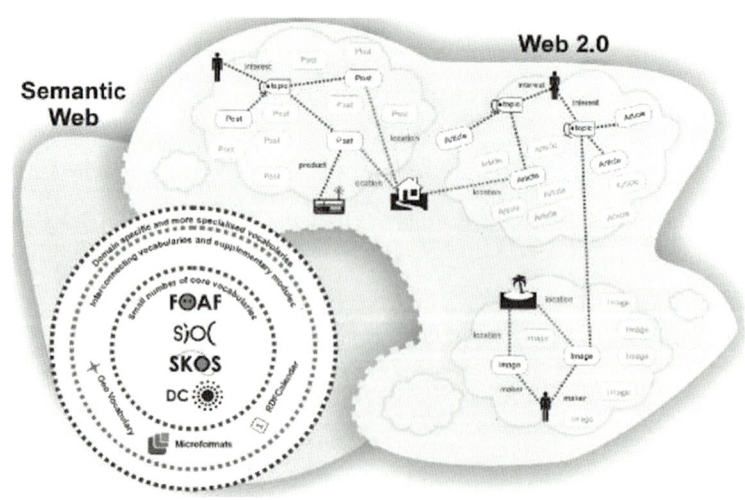

〈그림 6-14〉 데이터 간 연결 예[6]

5) http://en.wikipedia.org/wiki/Frank_van_Harmelen
6) http://www.slideshare.net/sangwon.yang/semantic-web-tutorial, page50

링크드 데이터가 어떻게 동작하는지 BBC 뮤직 서비스를 통해서 살펴보도록 하겠습니다. BBC 뮤직 사이트에 나타나는 정보는 위키피디아, MusicBrainz 등 외부 사이트의 자원들과 연결되어 있으며 다양한 온톨로지 어휘를 사용하여 음악 정보를 표현하고 있습니다. 유명한 기타 연주자 에릭 클랩튼(Eric Clapton)을 대상으로 BBC 뮤직 서비스와 외부 사이트 자원들의 연계에 대해서 설명하겠습니다. 에릭 클랩튼 가수의 페이지는 "http://www.bbc.co.uk/music/artists/618b6900-0618-4f1e-b835-bccb17f84294"로 BBC 뮤직 사이트에서 에릭 클랩튼을 기술할 때 사용되는 식별자(URI: Uniformed Resource Identifier)[7]이며 웹에서 유일한 값입니다.

BBC 뮤직 사이트에서는 이 URI에 해당하는 외부 사이트의 RDF 데이터를

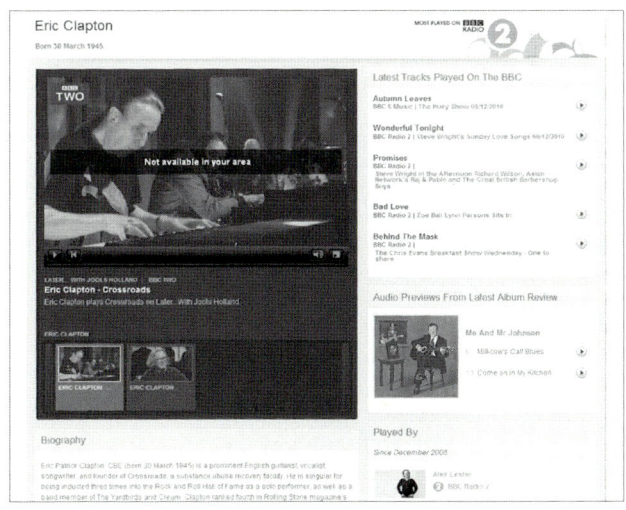

〈그림 6-15〉 BBC 뮤직 사이트의 에릭 클랩튼 페이지[8]

---

7) 인터넷에 있는 자원을 나타내는 유일한 주소체계(http://ko.wikipedia.org/wiki/URI).

8) http://www.bbc.co.uk/music/artists/618b6900-0618-4f1e-b835-bccb17f84294#p00c0lhm

통해서 관련 정보를 끌어와서 하나의 서비스를 통해서 보여 주고 있습니다. 하나의 식별자와 외부 자원 사이의 연결은 동일 식별자 여부를 신중하게 검토하고 연계하여야 하며, 동일 자원에 할당된 서로 다른 식별자들의 연결은 온톨로지의 속성들(owl: sameAs, rdfs: seeAlso)을 통해서 연결하게 됩니다. 다음은 에릭 클랩튼에 대한 외부 자원들의 식별자입니다.

http://dbpedia.org/page/Eric_Clapton

http://data.nytimes.com/N91430675909010057413

http://data.nytimes.com/clapton_eric_per

http://rdf.freebase.com/rdf/en.eric_clapton

http://sw.opencyc.org/2009/04/07/concept/en/EricClapton

http://dbtune.org/musicbrainz/...00—0618—4f1e—b835—bccb17f84294

http://quotationsbook.com/author/1529

opencyc:en/EricClapton

http://dbtune.org/myspace/ericclapton

http://mpii.de/yago/resource/Eric_Clapton

http://zitgist.com/music/artis...00—0618—4f1e—b835—bccb17f84294

http://umbel.org/umbel/ne/wikipedia/Eric_Clapton

opencyc:Mx4rvy5h0pwpEbGdrcN5Y29ycA

이렇듯이 지식이 연결되는 웹 3.0 시대가 완성되면, 다음 차례는 무엇일까요?

바로 지능이 연결되는 웹 4.0 시대가 도래합니다. 여기서의 지능은 인간의 지능이 아닌 컴퓨터의 지능을 의미합니다. 컴퓨터의 지능이 연결되고 컴퓨터 간에 서로 대화가 가능해지면 어떤 일이 벌어질까요? 궁금하시면 <에이전트의 진화>를 보시기 바랍니다.

◎ 세계 웹 표준화 기구 W3C

W3C(World Wide Web Consortium)는 월드와이드웹을 위한 표준을 개발하고 장려하는 조직으로 팀 버너스 리를 중심으로 1994년 10월에 설립되었습니다. W3C는 회원기구, 정직원, 공공 기관이 협력하여 웹 표준을 개발하는 국제 컨소시엄으로, W3C의 설립 취지는 웹의 지속적인 성장을

도모하는 프로토콜과 가이드라인을 개발하여 월드와이드웹의 모든 잠재력을 이끌어 내는 것입니다.

[내용 출처] http://www.w3.org/

[내용 출처] http://ko.wikipedia.org/wiki/W3C

[그림 출처] http://www.albcoders.com/blog/category/programim/w3c

◎ RDF(Resource Description Framework)

　　RDF(Resource Description Framework)는 인터넷과 웹상의 메타데이터(데이터에 대한 정의나 설명)를 지원하기 위한 기반구조를 제공하기 위하여 W3C에 의해 개발되고 있는 규격입니다. RDF 데이터 모형은 정보 자원(Resource), 속성 유형(Property Type), 속성 값(Value)으로 구성됩니다. RDF 데이터 모형에서 기술되는 정보 자원은 그 형태에 관계없이 URI(Uniform Resource Identifier)로 식별 가능한 모든 객체를 의미하며, 하나의 정보 자원은 여러 개의 속성 유형과 속성 값을 가질 수 있습니다. 속성 유형은 '지자', '서명' 등과 같이 자원의 속성을 적절한 이름으로 표현한 것이며, 속성 값은 속성 유형에 상응

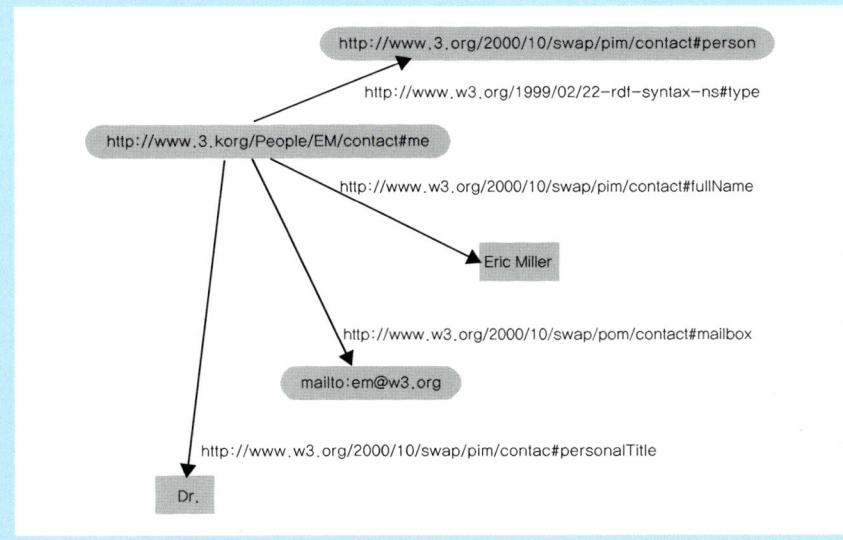

하는 값으로, 문자열이나 숫자 등과 같은 자연어로 상세하게 기술될 수도 있으며, 또 다른 정보 자원이 되어 고유의 속성(Property)을 가질 수 있습니다. 속성이란 정보 자원과 속성 유형, 속성 값을 모두 포함한 것으로, 속성 그 자체가 다른 속성의 값이 되기도 하며, 또는 그 자신이 또 다른 속성을 가질 수 있습니다.

[내용 출처] http://ko.wikipedia.org/wiki/RDF

[그림 출처] http://en.wikipedia.org/wiki/File:Rdf_graph_for_Eric_Miller.png

◎ 링크드 데이터 내 주요 정보들

링크드 데이터(Linked Data)는 웹에서 자유롭게 데이터를 개방하여 연계할 수도 있도록 하고, 이들 데이터가 다시 협업할 수 있게 하여 진정한 데이터 웹을 실현하고자 하는 운동입니다. 즉, 웹에 존재하는 다양한 정보자원을 노출(Expose), 공유(Share), 연결(Connect)하는 기법을 말합니다. 링크드 데이터는 웹에서의 데이터 유통을 위해 HTTP를 사용했고, 연계 및 접근성을 보장하기 위해 RDF와 SPARQL(Simple Protocol and RDF Query Language)을 사용합니다.

예를 들어, 홍길동이라고 하는 사람에 대해 그가 거주하는 서울(Seoul)에 대한 정보는

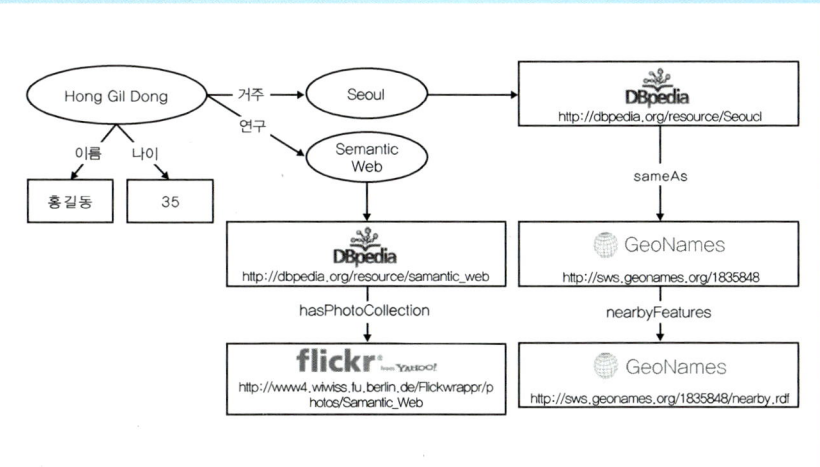

〈그림 1〉 링크드 데이터 활용 예

DBPedia에서 제공하는 http://dbpedia.org/resource/Seoul로 연결할 수 있고, 이는 다시 GeoNames의 http://sws.geonames.org/1835848/로 연결할 수 있습니다. 또한 http://sws.geonames.org/1835848/nearby.rdf를 통해 홍길동의 이웃 정보도 연결할 수 있습니다. 마찬가지로, 연구하고 있는 시맨틱 웹(Semantic Web)이라는 정보는 DBPedia의 http://dbpedia.org/resource/Semantic_Web으로 연결할 수 있으며, 관련 사진 정보로의 계속적인 연결이 가능합니다.

최근, 링크드 데이터와 관련해서 미국 정부는 고부가가치 공공의 개방형 데이터 셋을 국민 모두가 스스로 창조적으로 이용하도록 하기 위해 data.gov를 운영하고 있으며, 영국 정부도 data.gov.uk를 통해 유사한 정책을 펴고 있습니다. 또한 산업계에서는 BBC와 NewYork Times 등도 자사의 콘텐츠 자산을 개방, 연계, 협업하는 데 주도적인 역할을 하고 있습니다.

4. 시맨틱 웹

궁금해씨는 최근 시맨틱 검색에 대한 TV 광고를 보고 새로운 검색을 경험해 보고 싶어 좋아하는 걸 그룹인 '소녀시대'로 시맨틱 검색을 시도해 보았습니다. 검색 결과를 보니 <그림 6-16>에서 보듯이 왼쪽에 수상 내역, 참여 내용, 출연 광고, 발표 내용 등 다양한 '소녀시대' 관련 정보를 잘 분류해 놓은 것을 확인하고 역시 시맨틱 검색이라더니 뭔가 다르다고 생각하며 다른 곳도 살펴보았습니다. '소녀시대'의 '출연광고'가 무엇이 있는지 알고 싶어 클릭해 보았더니 출연 광고와 관련된 많은 신문 기사들이 보이네요. 우선 첫 줄에 '소녀시대 출연 광고는 대한민국광고대상, 한 포털 사이트 광고, 도미노피자 등입니다.'라는 부분이 눈에

〈그림 6-16〉 네이트 검색에서 '소녀시대'로
검색한 시맨틱 검색 결과 예[1]

띕니다. '아! 시맨틱 검색을 하면 검색된 문서뿐만 아니라 정답도 알려주는구나.'라며 신기해했습니다. 그런데 가만히 보니 '도미노 피자'는 소녀시대가 출연한 광고가 맞는 것 같은데, '대한민국광고대상'이나 '한 포털사이트 광고'는 좀 이상하다는 생각이

---

1) http://search.nate.com/search/all.html?q=%BC%D2%B3%E0%BD%C3%B4%EB&csn=0&z=A&tq=&rq=&nq
=&sg=&psn=&si=65&asn=701204107&si=4

드네요. 그래서 검색 결과로 나온 뉴스를 살펴보니, '대한민국광고대상의 꽃인 광고 모델상은 걸 그룹 소녀시대가 수상했으나 …', 그리고 '최근 한 포털 사이트 광고 모델로 발탁된 소녀시대는…'이란 문구가 보입니다. 아마도 이런 문구 때문에 그런 이상한 결과가 나온 게 아닌가 하는 생각을 갖게 됩니다. 그래도 기존의 검색에 비해서 뭔가 다르다는 것은 일단 느꼈습니다.

하나의 단어는 여러 가지 의미를 내포할 수 있습니다. 예를 들어 '배'라는 단어는 과일의 한 종류, 운송 수단의 하나, 사람의 신체 일부 또는 여러 가지 이름의 한 글자로 사용될 수 있습니다(<그림 6–17> 참조). 이렇게 다양한 의미를 내포하고 있는 단어의 의미를 명확하게 표현하기 위해서는 특정 개념과 단어를 연결하는 것이 설명하기에 가장 유리합니다. 우리가 포털에서 검색할 때도 한

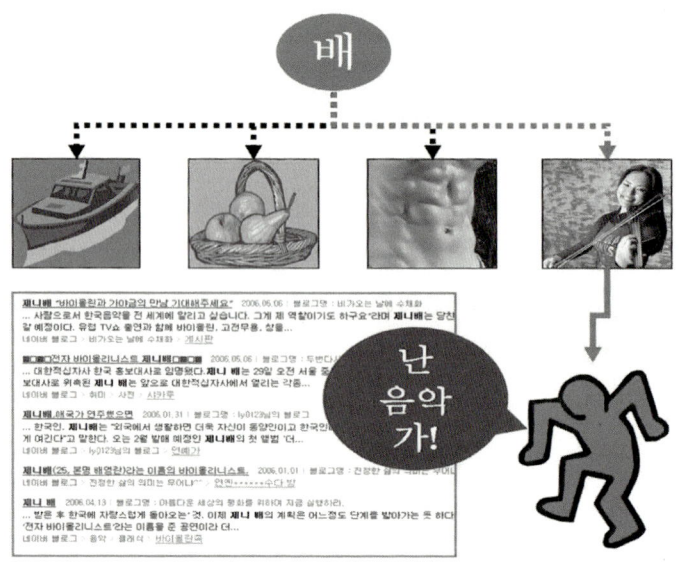

〈그림 6–17〉 '배'의 다양한 의미

두 단어를 검색의 키워드로 사용하면 다양한 의미에 해당하는 검색 결과가 나옵니다. 프랑스 파리에 여행을 가고 싶은 여행가씨가 포털에서 '파리'를 검색하면 해충에 속하는 '파리'와 프랑스의 '파리' 정보가 혼재되어 나타나는 것과 같은 의미이죠(<그림 6-18> 참조).

자, 본론으로 돌아와서 질문을 드리겠습니다. 시맨틱 검색이 무엇일까요? 시맨틱(Semantic)이란 용어는 의미를 뜻하는 말입니다. 그럼 의미 검색이라고 불러야 할 것 같은데, 여기서 의미가 무엇을 말하는 것인지 알쏭달쏭합니다. <그림 6-16>의 예에서와 같이 사용자가 질의어를 입력하면 시스템이 나름대로 분석해서 질의어와 관련 있다고 판단한 속성(예를 들어, 사람은 이름, 나이, 성별, 혈액형, 직업 등의 속성을 가집니다.)들을 보여 주고 그중 하나가 클릭되면 해

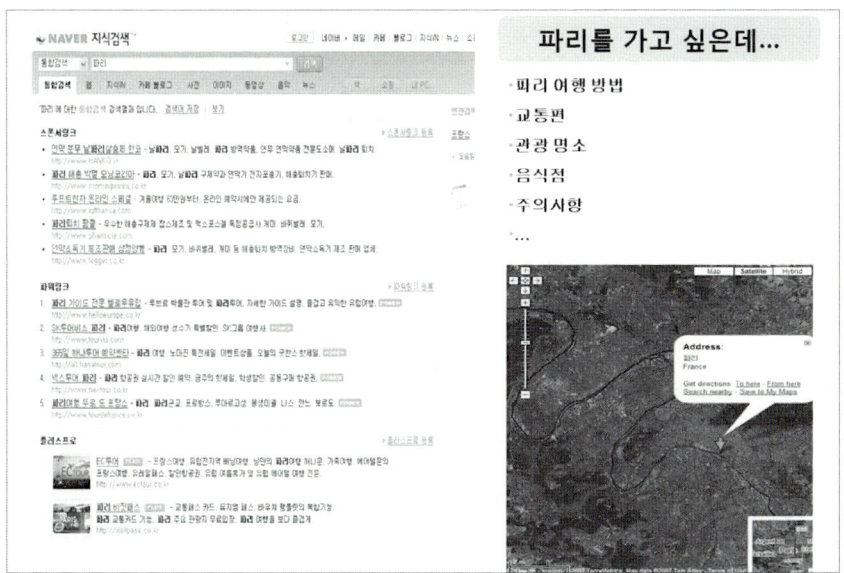

〈그림 6-18〉 '파리' 검색 결과

당 속성에 대한 정답과 어떻게 정답이 나왔는지를 같이 설명해 줍니다. 컴퓨터가 질의어를 이해하고 무슨 의미인지 깨달은 것 같은 느낌을 가집니다.

그렇지만 실제 기술적으로 살펴보면, 컴퓨터가 내용을 이해하고 정답을 뽑은 것은 아닙니다. 만일 그랬다면, '대한민국광고대상'이나 '한 포털사이트 광고'와 같이 이상한 정답을 보여 주었을 리 없으니까요. 컴퓨터는 미리 학습된 패턴(예를 들어, [모델]로 발탁된 [가수]와 같이)을 뉴스 등 문서에서 찾아 그 결과를 정답이라고 생각하고 보여 주는 것입니다. 그러다 보니, 패턴이 잘 구축된 경우 정답을 잘 찾기도 하고, 패턴이 없거나 부족한 경우 잘못 찾기도 합니다. 진정한 의미에서 시맨틱이라고 하기에는 아직 부족하지요.

그럼 시맨틱 웹은 또 무엇일까요? 시맨틱 검색과 같은 의미인지 다른 의미인지 혼돈스럽습니다. 시맨틱 웹 기술은 현재 인터넷에서 사용되고 있는 HTML(Hypertext Markup Language), XML(eXtensible Markup Language) 등 거의 모든 표준 기술들을 표준화하는 세계웹표준화기구(W3C: World Wide Web Consortium)에서 표준화를 했거나 하고 있는 기술들을 통칭하는 용어입니다. 우리가 세계웹표준화기구에서 무엇을 표준화하는지까지 관심을 가질 필요는 없겠죠. 표준화 얘기는 여기서 접고 한 가지 예로 설명하겠습니다.

<그림 6-19>를 보시면 이대호 선수가 홈런을 치고 씩씩하게 들어오고 있습니다. 등 번호 12번의 김주찬 선수도 보이는군요. 한국 사람이라면 이 그림을 보고 금방 상황을 이해할 수 있습니다. 그리고 롯데 자이언츠 팬들은 기쁜 나머지 다음과 같은 댓글들을 달겠죠.

〈그림 6-19〉 이대호 선수가 홈런 치고 들어오는 장면[2]

"이대호 홈런."

"이대호 대포 작렬."

"이대호 한 건 올리다."

"뚱땡이 나이스."

"아자! 뚱땡이 해내다."

….

여기서 이대호는 사람이며, 롯데 자이언츠 소속의 프로야구 선수라는 것을,
대포는 홈런과 같은 말이라는 것을, 뚱땡이는 영화 「해운대」에서 이대호 선수

2) http://nimg.nate.com/orgimg/wp/2010/09/29/1285740370_001.jpg

를 지칭했던 표현이라는 것을 대부분의 사람들은 쉽게 이해할 수 있습니다. 그림과 댓글을 같이 보면 확실히 이해가 되는 것이죠. 그럼 컴퓨터는 이 댓글들을 이해할 수 있을까요? 아무것도 모르는 어린아이에게 이 상황을 설명하는 것과 마찬가지로 너무나 힘이 듭니다.

먼저 이대호가 사람이며, 사람은 포유류의 일종으로 영장류이며, 동물의 하나라는 사실과 야구라는 운동 경기가 있는데, 야구는 구기 종목의 하나이며, 구기 종목은 공을 가지고 하는 운동인데, 한 팀의 9명이 수비와 공격을 번갈아 가며, 프로야구의 경우 9회까지 경기한다는 등, 설명할 게 너무나 많습니다. 어린아이는 아무것도 모르기 때문에 이런 식으로 설명하다 보면 이 한 문장을 설명하기 위해서 하루 종일 시간을 들여도 해결되지 않을 것 같습니다. 컴퓨터는 지능이 없기 때문에 더욱 어렵겠죠.

그럼 지금까지 아이에게 설명한 내용을 그림으로 한번 그려보겠습니다. <그림 6-20>과 같이 스포츠 종목인 야구와 이대호 선수, 야구 규칙 간에 계속 이어지는 모습을 가질 텐데, 이것을 시맨틱 웹에서는 온톨로지(Ontology)라는 모델이라고 부릅니다. 온톨로지는 컴퓨터를 이해시키고 가르치기 위한 하나의 수단이라고 보시면 됩니다. 어린아이라면 "그래서 그건 무슨 뜻인데?"라고 모르는 것을 계속 반문하며 물어 보겠지만, 컴퓨터는 반문조차 하지 않으므로 무엇을 알고 있고, 무엇을 모르는지 알 수가 없는 기계에 불과합니다. 그러니, 차근차근 하나씩 가르쳐 주기 위해 온톨로지와 같은 모델을 만들고 이를 통해 설명하려고 하는 것입니다.

온톨로지가 잘 만들어지면 컴퓨터가 새로운 사실을 이해하는 게 훨씬 쉬워집니다. 예를 들어, '사람은 직업을 가져야 한다.'는 사실을 컴퓨터에게 온톨로

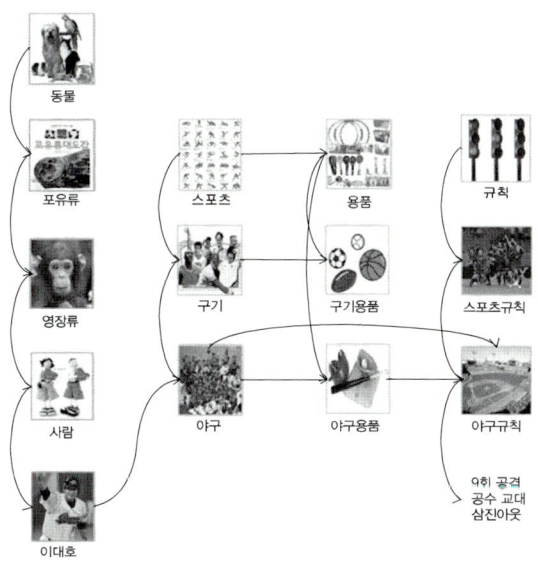

동물

포유류

영장류

사람

이대호

스포츠

구기

야구

용품

구기용품

야구용품

규칙

스포츠규칙

야구규칙

9회 공격
공수 교대
삼진아웃

〈그림 6-20〉 야구 온톨로지 예

지를 통해 가르쳐 주었다고 해보지요. 또한 '이몽룡'과 '성춘향'이 사람이라는 사실을 컴퓨터에게 이미 가르쳐 주고, 직업 중에 '암행어사'와 '비서'라는 게 있다고 가르쳐 주었다고 해보지요. 그럼 컴퓨터는 '이몽룡'의 직업이 '암행어사'이고, '성춘향'의 직업이 '비서'라는 사실을 훨씬 쉽게 배울 수 있습니다.

영화 「터미네이터」를 보면 T-100, T-800, T-1000, T-X 등 무시무시하면서도 상상 이상의 지능을 가진 로봇들이 등장합니다. 사람, 로봇과의 대화는 물론이고 생각도 할 수 있는 인간 수준 또는 그 이상의 능력을 갖추고 있죠. 컴퓨터가 온톨로지를 통해 새로운 사실들을 계속 학습해 나간다면 과연 인간처럼 생각하거나 상상할 수 있을까요? 저는 그렇게 보지는 않습니다. 지식은 많이 가지고 있을지 모르겠지만, 머리에 있는 지식을 통해 새로운 사실을 깨닫는 것은 전혀 별개의 일이기 때문입니다. 아! 다행이시라고요? 미래에 로봇에 의해 지배당할 일이 없어서… 불행히도 그렇지 않을 수도 있습니다.

시맨틱 웹 핵심 기술 중 하나가 추론(Resoning, Inference)입니다. 가장 간단한 추론 예로 삼단 논법이 있습니다. '소크라테스는 사람이다. 사람은 죽는다. 고로 소크라테스는 죽는다.' 앞의 두 사실을 통해 소크라테스가 죽는다는 것을 우리는 유추할 수 있습니다. 위 사실과 유추한 내용을 잠시 수식을 통해 보면 다음과 같겠죠.

$$A \rightarrow B, B \rightarrow C \Rightarrow A \rightarrow C$$

복잡해 보이지만, 아주 단순합니다. 이 외에도 다음과 같은 임의적인 추론도 가능합니다. '무얼까씨는 궁금해씨의 아버지이다. 무얼까씨의 형제는 뭘까요씨이다.'는 사실을 통해 우리는 '궁금해씨의 삼촌은 뭘까요씨이다.'는 새로운 사실을 유추할 수 있습니다. 아주 단순하고 쉬워 보이죠. 그렇지만 우리가 이런 능력을 갖기까지는 인고의 세월을 보내야만 했습니다. 너무 어릴 때 배워서 기억이 나지 않는 것일 뿐이죠. 추론이란 것은 이와 같이 기존 지식으로부터 새로운 지식을 계속 익혀 나갈 수 있는 기반 기술입니다. 시맨틱 웹에서는 이 기반 기술을 표준화하고 컴퓨터에 적용함으로써 컴퓨터가 새로운 사실을 빨리 습득하는 동시에 그 사실들에 숨겨져 있는 또 다른 사실들을 알아챌 수 있게 해줍니다. 사람이 100년 걸려 습득할 수 있는 지식을 컴퓨터는 하루면 할 수 있는 수준으로 발전하고 있고 거기에 추론이 더해지면 2025~2030년에는 사람과 대화하고 작업을 지능적으로 알아서 수행할 수 있는 로봇들이 등장할 것으로 예측됩니다.

KISTI가 최근 연구하고 있는 분야 중 하나는 온톨로지와 추론에 기반을 둔 의사 결정(Decision Making) 지원 시스템입니다. 요즘 정보량이 너무나 빨리 증가하다 보니 의사 결정을 위해 정보를 모두 살펴보는 것이 현실적으로 불가능해 졌습니다. 스마트폰 시장의 사례처럼 의사 결정 지연이 결국 기업에 치명타를 준 것처럼 올바른 의사 결정은 기업의 흥망성쇠를 좌우합니다. KISTI는 시

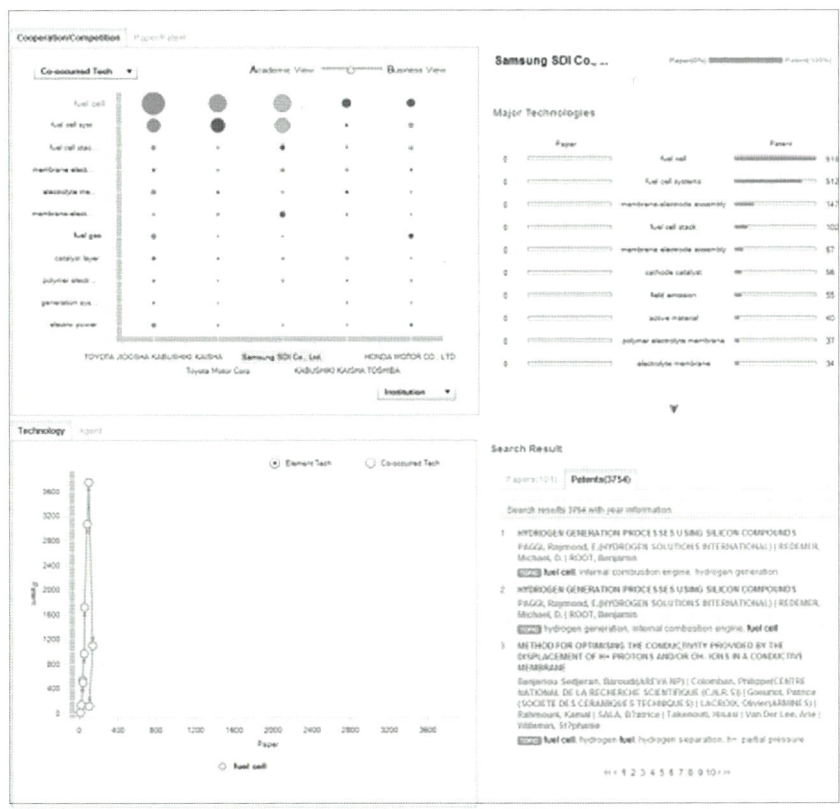

〈그림 6-21〉 KISTI의 의사 결정 지원 시스템 예(왼쪽 상단부터 시계 방향으로 기술별 주요 기업, 기업의 주요 연구 기술, 논문-특허 검색 결과, 논문-특허 기반 연구 트렌드)

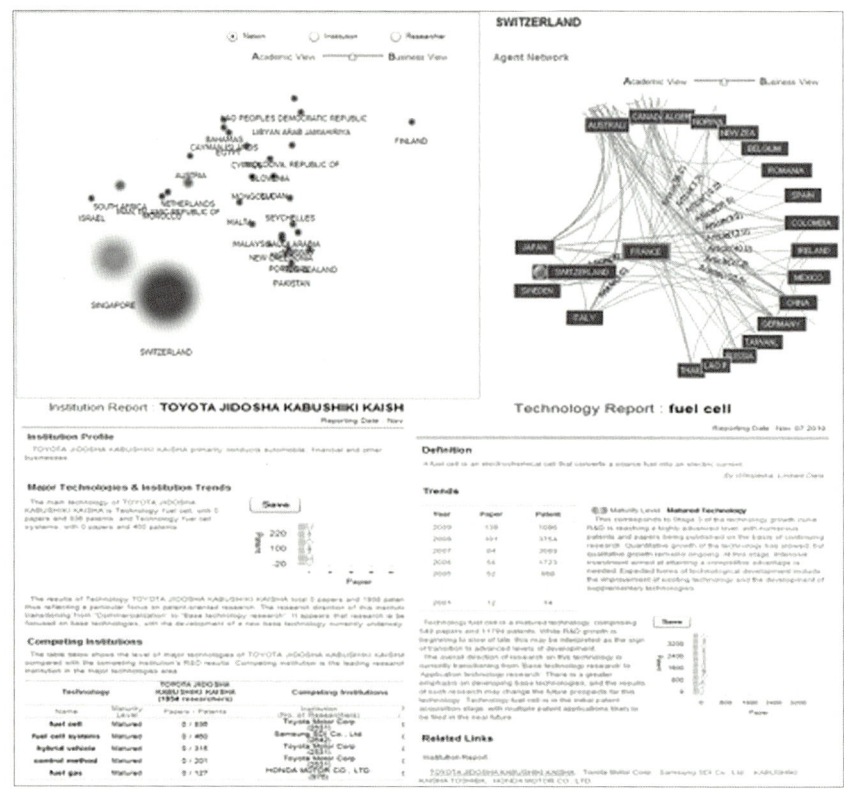

〈그림 6-22〉 KISTI의 의사 결정 지원 시스템 예 (왼쪽 상단부터 시계 방향으로 주요 연구 그룹,
연구 그룹의 소셜 네트워크, 기술 요약 보고서, 기업 요약 보고서)

맨틱 웹 기술의 킬러 애플리케이션 중 하나가 될 의사 결정 지원 시스템의 연구 개발을 미국, 영국, 캐나다 등 선진국보다 1년 이상 앞서 시작하였습니다. 논문과 특허들을 자동 분석하여 특정 기술에 대한 주요 연구자·기관·국가 들을 찾아내는 동시에 연구 트렌드를 분석하고 요약 보고서를 자동 생성하는 등 최고 책임자나 주요 임원들의 의사 결정을 지원할 수 있는 기능들을 개발하였습니다 (<그림 6-21, 6-22> 참조).

〈그림 6-23〉 사람과 기계가 공존하는 세계에 대한 상상

이 외에도 기업 내 시스템 통합(System Integration), 지식 관리 시스템 (KMS:Knowledge Management System), 콘텐츠 관리 시스템(Contents Management System), 기업 정보 포털(Enterprise Information Portal) 등 다양한 엔터프라이즈 영역들과 클라우드 컴퓨팅, 지능형 로봇 등 미래 인터넷 영역들에 광범위하게 적용될 것입니다.

사람과 기계가 공존하는 세상, 기계가 사람과 대화하고 작업을 수행하는 세상, 기계끼리 서로 도우며 협업하는 세상, 시맨틱 웹이 추구하는 세상인 것입니다.

◎ 온톨로지(Ontology)의 어원

온톨로지는 철학의 한 분과학문으로서 '존재론'으로 번역되며, 라틴어로는 'Ontoligia' 라고 하는데 이것은 그리스어의 'on (존재하는 것)'과 'logos (논)'로 이루어진 합성어로 데카르트파의 철학자 J. 클라우베르크(1622~1665)가 처음으로 사용했습니다. 여기에서 존재론이란, 실재에 대한 정확한 이해를 추구하는 연구를 말합니다. 즉, 이 세상을 규정하기 위해 이 세상에 존재하는 실체들에 대한 명확한 이해와 정의를 말합니다.

또한 존재론에 해당되는 그리스어는 없으나 '존재' 및 '존재하는 것'의 탐구는 이미 고대 그리스의 철학에서 시작되었습니다. 일례로, 고대 그리스의 아리스토텔레스의 제1철학, 즉 그의 형이상학이 그와 같은 연구를 하고 있으며 중세의 토마스 아퀴나스는 아리

스토텔레스의 형이상학 위에 기독교의 입장에서 존재론을 말한 대표자입니다.

이후, 온톨로지는 이러한 존재론의 기본 철학을 정보시스템에 적용하여 정보시스템의 대상이 되는 자원의 개념을 명확하게 정의하고 상세하게 기술하여, 기계가 보다 정확한 정보를 찾을 수 있도록 하는 기술들을 말하게 되었습니다.

CHAPTER

VII

기술의 발전

1. 기술 생명 주기

ㅡ 하이프 사이클(Hype Cycle)을 중심으로

며칠 전 기획 부서로 발령받은 도와줘씨는 회사로부터 중대한 임무를 하나 부여받았습니다. 회사의 미래 먹을거리로 어떤 유망 기술을 연구 개발해야 하는지 조사하라는 임무였는데요, 자기 먹을거리도 제대로 해결 못하고 있는 도와줘씨 입장에서는 참 난감한 주문이었습니다. 인터넷을 돌아다니면 이곳저곳 정보를 찾아보았지만 막막하기만 하던 차에 지나가던 궁금해씨를 보았네요. 궁금해씨가 혹시 무슨 정보를 줄 수 있지 않을까 하고 도와줘씨는 이번에도 역시 '도와줘!'라고 외쳤습니다. 궁금해씨도 아는 건 별로 없지만 얼마 전 유망 기술 세미나에 참석했다 귀동냥으로 들은 하이프 사이클이란 것이 있다고 하니 한번 찾아보라고 알려 주었습니다. 도와줘씨는 그날 밤을 새며 열심히 찾아보았고 마침내 회사와 관련된 유망 기술 2~3가지를 찾아 근거 자료를 만들어 부장님께 보고할 수 있게 되었습니다. 도대체 하이프 사이클이 무엇이기에 도와줘씨를 정말 도와줬을까요? 한번 살펴보겠습니다.

세계적인 정보 기술 연구 및 자문 기업인 가트너(Gartner)[1]는 매년 하이프 사이클(Hype Cycle)[2]을 제공하고 있습니다. 하이프 사이클이란 용어가 생소하신 분들이 많을 텐데요, 간단히 설명하자면 기술의 생명 주기(Life Cycle)를 기술에

---

1) http://www.gartner.com/technology/home.jsp
2) http://www.gartner.com/technology/research/methodologies/hype-cycle.jsp

대한 과대광고(Hype) 측면에서 보여 주는 그래프입니다. 새롭게 탄생한 기술은 주목을 받기 위해 과대 포장하여 소개되는 경우가 많습니다. 세상을 획기적으로 바꿀 수 있는 기술인 것처럼 말이죠. 특히, 1999~2001년 사이의 닷컴 버블과 붕괴 시에 이런 현상이 많이 나타났습니다. 인터넷을 잘 모르는 일반인들은 새로울 것 없는 기술임에도 잘 포장만 되면 너도나도 달려들어 일확천금을 꿈꾼 적이 많았었죠. 어느 기술이나 투자도 받아야 하고 연구 개발도 여러 해 해야 하기 때문에 대중의 관심을 지속적으로, 그리고 획기적으로 끌 수 있도록 적당히 또는 심하게 포장되곤 합니다.

가트너는 이러한 과대 포장과 기술 성숙이 어떤 연관성을 가지는지를 하이프 사이클을 통해 설명하고자 하였습니다. 하이프 사이클이 다루는 분야는 아래와 같이 굉장히 많습니다.

- 분석 애플리케이션(Analytic Applications)
- 애플리케이션 구조(Application Architecture)
- 애플리케이션 개발(Application Development)
- 애플리케이션 기반 구조(Application Infrastructure)
- 자동 전자(Auto Electronics)
- 자동차 요구와 공급 사슬 기술
  (Automotive Demand & Supply Chain Technologies)
- 자동차 정보 통신 기술
  (Automotive Information and Communication Technologies)
- 자동차 공급 사슬 기술(Automotive Supply Chain Technologies)

- 기업 대 기업 고객관계관리 기술(B2B CRM Technologies)

- 기업 대 고객 고객관계관리 기술(B2C CRM Technologies)

- 후선 지원 기술[Back-Office Technologies(Banking and Investment Services)]

- 은행 및 투자 서비스 위험 관리

  (Banking and Investment Services Risk & Compliance)

- 은행 지급(Banking Payments)

- 생물 측정 기술(Biometric Technologies)

- 업무 지속성 관리(Business Continuity Management)

- 업무 지능화 및 성과 관리

  (Business Intelligence and Performance Management)

- 업무 프로세스[Business Processes(Banking)]

- 업무 프로세스 투자 서비스(Business Process Investment Services)

- 업무 프로세스 관리(Business Process Management)

- 업무 프로세스 아웃소싱(Business Process Outsourcing)

- 공급 사슬에서 업무 프로세스 관리

  (Business Processes in Supply Chain Management)

- 캐리어 운영(Carrier Operations)

- 중국 신생 기술(China, Emerging Technologies)

- 협업과 통신(Collaboration and Communication)

- 컴플라이언스 기술(Compliance Technologies)

- 컨설팅 및 시스템 통합(Consulting and System Integration)

- 소비자 상품(Consumer Goods)

- 소비자 모바일 애플리케이션(Consumer Mobile Applications)

- 소비자 기술(Consumer Technologies)

- 콘텐츠 관리(Content Management)

- 상황 인지 컴퓨팅(Context-Aware Computing)

- 고객관계관리 소비자 서비스 및 필드 서비스

  (CRM Customer Service and Field Service)

- 고객관계관리 마케팅 애플리케이션(CRM Marketing Applications)

- 고객관계관리 판매(RM Sales)

- 사이버 위험(Cyberthreats)

- 데이터 및 애플리케이션 보안(Data and Application Security)

- 데이터 관리(Data Management)

- 분리 제조(Discrete Manufacturing)

- 전자상거래(e-Commerce)

- 온라인 학습(e-Learning)

- 유망 기술(Emerging Technologies)

- 전사적 통신 애플리케이션(Enterprise Communications Applications)

- 전사적 자원 계획(Enterprise Resource Planning)

- 전사적 음성 기술(Enterprise Speech Technologies)

- 회계 서비스 지불 시스템(Financial Services Payments Systems)

- 프런트 서비스 기술

  [Front-Office Technologies(Banking and Investment Services)]

- 글로벌 소비자 통신 서비스(Global Consumer Communications Services)

- 통제, 위험 및 컴플라이언스 기술

  (Governance, Risk and Compliance Technologies)

- 정부 변환(Government Transformation)

- 건강 관리 납부자(Healthcare Payers)

- 건강 관리 제공자 애플리케이션 및 시스템

  (Healthcare Provider Applications and Systems)

- 건강 관리 제공자 기술 및 표준

  (Healthcare Provider Technologies and Standards)

- 고성능 직업장(High-Performance Workplace)

- 고등 교육(Higher Education)

- 인적 자본 관리 소프트웨어(Human Capital Management Software)

- 사람-컴퓨터 상호작용(Human-Computer Interaction)

- 중국의 정보통신기술(ICT in China)

- 인도의 정보통신기술(ICT in India)

- 인식 및 접근 관리 기술(Identity and Access Management Technologies)

- 정보 보안(Information Security)

- 기반 구조 보호(Infrastructure Protection)

- 지능형 그리드 기술(Intelligent Grid Technologies)

- 투자 서비스(Investment Services)

- IT 동작 관리(IT Operations Management)

- IT 아웃소싱(IT Outsourcing)

- 법률 및 규제 정보 거버넌스(Legal and Regulatory Information Governance)

- 생명 보험(Life Insurance)

- 생명 과학(Life Sciences)

- 리눅스(Linux)

- 제조 프로세스 및 시스템(Manufacturing Processes and Systems)

- 마스터 데이터 관리(Master Data Management)

- 미디어 산업(Media Industry)

- 미디어 산업 홍보(Media Industry Advertising)

- 미디어 산업 엔터테인먼트(Media Industry Entertainment)

- 미디어 산업 출판(Media Industry Publishing)

- 천연 자원 및 프로세스 제조(Natural Resources and Process Manufacturing)

- 천연 자원 산업(Natural Resources Industries)

- 네트워크 서비스 제공자 기반 구조(Network Service Provider Infrastructure)

- 개방형 자원 소프트웨어(Open-Source Software)

- 아시아/태평양 아웃소싱(Outsourcing in Asia/Pacific)

- P&C 보험(P&C Insurance)

- PC 기술(PC Technologies)

- 포털 생태계(Portal Ecosystem)

- 인쇄 시장과 관리(Printing Markets and Management)

- 제품 생명 주기 관리(Product Life Cycle Management)

- 실시간 기반 구조(Real-Time Infrastructure)

- 규제 및 관련 표준(Regulations and Related Standards)

- 소매 기술(Retail Technologies)

- 반도체(Semiconductors)

- 소셜 소프트웨어(Social Software)

- 소프트웨어 기반 서비스(Software as a Service)

- 저장 하드웨어 기술(Storage Hardware Technologies)

- 저장 소프트웨어 기술(Storage Software Technologies)

- 천연 자원 사업 기술(Technology in the Natural Resource Industries)

- 원거리 통신(Telecommunications Industry)

- 원격 진료(Telemedicine)

- 수송(Transportation)

- 유틸리티 산업의 IT 및 비즈니스 프로세스

  (Utility Industry IT and Business Processes)

- 유틸리티 산업의 운영 및 에너지 기술

  (Utility Industry Operational & Energy Technologies)

- 자동차 중심의 정보통신기술

  [Vehicle-Centric Information and Communication Technologies (Vehicle ICT)]

- 취약점 관리(Vulnerability Management)

- 웹 서비스와 관련 표준 및 스펙

  (Web Services and Related Standards and Specifications)

- 웹 기술(Web Technologies - Software and Services)

- 웹과 사용자 상호작용 기술(Web and User Interaction Technologies)

- 무선 장치, 소프트웨어 및 서비스(Wireless Devices, Software and Services)

- 무선 하드웨어(Wireless Hardware)

－무선 네트워크 기반 구조(Wireless Networking Infrastructure)

－XML 기술(XML Technologies)

<그림 7-1>은 하이프 사이클의 기술이 가지는 다섯 가지의 생명 주기 단계를 보여 줍니다. 기술이 이 단계들을 지나 완성(또는 성숙)되고 상품화가 되어 대중에게 널리 보급됩니다. 더 나아가 또 다른 새로운 기술로서 다시 태동하는 새 삶을 살기도 합니다. 불교에서 얘기하는 윤회(輪回)와 같이 말이죠. 그럼 각 단계를 하나씩 살펴보겠습니다.

① 기술의 촉발(Technology Trigger): 잠재 기술이 깨어나는 시기이며, 이론에 대한 검증과 미디어의 관심이 촉발되기 시작합니다. 그렇지만 대부분 상용 제품은 존재하지 않으며, 상업적 생존 가능성도 불투명합니다.

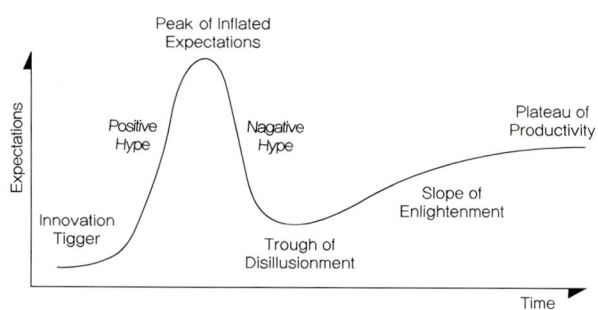

〈그림 7-1〉 하이프 사이클이 보여 주는 기술 생명 주기 단계[3]

---

3) http://www.gartner.com/it/content/1209700/1209713/dec2_hype_cycle_jfenn.pdf

② 부풀어 오른 기대의 정점(Peak of Inflated Expectations): 초기 홍보가 수많은 성공 사례들을 소개하며, 일부 기업들이 본격적인 연구 개발에 뛰어드는 시기입니다.

③ 환멸의 터널(Trough of Disillusionment): 실험과 개발이 실패를 거듭하며, 기술 개발자들이 포기하기 시작합니다. 투자자들도 살아남은 기업들이 얼리어답터의 만족을 향상시킬 수 있을 때만 투자를 지속하는 시기입니다.

④ 계발의 경사(Slope of Enlightenment): 보다 많은 사례들을 통해 해당 기술이 주는 혜택들이 구체화되고 대중들의 이해가 넓어지는 시기입니다. 2세대, 3세대 제품들이 공급되기 시작하고, 보다 많은 투자가 일어나지만, 일부 보수적인 기업들은 아직도 기술 개발과 투자를 망설이며 예의 주시합니다.

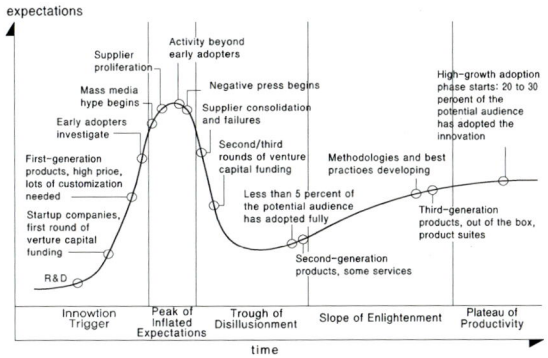

〈그림 7-2〉 하이프 사이클상에서의 기술 개발자, 투자자, 제품 생산 움직임[4]

---

4) http://blogs.reuters.com/commentaries/files/2009/08/hype_cycle_2009_indicators.jpg

⑤ 생산성의 안정화(Plateau of Productivity): 얼리어답터를 벗어나 대다수에게 공급되기 시작하며, 제품 공급자의 생존 능력을 확실하게 평가할 수 있게 되는 시기입니다. 해당 기술의 시장 적용 능력이 확실히 보입니다.

기술 개발자, 투자자, 제품 생산이 하이프 사이클상에서 어떻게 움직이는지 간단히 살펴보겠습니다. '기술의 촉발' 단계에서는 프로토타입 또는 시제품이라고 일컫는 1세대 제품이 나옵니다만, 너무 비싼 가격과 상용화를 위한 많은 걸림돌로 인해 얼리어답터조차 관심은 가지지만 구매는 꺼립니다. 또한 발 빠른 투자자들은 위험을 감수하고 지분 확보를 시작합니다. '부풀어 오른 기대의 정점' 단계에서는 미디어들이 기술을 과대 포장하기 시작하며, 많은 기업들이 제품 개발과 생산에 뛰어듭니다. '환멸의 터널' 단계에서는 극복해야 할 난제들로 인해 개발자들이 합종연횡하거나 도산하기 시작합니다. 살아남은 기업들은 두 번째 투자를 받아 2세대 제품을 생산하기 시작하며, 얼리어답터들도 구매를 시작합니다. '계발의 경사' 단계에서는 성공 사례들이 자주 나타나기 시작하며, 잘 패키징된 3세대 제품들이 출시되기 시작합니다. 마지막 '생산성의 안정화' 단계에서는 2010년의 스마트폰처럼 대중에게 널리 공급되기 시작하며, 안정적인 생산과 수익을 확보하기 시작합니다.

아직까지 피부에 잘 와 닿지 않으신가요? 우리나라가 세계적으로 강자 대열에 있는 휴대전화를 중심으로 사례를 들어 보겠습니다. 불과 1년 만에 세계 5대 휴대전화 업체 중 두 곳이 애플과 R.I.M.에 의해 도태되었을 정도로 치열한 시장입니다. 모토로라의 경우에도 2000년 초에는 세계 시장의 80%까지도 장악한 적이 있었지만, 지금은 1% 내외에 불과한 점유율로 점점 경쟁력을 잃고 있습니다.

노키아 역시 2000년대 후반의 기세가 2010년에 들어와서 더욱 가파르게 꺾기고 있죠. 2011년에 누가 강자로 부상할지 도저히 예측되지 않는 무서운 속도로 변화가 심한 시장입니다.

자리에 앉아서 전화를 하지 않고도 들고 다니면서 전화할

〈그림 7-3〉 연구 개발 단계에서의 휴대전화 시작품 예[5]

수 있다면 얼마나 멋있는 일일까요? 불과 20년 전만 하더라도 이런 일이 현실이 될 것이라고 믿은 사람들은 공상과학자나 영화제작자 정도였을 것 같습니다. <그림 7-3>과 같이 비록 연구 개발 단계에서 만들어진 시작품이지만 이를 보고 미래의 가능성을 믿고 투자를 시작한 사람들이 나타나기 시작합니다. 기억을 더듬어 보면 삐삐라고 불리는 무선호출기, 1998년부터 서비스를 시작했다 1999년 파산한 인공위성 통신 시스템 이리듐(Iridium), 휴대용 공중전화로 잠시 사랑받았던 시티폰 등은 기술 생명 주기를 제대로 거치지 못했거나 또는 아주 빠른 속도로 지나치며 소멸된 관련 기술과 제품들도 있었습니다.

<그림 7-4>와 같은 1세대 휴대전화, 사실 휴대전화이라고 하기에는 너무 버거워 보이지만, 이러한 제품이 등장하면 얼리어답터들의 관심이 급증합니다. 사진 속 할아버지도 굉장히 만족스러운 모습을 보이고 있지만, 다른 사람들과 차별화된 모습으로 트렌드를 선도해 갈 수 있다는 사실만으로도 만족을 느끼는 부류

---

5) http://www.nemopan.com/photo_digital/2604892/page/files/attach/images/2631/892/604/002/4b3270c757 245.jpg

의 사람들이 구입하기 시작합니다. 미디어에서도 해당 기술과 제품에 과대포장을 하기 시작하는 시기입니다. 마치 세상이 다 바뀔 수 있는 것처럼 말입니다. 물론 휴대전화는 성공적으로 우리의 삶을 완전히 바꾸었죠.

〈그림 7-4〉 1세대 휴대전화 예[6]

미디어에서는 아직 연구 개발 중인 관련 기술까지도 이미 성공적으로 개발 완료한 것처럼 소개하기도 하고, 이제 겨우 시제품이 나왔을 뿐인데 곧 모든 대중들이 살 것처럼 떠들기도 합니다. 최근의 와이브로(WiBro: Wireless Broadband) 기술도 얼마 전까지 이런 단계를 거쳤습니다. 지금은 '환멸의 터널' 단계를 지나고 있다는 생각이 드는데 달콤한 성공의 열매를 딸 수 있을지는 좀 더 지켜봐야 할 것 같습니다.

〈그림 7-5〉 미디어의 뜨거운 관심을 받고 있는 휴대전화 기술 예[7]

---

6) http://www.theage.com.au/ffximage/2008/03/28/martincooper1_wideweb__470x362,0.jpg
7) 네이버 디지털 뉴스 아카이브 1995년 6월 9일 매일경제신문
http://dna.naver.com/viewer/index.nhn?articleId=1995060900099116001&editNo=15&printCount=1&publishDate=1995-06-09&officeId=00009&pageNo=16&printNo=9121&publishType=00010

〈그림 7-6〉 2세대 휴대전화 예[8]

1990년대 후반 '한국 지형에 강하다'는 모토로 대대적인 마케팅을 전개하여 성공한 삼성 애니콜(Anycall) 신화 바로 전에 <그림 7-6>과 같이 모토로라 휴대전화가 우리나라를 포함해 전 세계 시장을 휩쓸었습니다. 애니콜의 등장과 함께 이제 제대로 경쟁할 수 있는 휴대전화들이 하나 둘씩 출시되기 시작하면서 성공 사례들이 쏟아져 나오기 시작합니다. 그렇지만 아직까지는 대중에게 널리 보급되기에는 통화 품질, 무게 등 기술적 이슈와 가격이 걸림돌로 작용하고 있습니다.

이후 3세대 휴대전화들이 출시되면서 본격적으로 시장을 넓혀가기 시작합니다(<그림 7-7> 참조). 지금 30대 이후 세대는 누구나 한 번쯤은 구입해 보았을 휴대전화들입니다. 바 타입, 폴더 타입, 슬라이드 타입 등 다양한 시도가 이어졌으

8) http://www.flickr.com/photos/88381279@N00/472115101/

<그림 7-7> 3세대 휴대전화 예[9]

며, 얼리어답터뿐만 아니라 대다수가 관심을 가지고 구입하기 시작합니다. 이후 현재에 이르면서 <그림 7-8>과 같이 성숙 단계의 휴대전화들이 쏟아져 나옵니다. 모양이나 크기에 있어 더 이상 발전할 수 없을 정도로 진화해 있으며, 선도 기업들의 시장 선점을 뚫기 어렵기 때문에 후발 기업들은 틈새시장 공략에 집중합니다. 한마디로 레드 오션(Red Ocean) 시장이 되어버린 셈입니다. 선도 기업들은 스마트폰이라는 새로운 기술과 제품을 앞세워 다시 '기술 촉발'과 '부풀어 오른 기대의 정점' 단계를 선도해 나가기 시작합니다. 현재 전 세계적으로 휴대전화는 이미 60% 후반의 보급률을 보이고 있는 반면에, 스마트폰은 15~20% 정도의 보급률을 보이고 있습니다. 선도 기업들은 발 빠른 연구 개발과 제품 출시를 통해 새

---

9) http://www.w-cellphones.com/wp-content/uploads/2010/04/timeline-of-cell-phones.gif

로운 스마트폰 시장을 선점하고 있으며, 후발 기업들은 아직 남아 있는 휴대전화 시장을 공략하면서, 스마트폰 기술이 보편화되기를 기다리고 있습니다. 선도 기업들이 스마트폰을 충분히 시장에 공급한 이후에는 또 다른 신기술을 들고 나와 시장을 개척할 것입니다. 이렇듯이 기술은 끊임없이 발전하는 동시에 진화하고 새로 태어납니다. 현재 유망 기술을 배우는 것도 중요하지만, 앞으로 유망 기술이 어떤 모습으로 환생할지 예측해 보는 것도 필요합니다.

〈그림 7-8〉 성숙 단계의 휴대전화 예[10]

◎ 와이브로(WiBro: Wireless Broadband)와 LTE(Long Term Evolution)

와이브로(WiBro)는 대한민국 삼성전자와 한국전자통신연구원이 개발한 무선 광대역 인터넷 기술로 해외에선 모바일 와이맥스(Mobile WiMAX)로 알려져 있습니다. 와이브로의 가장 큰 기술적 특징은 무선 인터넷 접속에 이동성을 더하였다는 것입니다. KT의 네스팟과 같은 기존의 Wi-Fi 기반의 무선 랜 인터넷 접속은 AP 장치를 중심으로 일정한 반경 안에서만 인터넷을 접속할 수 있게 하였습니다. 그래서 와이브로는 이동통신의 직교 주파수 분할 다중접속(OFDMA) 기술 및 셀룰러(Cellular) 기술을 응용하여 이동하면서도 인터넷에 접속할 수 있게 하였습니다.

LTE는 롱텀에볼루션(Long Term Evolution)의 머리글자를 딴 것으로, 3세대 이동통신(3G)을 '장기적으로 진화'시킨 기술이라는 뜻에서 붙여진 명칭입니다. WCDMA(광대역 부호분할다중접속)와 CDMA(코드분할다중접속) 2000으로 대별되는 3세대 이동통신과 4세대 이동통신(4G)의 중간에 해당하는 기술이라 하여 3.9세대 이동통신(3.9G)이라고도 하며, 와이브로 에볼루션과 더불어 4세대 이동통신 기술의 유력한 후보 가운데 하나로 꼽히고 있습니다.

LTE는 무선 다중접속 및 다중화 방식은 OFDM(직교주파수분할), 고속 패킷데이터 전송 방식은 MIMO(다중 입출력)에 기반을 둡니다. 그래서 3세대 이동통신의 HSDPA보다 12배 이상 빠른 속도로 통신할 수 있고, 다운로드 속도도 최대 173Mbps에 이르러 700MB 용량의 영화 1편을 1분 안에 내려받을 수 있으며, 고화질 영상과 네트워크 게임 등 온라인 환경에서 즐길 수 있는 모든 서비스를 이동 중에도 편리하게 이용할 수 있습니다.

LTE는 3세대 이동통신인 WCDMA에서 진화한 것이기 때문에 기존의 네트워크망과 연동할 수 있어 기지국 설치 등의 투자비와 운용비를 크게 줄일 수 있는 장점이 있습니다. 그래서 LTE는 와이브로보다 출발이 2~3년 늦었지만, 버라이즌(미국), 보다폰(영국), NTT도코모(일본) 같은 기존 통신 사업자들이 LTE를 밀고 있습니다. 영국에 본부를 둔 시장조사 업체 어널리스스메이슨은 LET가 2015년까지 전 세계에서 4억 4000만 명의 가입자를 확보해 4G를 주도할 것으로 내다보고 있습니다.

〈그림 1〉 WiBro

〈그림 2〉 LTE

[내용 출처] http://ko.wikipedia.org/wiki/%EC%99%80%EC%9D%B4%EB%B8%8C%EB%A1%9C
[내용 출처] http://100.naver.com/100.nhn?docid=922231
[그림 출처] http://rudol.net/article.asp?article=8814
[그림 출처] http://www.techdigest.tv/2010/02/mwc_2010_samsun.html

2. 유망 기술 트렌드(2006~2007)
ㅡ 하이프 사이클(Hype Cycle)을 중심으로

　유망 기술이란 무엇일까요? 많은 기관들에서 유망 기술이란 명칭으로 신기술들과 관심이 집중되고 있는 기술들을 소개하고 있습니다. 후보 기술들을 나열해 놓고 주로 전문가들에 의한 델파이 기법(Delphi Technique)이나 다수의 관련자들을 대상으로 한 설문 조사를 통해 유망 기술들을 선정합니다. 사실 과거 10년의 급격한 변화에서 예측할 수 있듯이 앞으로의 10년을 예측하는 것은 우리 인간 영역 밖일지도 모른다는 생각이 듭니다. 휴대전화 시장만 놓고 보더라도 1년 전에 비해 상위 5위권 업체 중 두 곳이 교체되었고, 스마트폰과 증강현실 기술이 급부상하는 등 이 짧은 기간에 일어나리라고 상상도 못했던 수준의 변화를 겪었습니다.

　그렇지만 꿈을 먹고 산다는 말이 있듯이 유망 기술을 조망해 보려는 시도는 지금도 끊임없이 되풀이되고 있습니다. 비록 맞든 틀리든 간에 말이죠. 유망 기술에 대한 정의와 전제 조건을 명시하기는 쉽지 않지만, 최소한 시장에서 관심을 받고 성장할 수 있어야 하거나, 현재 살고 있는 사회의 통념상 허용되기에 너무 부담이 있는 기술은 아니어야 한다고 봅니다. 또한 일정한 시간이 흐른 후 가까운 미래에 성숙 단계에 진입할 수 있는 속도로 발전할 수 있는 기술이면 바람직하겠죠.

여기서는 가트너에서 2006년부터 제시하고 있는 유망 기술에 대한 하이프 사이클을 통해 유망 기술의 변천사를 살펴보려고 합니다. 가트너의 유망 기술 하이프 사이클을 참고하여 설명드리는 이유는 이 하이프 사이클에 소개되는 20~30개 기술들은 12,000~13,000개 이상의 유망 기술 후보들 중에서 세심하게 선정한 기술들이기 때문입니다. 하이프 사이클에 대해서는 <기술생명주기>에서 설명드린 바 있습니다. 자, 그럼 2006년부터 하나씩 살펴보겠습니다(<그림 7-9> 참조).

2006년 '부풀어 오른 기대의 정점' 단계에 있는 기술은 웹 2.0, 매시업(Mashup), 폭소노미(Floksonomies)입니다. 세 가지 모두 웹 2.0과 밀접한 관련이 있습니다. 매시업은 웹 2.0 시대를 맞아 확산되기 시작한 오픈 API[1]들을 조합하여 새로운 가치를 만드는 방식을 의미하며, 폭소노미[2]는 일반적으로 전문가들이 구축하는 분류 체계(Taxonomy)의 한계를 극복하고 웹에서 무수히 쏟아지는 콘텐츠를 효율적으로 분류하고자 제시된 체계입니다. 제 기억에도 2006~2007년 우리나라에서 개최된 공개 세미나나 콘퍼런스에서 웹 2.0이 크게 화두가 되었습니다. 비록 지금은 다소 주춤한 편이지만, 그 당시만 하더라도 아마존, 구글 등의 성공한 비즈니스 모델을 배우기 위해 웹 2.0이라는 간판만 내걸면 많은 사람들이 모여들었습니다. 이 외에도 관심을 가질 만한 기술들을 소개하겠습니다.

그리드 컴퓨팅(Grid Computing)에서 그리드는 격자라는 의미이며, 많은 컴퓨

---

1) 누구나 사용할 수 있도록 공개된 API로 구글맵, 야후지도, 네이버맵 등의 대표적인 지도 서비스와 검색, 백과사전 등이 있다. 다양한 오픈 API들을 연동하여 새로운 서비스를 제작할 수 있음. http://dev.naver.com/openapi/, http://kr.open.gugi.yahoo.com/, http://code.google.com/intl/ko/, http://dna.daum.net/apis 등 다양한 포털에서 openAPI를 제공함.

2) folk+order+nomous의 합성어로 '사람들에 의한 분류법'이란 뜻으로 사용자가 부여한 키워드(태그)에 의해 구분하는 새로운 분류체계. 자유롭게 선택된 키워드를 이용하여 이루어지는 협업적 분류로서, 사진 공유 사이트인 플리커(flickr), 소셜 북마크인 딜리셔스(delicious) 등에서 많이 이용되는 분류법임.
http://terms.naver.com/item.nhn?dirld=113&docld=18656
http://ko.wikipedia.org/wiki/%ED%8F%AC%ED%81%AC%EC%86%8C%EB%85%B8%EB%AF%B8

터 자원들을 연결하여 거대한 컴퓨팅 파워를 이끌어 내기 위한 방식입니다. 그리드 컴퓨팅은 대용량 데이터에 대한 연산을 작은 소규모 연산들로 나누어 작은 여러 대의 컴퓨터들로 분산시켜 수행한다는 점에서 클러스터 컴퓨팅(Cluster Computing)의 확장된 개념으로 볼 수 있습니다. 쉽게 말해서 수많은 컴퓨터를 하나로 묶어 같은 작업을 공동으로 수행하게 하는 것으로 분산된 컴퓨터 자원을 광통신 등 초고속 네트워크로 연결한 뒤 CPU에 유휴자원이 발생할 경우 이를 한데 모아 특정 작업에 집중시켜 작업 속도를 무한정 향상시킬 수 있는 것입니다. 재미있는 프로젝트 중 하나가 미항공우주국(NASA: National Aeronautics

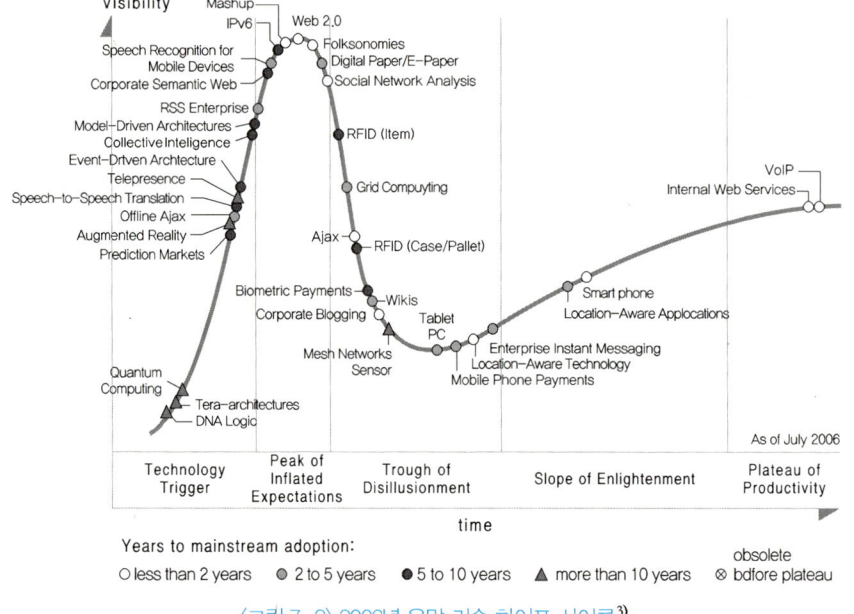

〈그림 7-9〉 2006년 유망 기술 하이프 사이클[3]

3) http://timothychen.info/wp-content/uploads/2008/10/3-hype-cycle-2006.png

and Space Administration)의 SETI(Search for Extra-Terrestrial Intelligence)입니다. 외계의 지적 생명체를 찾기 위한 프로젝트인데 외계 행성들로부터 오는 전자기파를 전파망원경으로 받고 분석해서 외계 생명체를 찾는 것을 목적으로 하고 있습니다(<그림 7-10> 참조). 미국 정부의 지원이 중단되고 나서 자발적으로 참여한 개인 컴퓨터들을 대상으로 그리드 컴퓨팅 기술을 이용하여 전자기파 분석 업무를 나누어 처리하고 있습니다. SETI 프로젝트는 몇 단계의 과정을 거쳐 이루어집니다. 먼저 프로젝트의 수행을 위한 정보는 푸에르토리코에 위치한 지름 305m의 세계 최대의 단일 전파망원경인 아레시보 천문대의 수신기에서 수집됩니다. 이렇게 수집된 데이터는 용량이 매우 크기 때문에 **분산 컴퓨팅** 기술을 이용하여 처리하는데, 캘리포니아 대학교 버클리에서 데이터를 일정 단위로 작게 나누어 전 세계의 BOINC(Berkeley Open Infrastructure for Network Computing) 소프트웨어를 설치한 개인용 컴퓨터로 분산되어 보내집니다. 개인용 컴퓨터에서는 데이터의 분석이 이루어지며, 분석된 결과는 다시 캘리포니아 대학교 버클리로 보내져서 전체적인 분석이 이루어집니다. 인터넷에 연결된 개인용 컴퓨터가 있다면 누구나 무료 소프트웨어를 다운로드받아 실행시킴으로써 SETI@home 프로젝트에 참여할 수 있습니다. 이 프로그램은 사용자 개

〈그림 7-10〉 아레시보 전파 망원경
(Arecibo Space Telescope)[4]

---

4) http://astroprofspage.com/wp-content/uploads/2007/07/0ao002.jpg

인용 컴퓨터의 CPU, 디스크 공간, 네트워크 대역폭의 일부를 사용하여 작업을 수행하며, 일반적으로 사용자가 다른 작업을 하지 않을 때 화면보호기의 형태로 작동합니다.[5] '백지장도 맞들면 낫다'라는 속담에 들어맞는 사례라고 할 수 있습니다.

스마트폰(Smart Phone)은 '계발의 경사' 단계를 지나고 있습니다. 주류(Mainstream)로 자리 잡기까지는 2년 이내의 시간이 걸릴 것으로 예측하고 있습니다만, 2010~2011년이 주류로 자리 잡는 시기로 보이기 때문에 예측에 비해 다소 느리게 움직인 감은 있습니다. '계발의 경사' 단계에서는 3세대 제품들이 공급되기 시작하고 많은 투자들이 일어나지만, 보수적인 기업들은 본격적인 투자를 망설이는 시기입니다. 삼성이나 LG 모두 그 당시 보수적인 기업들로 분류될 정도로 전통 휴대전화(Feature Phone) 시장에 안주하고 있어 2009~2010년 중반까지 크게 흔들렸지만, 다행히도 삼성은 전사적 노력을 통해 이를 극복하고 제 위치를 찾고 있습니다.

<그림 7–11>을 보시면, 좌측 하단에 자이로스코프, 디지털 나침반, 압력 센서, 가속 센서 등 많은 센서들이 장착되어 있습니다. 요즘 뜨고 있는 스마트폰을 이용한 증강 현실 응용 프로그램을 비롯하여 다양한 스마트 응용 프로그램, 일명 앱(App)들이 탄생할 수 있는 기술적 배경이 되는 것들입니다(<그림 7–12> 참조). 앞으로

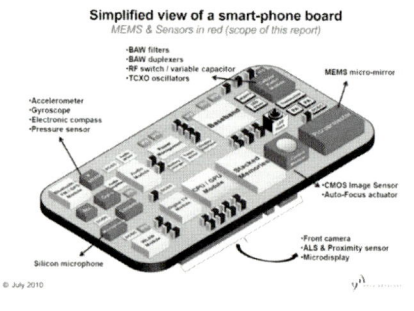

〈그림 7–11〉 스마트폰 내부 구성도 예[6]

---

5) http://ko.wikipedia.org/wiki/SETI@home
6) http://www.prlog.org/10792126–mems–sensors–for–smartphones–report.jpg

<그림 7-12> 디지털 나침반과 증강 현실 응용 프로그램 예[7]

RFID(Radio Frequency IDentification) 등 상황을 인지하는 데 도움을 주는 센서들이 추가되고 사용자 인터페이스 기술이 더 발전한다면, 정말 스마트한 스마트폰이 될 것이라는 기대가 생깁니다.

'환멸의 터널'을 지나고 있는 Ajax(Asynchronous JavaScript and XML) 기술도 관심의 대상입니다. Ajax는 특별한 플러그인의 도움 없이 브라우저에 독립적이면서도 고도의 사용자의 인터랙션을 지원하는 데스크톱과 같은 웹 애플리케이션을 제공함으로써 웹 개발에 있어 획기적인 기술로 각광받기 시작했습니다. Ajax는 SOAP(Simple Object Access Protocol)[8] 및 XML 같은 통신 기술을 사용하여 비동기 요청/응답을 서버와 주고받으며, Java-script, DOM(Document Object Model), HTML 및 CSS(Cascading Style Sheet) 같은 프레젠테이션 기술을 사용하여 응답을 처리하는 기술입니다. 즉, '서버로의 비동기 통신 기술'과 '동적클라이언트 스크립팅 기법'을 하나로 묶은 것이 Ajax라는 것이며, 서버로

---

7) http://gearcrave.frsucrave.netdna-cdn.com/wp-content/uploads/2009/02/compass.jpg
　http://siddey.files.wordpress.com/2009/05/wikitude-500x396-real.jpg
8) HTTP, HTTPS, SMTP 등을 사용하여 XML기반의 메시지를 컴퓨터 네트워크상에서 교환하는 형태의 프로토콜. SOAP는 웹서비스(Web Service)에서 기본적인 메시지를 전달하는 기반이 됨(http://ko.wikipedia.org/wiki/SOAP).

의 비 동기 통신은 예전부터 지원되었던 XMLHTTP 컴포넌트를 이용하고, 클라이언트 스크립팅으로는 Java-script를 이용하기 때문에 대부분의 브라우저에서 Ajax를 이용이 가능합니다. 좀 더 쉽게 설명하자면, Ajax를 사용하면 브라우저를 새로 고칠 필요 없이, Java-script를 이용하여 서버 측의 메서드를 실행하고, 그 결과 데이터를 받아볼 수 있기 때문에 사용자 모르게 백그라운드에서 서버와의 요청/응답을 처리할 수 있다는 것입니다(<그림 7–13> 참조). 지금이야 대부분의 웹사이트들이 Ajax 기술을 채용하고 있지만, 그 이전만 하더라도 마우스 클릭만 한 번 해도 웹페이지 전체가 껌벅이며 페이지가 갱신될 때까지 하염없이 기다리곤 했습니다. Ajax 기술이 어려운 기술이 아니지만 인터넷 세상에서 우리에게 가장 큰 혜택을 가져다 준 기술 중 하나라고 생각합니다. <그림 7–14>에서 보듯이 마우스나 키보드가 이벤트를 준 영역 이외는 갱신되지 않기 때문에 기다림 없이 웹페이지상에서 다른 작업들을 동시에 할 수 있게 되었습니다. 웹페이지 전체가 갱신되기를 기다리던 자투리 시간들을 모은다면 아마도 엄청난 시간이 될 것이며, 그만큼 Ajax 기술이 벌어준 셈입니다.

다음으로 2007년도 유망 기술들을 살펴보겠습니다. 2007년의 대표적인 '부풀어 오른 기대의 정점' 단계의 기술은 행동 인식(Gesture Recognition)과 가상 세계(Virtual Environments/ Virtual Worlds)입니다. 닌텐도 Wii가 2006년 12월 일본에서 출시되고, 2008년 우리나라에 출시되면서 동작 인식 기술에 대한 관심이 높아졌습니다. 최근 출시된 Xbox Kinect의 경우에도 아주 만족스러운 수준의 동작 인식이 이루어지지는 않지만 캐주얼 게임 등에서 필요한 수준의 동작 인식은 훌륭히 이루어지고 있습니다. 대부분의 기술들이 그렇지만, 대중의 호응

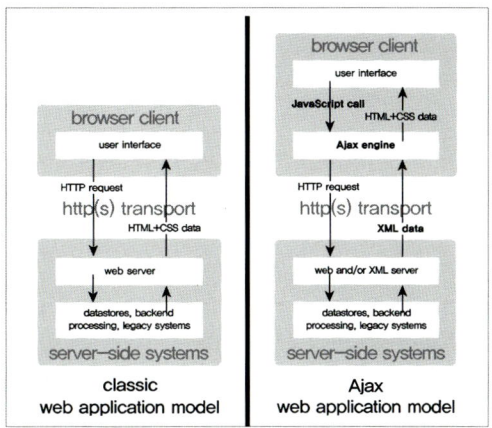

〈그림 7-13〉 Ajax 동작 원리[9]

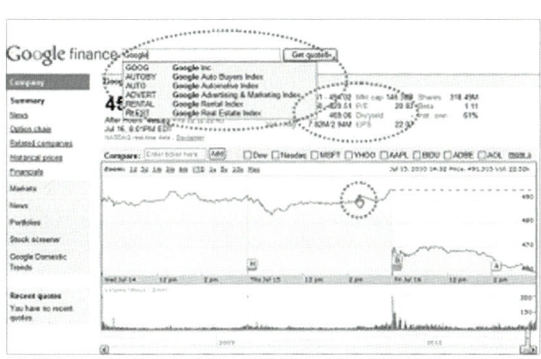

〈그림 7-14〉 구글 파이낸스(Finance) 예[10]

을 이끌 수 있는 킬러 애플리케이션(Killer Application)을 찾느냐 못 찾느냐가 해당 기술의 생존 여부를 결정합니다. 동작 인식은 닌텐도 Wii라는 킬러 애플리케이션을 찾았고, 또 컨트롤러가 필요 없는 Kinect를 통해 한층 발전하고 있습니다. <사용자 인터페이스>에서도 언급했듯이 자연스러운 인터페이스로 발전

9) http://www.javajigi.net/download/attachments/3919/ajax-fig1_small.png
10) http://www.google.com/finance?q=Google

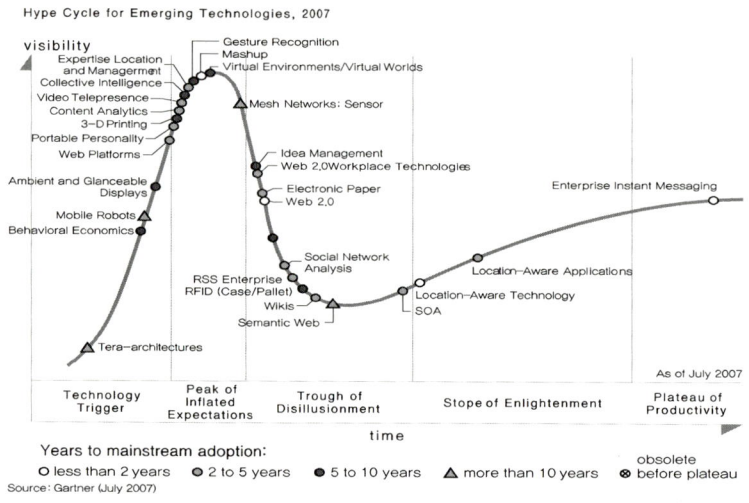

Hype Cycle for Emerging Technologies, 2007

visibility

Expertise Location
and Management
Collective Intelligence
Video Telepresence
Content Analytics
3-D Printing
Portable Personality
Web Platforms

Gesture Recognition
Mashup
Virtual Environments/Virtual Worlds

Mesh Networks: Sensor

Ambient and Glanceable
Displays

Idea Management
Web 2.0 Workplace Technologies

Electronic Paper
Web 2.0

Mobile Robots
Behavioral Economics

Enterprise Instant Messaging

Social Network
Analysis

RSS Enterprise
RFID (Case/Pallet)

Location-Aware Applications

Location-Aware Technology
SOA

Wikis
Semantic Web

Tera-architectures

As of July 2007

| Technology Trigger | Peak of Inflated Expectations | Trough of Disillusionment | Stope of Enlightenment | Plateau of Productivity |

time

Years to mainstream adoption:
○ less than 2 years ◐ 2 to 5 years ● 5 to 10 years ▲ more than 10 years   obsolete ⊗ before plateau

Source: Gartner (July 2007)

〈그림 7-15〉 2007년 유망 기술 하이프 사이클[11]

하고 있는 추세에서 동작 인식이 갖는 비중은 점점 커질 것으로 보입니다.

가상 세계는 현실에 존재하지 않는 세계를 의미하지만, 가상 세계 내의 캐릭터들은 현실에 존재하는 사람들이 만들어 냈거나, 또는 사람들을 대행하는 역할을 하기 때문에 결국 사람들의 세계가 컴퓨터 안으로 옮겨진 것이라고 해석할 수 있습니다. 증강 현실처럼 현실에 바탕을 두고 정보를 부가적으로 보여주는 기술과도 엄연히 다릅니다. 2007년 전성기를 구가하던 가상 세계 게임들이 2008년 금융 위기 속에 치명타를 입고 많이 자취를 감추게 되었습니다. <그림 7-16>의 세컨드 라이프 역시 가상 머니를 주고 땅이나 집을 구입하기까지 해서 또 하나의 삶이라고까지 불렸지만 역시 금융 위기에 타격을 입었죠. 많은 기업들이 땅을 사서 거기에 기업 광고판을 내거는 방식으로 홍보를 하기도 하여 새로운 비즈니스 모델로서 주목을 받기도 했습니다.

11) http://timothychen.info/wp-content/uploads/2008/10/2-hype-cycle-2007.jpg

이제 막 '부풀어 오른 기대의 정점' 단계에 접어들기 시작한 3D 프린팅은 인쇄는 평면적이어야 한다는 고정관념을 깨는 대표적인 기술입니다. KISTI에도 3D 프린터가 있는데, 주로 기업들이 시작품을 제작해 보고 문제점을 파악하는 데 활용하기 위해 출력을 의뢰한다고 합니다. 레이저 등을 이용한 조각으로는 공 안에 공이 들어 있는 조형물을 만들 수 없는 데 반해 3D 프린팅은 얼마든지 자유로운 형태의 조형물을 만들어 낼 수 있다는 점에서 향후 시장에서 주목받을 가능성이 큰 기술 중 하나라고 할 수 있습니다. 밀가루 같은 가루를 한 층씩 쌓아 올리는 방식으로 출력하여 조형물을 만들어 내는 모습을 보면 신기합니다. KISTI에서는 3차원 모형을 프린팅할 수 있게 해 주는 장비에 그리드 컴퓨팅 기술을 적용해서 외부 연구자가 인터넷을 통해 관련 SW와 3차원 프린터를 빌려

〈그림 7-16〉 가상 세계 게임의 대표작인 세컨드 라이프(Second Life) 예[12]

---

12) http://exposedtechnology.com/wp-content/uploads/2010/07/second_life.jpghttp://loot-ninja.com/wp-content/uploads/2010/05/SecondLife_Me_and_My_New_Husband.jpghttp://i.zdnet.com/blogs/ibm-in-second-life.jpg

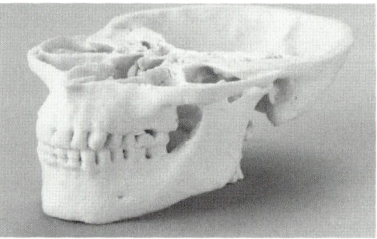

〈그림 7-17〉 3D 프린터와 출력된 삼차원 조형물 예[13]

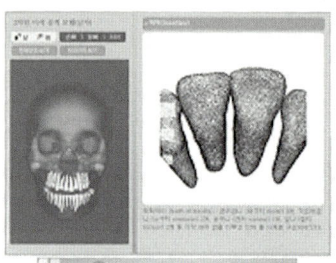
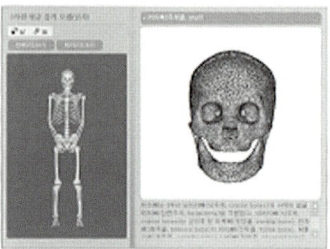
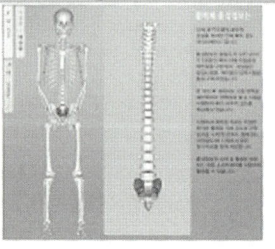
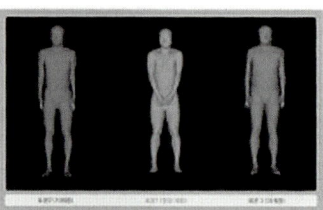

〈그림 7-18〉 3차원 골격 모델 예

13) http://www.itg.uiuc.edu/printing/3D/3d%20printer%20open.jpg
http://pds4.egloos.com/pds/200705/15/60/c0001960_120558100.jpg
http://www.ualberta.ca/afs/ualberta.ca/service/www/CNS/RESEARCH/3DPrinter/ImageGallery/Neuron/
photo_02.860x640.jpg

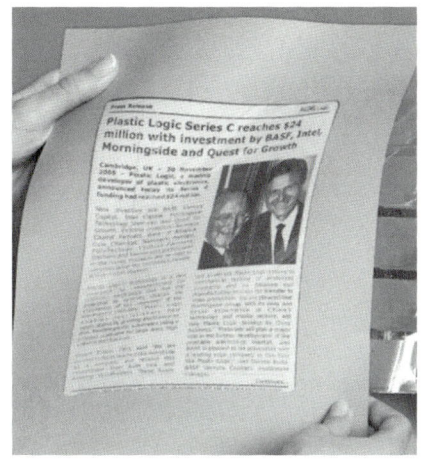

〈그림 7-19〉 휘어지는 전자 종이(Electronic Paper) 예[14]

쓰고 이를 통해 3차원 모형을 만들 수 있도록 지원한다고 합니다. 중소기업에서 시제품을 만드는 데 소요되는 비용과 시간을 효과적으로 줄일 수 있는 방식인 것 같네요. 또 다른 연구로는 3차원 골격 모델을 구축하기 위해 시신을 1mm 이하의 두께로 단면을 잘라 촬영하고 이를 조합하는 연구도 있습니다(〈그림 7-18〉 참조). 3차원 가상 모델이 잘 구축이 되면 해부를 실제로 할 필요 없이 가상 모델을 대상으로 시뮬레이션을 할 수 있어 효율적인 의학 실습이 가능해집니다. 앞으로는 「마이너리티 리포트」에서와 같은 인터페이스를 통해 실제 수술을 집도하는 모습을 보게 될지도 모르겠습니다.

전자 종이(Electronic Paper) 기술은 실패를 거듭하며 상용화와 보급에 성공하기 위한 노력을 집중하는 단계로 파악됩니다(〈그림 7-19〉 참조). 요즘 아이

---

14) http://cms.korea.kr/goNewsRes/attaches/editor/20100712/전자종이[0].jpghttp://www.theage.com.au/ffximage/2005/07/15/paper_july15,0.jpg

〈그림 7-20〉 구글 맵(Google Maps) API 설명과 이를 이용한 매시업 통계 정보[15]

패드, 갤럭시탭 등과 같은 태블릿 PC, 킨들과 같은 전자책의 인기가 높아지고 있는데, 모든 사람들이 바라는 궁극적인 모습은 신문이나 책과 같이 종이와 유사하거나 똑같은 형태의 디스플레이일 것입니다. 신문처럼 접을 수 있고 가벼워 휴대가 간편한 동시에 보고자 하는 콘텐츠를 마음대로 바꿀 수 있다면, 굳이 신문을 구독하고 아침에 배달되는 것을 기다렸다 볼 필요가 없을 것입니다. 가볍고 접을 수 있기 때문에 호주머니에 넣어 가지고 다닐 수도 있고 지하철에서 크게 펼쳐 볼 수도 있을 것입니다. 정말 편리하겠죠?

매시업(Mashup)은 1년 동안 거의 제자리에 머물고 있습니다. 그 이유는 무엇일까요? 매시업은 그 자체만으로는 아무런 부가가치를 창출하지 못합니다. 레게음악에서 두 가지 음원을 섞는다는 데서 유래한 매시업은 주어진 오픈 API를 섞어서 그 결과를 시각화할 뿐입니다. 결국, 매시업의 성공은 얼마나 유

---

15) http://www.programmableweb.com/api/google-maps

용한 오픈 API들이 이용 가능하냐와 얼마나 이들을 쉽게 조합할 수 있느냐에 달려 있습니다. 아쉽게도 현재까지 성공한 오픈 API는 지도(Map) 유형밖에 없는 것 같습니다. 물론 아마존 도서 검색 API와 같이 롱테일(The Long Tail)형 비즈니스에서 일부 API가 성공하긴 했습니다만, 매시업의 효과 때문은 아닙니다. 매시업은 부가가치를 창출하지 못하고 있

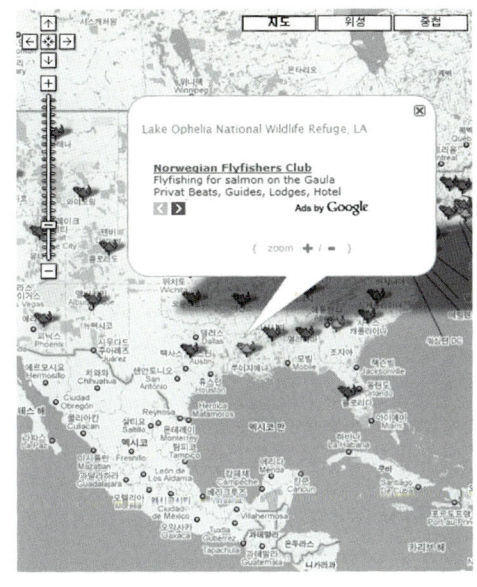

〈그림 7-21〉 구글 맵 API를 이용한 매시업 서비스 예[16]

다고 지적한 것처럼 킬러 애플리케이션을 찾지 못하고 방황하고 있는 모습이 역력히 보입니다.

2006년과 2007년에 대표적인 '부풀어 오른 기대의 정점' 단계에 있는 기술로 웹 2.0, 매시업(Mashup), 폭소노미(Floksonomies), 행동 인식(Gesture Recognition)과 가상 세계(Virtual Environments / Virtual Worlds) 기술들이 언급되었습니다. 이 기술들은 최근 개발된 웹서비스나 제품들에서도 활발하게 적용되고 있으며, 점점 기술의 세련도가 높아지고 있습니다. 이후에는 어떤 기술들이 있을까요?

---

16) http://www.1001seafoods.com/fishing/fishing-maps.php

◎ 델파이 기법(Delphi Technique)

델파이라는 용어는 그리스 신화의 태양 신인 아폴로가 미래를 통찰하고 신탁을 하였다는 '델파이 신전'에서 유래한 것입니다. 즉, 델파이기법은 어떠한 문제에 관하여 전문가들의 견해를 유도하고 종합하여 집단적 판단으로 정리하는 일련의 절차라고 정의할 수 있습니다. 1948년 미국 랜드연구소  에서 개발되어 군사·교육·연구개발·정보처리 등 여러 분야에서 사용된 이 기법은 다양한 분야의 미래 예측에 이용되고 있습니다.

이것은 추정하려는 문제에 관한 정확한 정보가 없을 때에 "두 사람의 의견이 한 사람의 의견보다 정확하다"는 계량적 객관의 원리와 "다수의 판단이 소수의 판단보다 정확하다"는 민주적 의사결정 원리에 논리적 근거를 두고 있습니다. 또한 전문가들의 익명성 보장을 위해 주로 우편이나 e-mail을 통한 자유로운 의견 수렴과, 이러한 의견들에 대한 반복적인 피드백을 통해 돌출된 의견을 내놓는다는 것이 주된 특징이라 할 수 있습니다.

[내용 출처] http://ko.wikipedia.org/wiki/델파이 기법

◎ 클러스터 컴퓨팅(Cluster Computing)

컴퓨터 성능의 발달과 함께 컴퓨터를 이용하여 해결하고자 하는 문제들도 역시 보다 복잡해지고 있습니다. 이들 문제는 정확한 결과를 빠른 시간 안에 얻기 위해서 보다 높은 컴퓨팅 파워를 요구하고 있으며, 컴퓨팅 파워를 증가시키기 위한 다양한 방법이 제안되고 있습니다. 최근에는 Intel과

AMD 등의 CPU 제조사에서 경쟁적으로 다중 코어 CPU를 발표함으로써 단일 컴퓨터에서도 저렴하게 다수의 프로세서가 하나의 메모리를 공유하는 SMP(Symmetric Multi Processing) 시스템을 구성할 수 있으나, 보다 높은 성능을 요구하는 환경에서 사용되는 슈퍼컴퓨터들은 여전히 그 가격이 매우 높아 쉽게 접하기 힘듭니다.

앞서 언급한 것처럼, 최근 마이크로프로세서들은 뛰어난 성능을 보여 주고 있으며 고속네트워크 또한 널리 보급되고 있습니다. 특히 Gigabit LAN의 보급으로 사설 네트워크상에서의 데이터 전송 속도가 하드디스크(E-IDE 기준)의 데이터 전송 속도를 넘어서게 되었고, 이로 인해 단일 컴퓨터들을 네트워크로 연결함으로써 새로운 개념의 병렬 컴퓨터를 만드는 것이 가능하게 되었습니다. 또한 리눅스라는 공개된 OS는 강력한 네트워크 성능을 제공하며 소스 공개로 인한 자유로운 튜닝이 가능하기 때문에 네트워크 기반의 병렬 컴퓨터 시스템을 위한 OS로 널리 사용되고 있습니다. 이러한 네트워크 기

반의 병렬 컴퓨터 시스템을 통칭하여 클러스터라고 부릅니다. 최근에는 Microsoft에서도 Windows를 기반으로 하는 클러스터 컴퓨터용 OS를 배포하고 있으며, 리눅스 기반의 OS와 달리 친숙한 인터페이스와 편리한 시스템 관리 환경을 제공함으로써 뒤늦게 시장에 뛰어들었음에도 불구하고, 빠른 속도로 그 영역을 넓혀가고 있습니다.

[내용 출처] http://ko.wikipedia.org/wiki/%ED%81%B4%EB%9F%AC%EC%8A%A4%ED%84%B0_%EC%BB%B4%ED%93%A8%ED%8C%85_%EC%8B%9C%EC%8A%A4%ED%85%9C

[그림 출처] http://www.virginmedia.com/digital/galleries/supercomputers.php?ssid=12

◎ 그리드 컴퓨팅(Grid Computing)

그리드 컴퓨팅(Grid Computing)은 최근
활발히 연구가 진행되고 있는 분산 병렬 컴
퓨팅의 한 분야로서, 원거리 통신망(WAN)
으로 연결된 서로 다른 기종의 컴퓨터들을
묶어 가상의 대용량 고성능 컴퓨터를 구성
하여 고도의 연산 혹은 대용량 연산을 수행하는 것을 일컫습니다.

그리드는 대용량 데이터에 대한 연산을 작은 소규모 연산들로 나누어 작은 여러 대
의 컴퓨터들로 분산시켜 수행한다는 점에서 클러스터 컴퓨팅의 확장된 개념으로 볼
수 있으나, WAN상에서 서로 다른 기종의 머신들을 연결한다는 점으로 인해 클러스
터 컴퓨팅에서는 고려되지 않았던 여러 가지 표준 규약들이 필요해졌고, 현재 글로버스
(Globus) 프로젝트를 중심으로 표준들이 정립되고 있는 중입니다. 또한 다양한 플랫폼
을 서로 연결한다는 점에서 클러스터 컴퓨팅과 차이가 있습니다.

일반적으로 그리드 컴퓨팅은 기상 예측이나 고에너지 물리학, 유전공학, 지진 연구
등 슈퍼컴퓨터로도 하기 힘든 방대하고 복잡한 연구를 처리하는 데 필요한 기술입니다.
이미 주요 선진국에서는 관련 연구가 활발하게 진행되고 있습니다. 미국의 경우 국방
부와 국립과학재단, NASA 등에서 그리드 컴퓨팅 기술을 지원하고 있습니다.

[내용 출처] http://ko.wikipedia.org/wiki/그리드 컴퓨팅
[내용 출처] http://100.naver.com/100.nhn?docid=771276
[그림 출처] http://www.gridcafe.org/grid-in-30-sec.html

◎ 아바타(Avatar)

아바타의 어원은 힌두교에서 지상 세계로 강림한 신의 육체적 형태를 뜻하는 산스크리트어 낱말 '아바타라'이며, 컴퓨터에서 사용자를 묘사한 것으로 컴퓨터 게임에서는 3차원 모형 형태로 인터넷 포럼과 기타 커뮤니티에서는 2차원 아이콘(그림)으로, 머드 게임과 같은 초기 시스템에서는 문자열 구조로 쓰입니다. 다시 말해, 사용자가 스스로의 모습을 부여한 물체라고 할 수 있습니다.

현재 아바타가 이용되는 분야는 채팅이나 온라인게임 외에도 사이버 쇼핑몰·가상교육·가상오피스 등으로 확대되고 있습니다. 최근 가장 각광받는 분야는 온라인채팅서비스로, 아이콘채팅, 3차원 그래픽채팅 등의 아바타를 이용한 채팅서비스가 도입되었습니다.

또한 2009년 개봉된 미국 영화감독 제임스 카메론의 「아바타」는 '판도라'라는 외계 위성을 배경으로 하는 SF 영화입니다. 영화에 등장하는 아바타는 판도라의 토착민 '나비'(Nav'i)의 외형에 인간의 의식을 주입, 원격 조정이 가능한 새로운 생명체로, 인간이 지향하는 궁극의 아바타가 아닐까 합니다.

[내용 출처] http://ko.wikipedia.org/wiki/%EC%95%84%EB%B0%94%ED%83%80

[내용 출처] http://100.naver.com/100.nhn?docid=746590

[내용 출처] http://ko.wikipedia.org/wiki/%EC%95%84%EB%B0%94%ED%83%80(2009%EB%85%84_%
EC%98%81%ED%99%94)

[그림 출처] http://en.wikipedia.org/wiki/Avatar_(2009_film)

◎ 전자 종이(Electronic Paper) 원리

전자종이는 종이에 일반적인
잉크의 특징을 적용한 디스플
레이 기술입니다. **e-Paper**라고도
합니다. 화소가 빛나도록 백라
이트를 사용하는 전통적인 평
판 디스플레이와 다르게, 전자
종이는 일반적인 종이처럼 반사

〈그림 1〉 LG디스플레이에서 개발한 전자종이

광을 사용합니다. 그래서 그림이 변경된 이후에, 글자와 그림은 전기 소모 없이 디스플
레이할 수 있습니다. 그리고 전자종이는 평판 디스플레이와 다르게 접거나 휠 수 있습
니다. 또한 전자종이는 컴퓨터 모니터의 제한을 극복하기 위해서 개발되었습니다. 그래
서 전자종이는 액정 디스플레이보다 시야각이 넓기 때문에 취약한 각도에서 쉽게 글자
를 읽을 수 있습니다. 전자종이는 매우 가벼우며, 내구성이 튼튼하고, 종이보다 덜 휘지
만, 현존하는 가장 휠 수 있는 디스플레이 기술입니다. 반면에 반사를 이용한 특성상 백
라이트가 불가능하며, 반응속도가 느린 단점이 있습니다.

현재 많은 업체에서 다양한 방식의 전자종이 기술이 개발되고 있습니다. 그리고 현재
에는 흑백 전자종이 제품만이 시장에 출시되고 있으나, 컬러화에 대한 소비자의 요구
증가로 조만간 컬러 제품이 상용화될 것으로 기대되며, 전자책, 전자잡지, 전자신문, 전
자사전 등의 종이 대체 용도에서부터 휴대전화, PDA, 대형광고게시판, POP 광고판 등

다양한 형태로 사용될 것으로 예상합니다.

[내용 출처] http://ko.wikipedia.org/wiki/%EC%A0%84%EC%9E%90%EC%A2%85%EC%9D%B4

[그림 출처] http://eto.freechal.com/news/view.asp?Code=20100114143702933

◎ 롱테일(The Long Tail)

롱테일(The Long Tail), 또는 롱테일 현상은 파레토 법칙을 그래프에 나타냈을 때 꼬리처럼 긴 부분을 형성하는 20%의 부분을 일컫습니다. 파레토 법칙에 의한 80:20의 집중현상을 나타내는 그래프에서는 발생확률 혹은 발생량이 상대적으로 적은 부분이 무시되는 경향

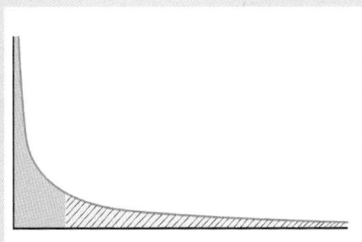

〈그림 2〉 롱테일(빗금 부분)

이 있습니다. 그러나 인터넷과 새로운 물류기술의 발달로 인해 이 부분도 경제적으로 의미가 있을 수 있게 되었는데 이를 롱테일이라고 합니다.

쉽게 설명하면, 한정된 공간과 자원을 가진 매장에서는 잘 팔리는 물건에 보다 집중하여 전시하는 경향이 있습니다. 예를 들면 베스트셀러 책을 잘 보이는 곳에 커다랗게 쌓아놓고 판매하는 것입니다. 따라서 일반적인 소매점의 경우 재고 및 상품 매장 진열 공간의 제한 문제로 인해 잘 팔리는 물품에만 집중하여 마케팅하고 나머지는 재고가 되어 처치 곤란한 경우가 많았습니다. 그러나 최근의 인터넷 등의 기술의 발달로 재고나 물류에 드는 비용이 종래보다 훨씬 저렴해졌습니다. 특히 일반적인 소매점에 비해 인터넷을 기반으로 하는 온라인 비즈니스의 경우 베스트셀러와 함께 그동안 간과되어 온 비인기 상품에 대한 소비자의 진입장벽을 낮출 수 있게 되었습니다. 이렇게 개별적으로는 비인기 상품도 전체적으로 모이면 틈새시장을 만들 수 있습니다. 실제로 아마존과 같은 인터넷 기반 기업에서는 이렇게 활성화된 틈새시장이 매출의 20~30%에 육박하여 전체 이익 면에서도 많은 부분에 기여하게 된 사례가 있는데 그리 많이 팔리지 않는 서적들이나 일부만이 좋아하는 종류의 음반이라도 효과적인 판매와 물류를 통해 많은 이윤을 창출할 수 있었습니다.

3. 유망 기술 트렌드(2008~2009)
― 하이프 사이클(Hype Cycle)을 중심으로

2008년 들어서 '부풀어 오른 기대의 정점' 단계에 녹색 기술(GreenTechnology), 특히 녹색 IT가 나타났습니다. 우리나라도 2009년 이후부터 녹색 기술을 통한 지속가능성(Sustainability)이 화두가 되고 있는 상황입니다. 녹색 IT는 정보 기술(IT: Information Technology)을 이용하여 환경오염을 줄이고 성장 기반을 마련한다는 의미와 정보 기술 자체에서의 녹색화라는 두 가지 의미를 모두 내포하고 있습니다. 예를 들어, 대규모 데이터 센터를 건설하고 이를 친환경적으로 유지하고 전력 손실을 최소화하는 것이 후자에 속한다고 볼 수 있습니다. 기존 전력망을 개선하고 정보 기술을 활용하여 실시간 모니터링하며 효율적인 전력 사용을 유도하는 스마트 그리드는 전자에 속한다고 볼 수 있습니다. 어떠한 의미이든 지구를 깨끗하게 후손에게 물려줄 수 있는 기술이라는 점이 중요한 것입니다.

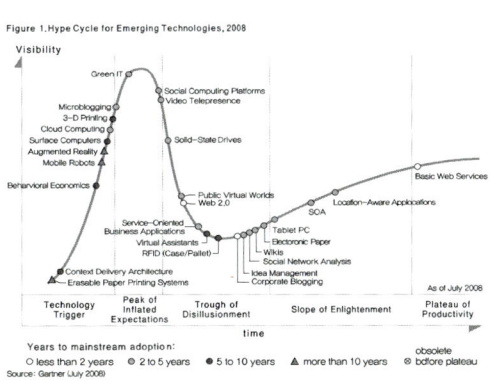

〈그림 7-22〉 2008년 유망 기술 하이프 사이클[1]

---

1) http://timothychen.info/wp-content/uploads/2008/10/1-hype-cycle-2008.jpg

SSD(Solid State Drive)는 기존의 하드디스크를 대체할 수 있는 기술이자 제품입니다. <그림 7-23>의 왼쪽에 보이는 것이 하드디스크인데 실린더를 회전시키고 암(Arm)이 그 위에서 정보를 쓰고 읽는 방식으로 동작합니다. 지금은 거의 볼 수 없지만 레코드판 또는 LP판을 턴테이블에 얹고 음악을 듣는 방식과 유사하다고 볼 수 있습니다. 하드디스크는 턴테이블이 가지는 단점을 그대로 가지는데, 10,000RPM 이상으로 회전하기 때문에 충격을 가하면 표면이 긁혀버려 데이터가 손실되기 쉽습니다. 반면 <그림 7-23>의 오른쪽에 보이는 플래시 메모리(Flash Memory)를 집적하여 만든 SSD는 실제로 동작하는 장치가 없기 때문에 충격에 강하고 가볍다는 장점이 있습니다. 아직까지 플래시 메모리가 같은 용량의 하드디스크에 비해 비싸기 때문에 고급 노트북, 태블릿 PC 등에 주로 사용되고 있지만 적용 영역이 점점 넓어질 것으로 기대합니다.

마이크로블로깅이 '부풀어 오른 기대의 정점' 단계에 들어서고 있는데, 2009년

〈그림 7-23〉 SSD(Solid State Drives) 예[2]

2) http://www.legitreviews.com/images/reviews/629/sandisk_72gb_ssd.jpg

부터 우리나라에 본격적으로 도입되기 시작한 스마트폰의 실제 수혜자라고 할 수 있습니다. 앞의 사례들에서도 볼 수 있듯이 우리나라가 대략 1년 정도 뒤처져 따라가고 있는 수준입니다. 하루만 앞으로 내다볼 수 있어도 대단한데 1년을 미리 볼 수 있다니 환상적이지 않습니까? 지금은 연예인, 정치인뿐만 아니라 일반인들도 트위터(Twitter)를 많이 이용하고 있는데요, 단문 메시지 크기의, 즉 1문장 또는 2문장 길이의, 글을 실시간에 등록하고 팔로잉(Following)할 수 있기 때문에 인스턴트 블로그라고 부르고 싶습니다. 네이버 블로그나 싸이월드에 계정을 가지고 있다고 가정해 보죠. 뭔가 재미난 일이나 알리고 싶은 일이 있을 때 카메라로 잘 찍고 내용도 정리해서, 필요하면 뽀샵질도 하고, 글을 올려야 합니다. 이러한 작업을 하는 데 최소한 몇 분에서 심지어 한 시간 이상이 소요되기도 합니다. 현대인들은 무척이나 바쁘게 살아가고 있기 때문에, 그리고 갑작스러운 일이 언제 어디서 터질지 모르기 때문에 마음의 준비를 하고 블로그를 운영한다는 것이 결코 쉬운 일이 아닙니다. 마이크로 블로깅은 인터넷에 블로거가 올린 한두 문장 정도 분량의 단편적 정보를 해당 블로그에 관심이 있는 개인들에게 실시간으로 전달하는 새로운 통신 방식을 사용합니다. 또한 미니 블로그 내의 이용자 간 메시지를 서로 주고받는 형태를 하기도 합니다. 텍스트의 길이가 매우 짧고 실시간으로 정보가 업데이트가 되기 때문에 사용자는 채팅을 하는 것과 비슷한 체험을 얻을 수 있습니다. 마이크로 블로깅은 결과적으로 블로그+메신저의 형태라고 할 수 있으며, 사진이나 동영상, 웹사이트 URL 등을 올리는 것도 가능합니다. 최근에는 컴퓨터뿐 아니라 휴대전화, 스마트폰의 보급에 힘입어서 마이크로 블로깅이 폭발적으로 증가하고 있습니다. 짧고 실시간 메시지가 이동성을 갖추면서 힘을 얻은 것이죠. 마이크로 블로깅의 대표적인 트위터가 현대인의 사랑을 받는다는 것은 당연한 일인 것 같습니다. 다만 아무 생각 없이, 또는 감정에 북받쳐서 글을 올려 버리고 나면 뒷수습할 시간도 없이 삽시간에 퍼져 나갈 수 있기 때문에 쌓아 놓은 명성이나 이미지가 한순간에 사라져 버릴 수도 있다는 무서운 점도 있으니 편한 만큼 조심해서 사용할 필요가 있겠습니다.

2007년에는 하루에 평균 5,000여 개의 글이 등록되었는데요, 2008년 300,000여 개로 늘더니, 2009년 250만 개까지 증가했습니다. 약 1,400%의 성장률입니다. 와우! 놀라울 따름입니다. 현재는 하루 평균 50만 개의 글이 등록되고 있다니 상상을 초월할 정도로 인기를 끌고 있다고 볼 수 있습니다. 다만 글을 올리는 사람들의 비율은 전체 대비해서 그렇게 많지 않다고 하니 여론이 왜곡될 여지도 있어 다소 우려스럽기도 합니다.

국내의 대표적인 마이크로 블로깅 서비스로는 네이버의 '미투데이(me2day)'[3],

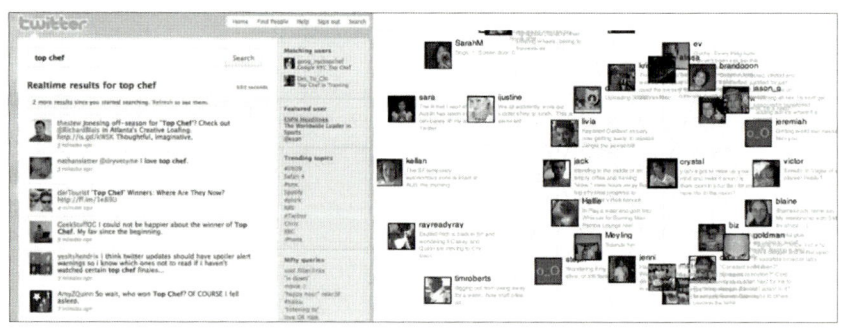

〈그림 7-24〉 마이크로 블로깅의 대표적 서비스인 트위터 예[4]

---

3) http://me2day.net
4) http://twitter.com/
http://i.i.com.com/cnwk.1d/i/bto/20090301/Twitter_Search_Fred_Wilson_610x519.jpg
http://blog.softbank.co.kr/attach/1/1345866471.png

다음의 '요즘(yozm)'[5] 서비스가 있습니다. 미투데이는 마이크로 블로그 글들에 대해 미투 버튼을 눌러 동감함을 나타내거나 댓글을 추가함으로써 활발한 쌍방향 소통이 이루어지는 것을 장점으로 내세우고 있으며, 요즘 서비스는 기존의 트위터 기능에 모바일 연계를 통한 접근성을 개선하면서 SNS 서비스에 편리성을 더하고 있습니다.

2009년의 거품의 정점에 있는 기술은 클라우드 컴퓨팅(Cloud Computing)과 전자책(e-book Readers)입니다. <클라우드 컴퓨팅>에서 소개했듯이 지속적으로 수익을 올릴 수 있으며, 미래 정보 서비스의 핵심에 위치하게 될 기술이기에 현재까지도 지속적인 관심을 받고 있습니다. 아직 보안, 백업, 서비스 중단 등과 같이 해결해야 할 첨예한 이슈들이 많이 있지만 결국 클라우드 컴퓨팅이 미래 서비스 방식을 이끌게 될 것이라는 데는 이견이 많지는 않습니다. 킨들 등 전자책이 나왔지만, 그 불씨는 2010년 출시된 아이패드, 갤럭시탭 등의 태블릿 PC가 지폈다고 보는 게 맞을 것 같습니다. 사용성 평가를 해보면, 아직까지 실제 책에 비해 읽기 편함이 다소 떨어지기는 합니다만, 데스크톱 PC나 노트북과는 비교할 수 없을 정도의 높은 성능을 보입니다. 앞으로 전자책은 전자종이 기술과 결합해서 책을 읽는 착각에 빠질 정도의 몰입감

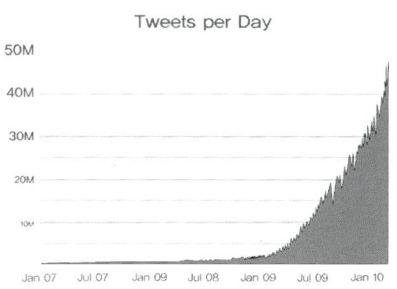

〈그림 7-25〉 트위터에 하루에 등록되는 글(Tweet)에 대한 통계 정보[6]

---

5) http://yozm.daum.net
6) http://blog.twitter.com/2010/02/measuring-tweets.htm

(Immersiveness)을 제공할 수 있을 것이라고 기대합니다.

'기술의 촉발' 단계에 처음 진입하였고 주류 기술로 자리 잡기까지 10년 이상
이 소요될 것으로 예측되는 유망 기술로 인간 증강(Human Augmentation)이 있
습니다. 현실에 가상 정보를 더하는 증강 현실과의 차이가 무엇일까요? 인간
증강은 인간을 수명, 기억력, 창조력, 행복감, 활동 등에서 정상에 가깝게, 또는
정상보다 더 좋게 만들어 주는 데 목표를 두고 있습니다. 신체에 정상적이지 못
한 부분이 있을 때 그 곳을 정상적으로 사용할 수 있게 해주거나, 인간 능력 이
상의 힘을 발휘할 수 있도록 기계적으로 보조해 주기도 합니다. 만일 수십 킬로
그램의 전투 장비를 착용하고 전장에서 맨몸으로 달리는 것 이상의 속도를 내
줄 수 있다면 전투력 증가에 큰 힘이 되겠죠. 「은하철도 999」에서 영원한 생명의
꿈을 찾아 떠난 철이처럼 우리들도 인간 증강 기술의 발전을 통해 영생을 꿈꾸

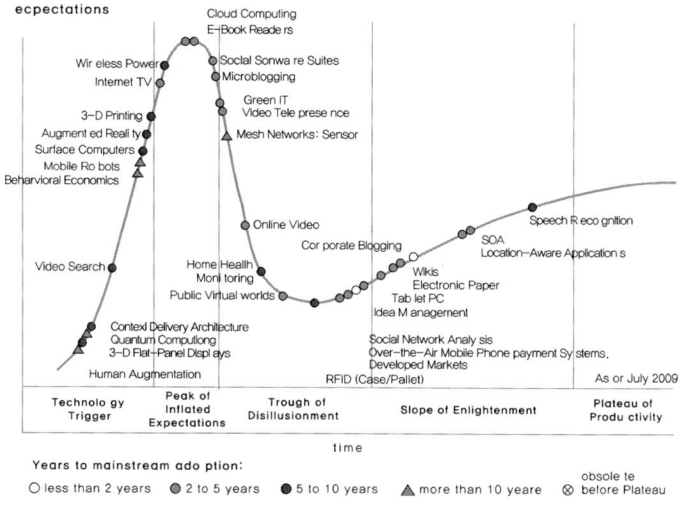

〈그림 7-26〉 2009년 유망 기술 하이프 사이클[7]

---

7) http://blog.hanains.com/attach/507/1155689201.gif

는 도전에 나서고 있는 게 아닌지 우려가 들기도 합니다.

전기 자동차의 최대 단점이 무엇일까요? 속도가 느린 점? 크기가 작은 점? 저는 충전의 불편함이라고 생각합니다. LPG 자동차에 대한 규제가 풀리더라도 충전소를 찾아가야 하는 불편함이 해결되지 않으면 어느 한계에 부딪힐 겁니다. 전기 자동차는 콘센트가 필요하고 충전하는 데 소요되는 시간도 상대적으로 길기 때문에 주류로 자리 잡기까지 상당한 시간이 걸릴 것으로 보입니다. 가트너의 하이프 사이클은 대략 5~10년으로 내다보고 있군요. 만일 자동차를 운전하면서 별도의 충전 없이, 사실은 기차처럼 달리면서 전기를 공급받겠지만, 어디든지 갈 수 있다면 오히려 주유소나 충전소에 들러야 하는 현재의 자동차에 비해 훨씬 큰 경쟁력을 가질 수 있을 것입니다. 녹색 기술이라는 장점까지 더해지겠죠. 이런 꿈같은 일이 현재 연구 개발되고 있습니다. 전파를 통해 무선으

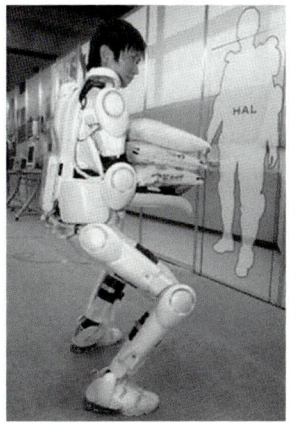

〈그림 7-27〉 인간 증강(Human Augmentation) 적용 예[8]

---

8) http://www.zamazing.org/imaj/zabun/bleex-berkeley-lower-extremity-exoskeleton.jpg
  http://www.scienceahead.com/images/thdgfhdfhd_1449.jpg

로 전력을 전송하고(Wireless Power Transmission) 이를 받아서 사용하는 것인데, 마치 방송국에서 TV 신호를 보내면 가정에서 그 신호를 받아 TV를 시청할 수 있는 것과 같은 원리입니다. 만약 전파로 전력을 안정적으로 조달할 수 있게 되면, 또 한 번의 에너지 혁명이 일어날 가능성이 높습니다. 전력이 필요한 다양한 분야에서 무선 전력 전송 기술이 활용 가능하지만 무선 전력 전송 기술이 무엇보다 주목을 받고 있는 분야는 '태양광발전' 분야입니다. 지구의 정지궤도나 달과 같은 우주 공간에 태양전지를 설치해 두고, 전력을 생산하자는 것이죠. 이렇게 되면 지상보다 2배 이상 되는 태양에너지로 날씨와 상관없이 매일 24시간 발전이 가능해지기 때문에 지상태양광 발전보다 10배 가까운 전기를 생산할 수 있게 되는 것입니다. 이것이 일본과 미국이 사활을 걸고 있는 '우주태양광발전(Space Solar Power)' 프로젝트죠. <그림 7–28>처럼 선 없이 전구를 켜거나 TV

〈그림 7–28〉 무선 전기(Wireless Power) 응용 예[9]

9) http://www.electricpig.co.uk/wp-content/uploads/2008/08/intel-wireless-power.jpg
   http://www.sonyinsider.com/wp-content/uploads/2009/10/Wireless-power-transfer-sysytem_prototype.png

를 켠다면 가정에서 꼬여 있는 한 다발의 전깃줄 없이 깔끔한 정돈이 가능해서 주부들의 사랑을 독차지할 수 있을 것입니다.

유럽 출장을 가면 언어도 다르고 사는 지역, 국가도 다른데 EU라는 공동체 속에서 그럭저럭 잘 어울려 사는 유럽 사람들이 신기할 따름입니다. 우리나라나 일본, 중국은 바로 옆에 붙어 있지만 늘 아옹다옹 다투고 의기투합도 잘 되지 않는데 말입니다. 물론 유럽 사람들도 국가 간 알력이 있고 이해관계가 첨예하다는 사실을 최근 금융 위기로 느끼긴 했습니다. 2009년 슬로베니아에서 개최된 E-justice 콘퍼런스에서 논의된 세 가지 주요 주제 중 하나가 바로 화상 회의 방식 중 하나인 텔레프레즌스(Telepresence)였습니다. 우리나라는 그 필요성을 크게 느끼지 못하지만, 유럽처럼 단일 경제권이면서도 국가가 수십 개 존재하는 곳에서는 회의를 위해 매번 비행기를 타고 이동하는 것이 쉽지만은 않습니다. 특히, 2010년 겨울처럼 한파와 폭설이 닥치게 되면 대책이 없어지죠. KISTI

〈그림 7-29〉 비디오 영상 회의(Video Telepresence) 예[10]

---

10) http://aegiselect.files.wordpress.com/2010/01/telepresence.jpg

도 본원과 분원으로 나뉘어 있다 보니 가끔 화상회의를 하는데, 회의 분위기가 상당히 어색합니다. 자연스럽게 얘기를 나누다가도 카메라가 본인을 향하면 갑자기 경직되고 말이 잘 안 나오는 경우도 많이 생깁니다. 얼마나 자연스럽게 원격으로 회의를 진행해줄 수 있느냐, 필요한 경우 자동 통번역을 해줄 수 있느냐가 기술 발전에 중요한 고려 사항이라고 볼 수 있습니다.

우리나라도 머지않아 일본처럼 고령화 사회에 본격적으로 진입한다는데 이에 대한 다각적인 대책을 서둘러야 할 것으로 보입니다. 특히, 독거노인들이 많아지면서 가끔씩 뉴스에 외롭게 사망한 소식들이 들리면 안타까움이 더해지면서 남의 일 같지 않을 수 있다는 생각도 듭니다. 홈 헬스 모니터링(Home Health Monitoring)은 가정 내에서 건강을 수시로 모니터링해서 건강에 조금이나마 이상 징후가 나타나면 바로 대처할 수 있게 도와줍니다. 허리에 무선 단말기를 차거나 목에 걸고 다니다 갑자기 쓰러진 경우 센서 정보를 분석하여 이상 징후를 포착하고 이를 미리 정해진 병원이나 의사에게 자동으로 연락을 하거나, <그림 7-30>처럼 지능형 변기를 이용하여 소변이나 대변을 실시간 분석하여 이상 징후 시 주치의가 바로 연락할 수 있게 하는 등 365일 24시간 가족들의 건강을 챙겨주는 서비스가 있다면 다소나마 안심하고 살아갈 수 있을 것입니다. 물론 부작용도 있겠죠. 변기에 앉으면 감시당하고 있다는 긴장감에 변비가 더 심해질 수도 있고, 건강 정보가 해킹당해 마케팅이나 부정한 목적으로 사용될 소지도 있습니다. 적절한 통제하에서의 정보 공개와 이용이 이루어진다면 우리에게 큰 혜택을 줄 수 있는 기술임에는 틀림이 없습니다.

〈그림 7-30〉 홈 헬스 모니터링(Home Health Monitoring) 응용의 하나인 지능형 변기(Intelligent Toilet) 예[11]

　　2008년과 2009년에 대표적인 '부풀어 오른 기대의 정점' 단계에 있는 기술로 녹색 IT, 마이크로 블로깅, 클라우드 컴퓨팅, 전자책 기술들이 언급되었습니다. 이 기술들은 에너지 자원의 효율적인 사용과 보다 편리한 생활, 자원 간 연계를 통한 효율적인 자원의 활용, 모바일 기기의 보급에 따라 기술적 성숙도와 활용도가 점점 높아지고 있습니다.

---

11) http://nerdapproved.com/wp-content/uploads/2010/11/intelligence_toilet_01.jpg

◎ 무선 전기(Wireless Power)의 원리

전기를 무선으로 전송하는 방법은 사실 오래된 개념입니다. 애초에 토머스 에디슨이 백열전구를 발명해 전기사용이 가능하게 된 시절부터 니콜라 테슬라라는 과학자가 당시 전기는 선이 없이도 이동돼 사용될 수 있다는 사실을 입증했습니다.

테슬라 코일은 전자기유도 현상을 이용하여 전압이나 전류 값을 변화시키는 장치인 변압기의 일종입니다. 먼저 가장자리에 있는 작은 변압기를 통해 220V에서 5만V로 전압이 올려집니다. 이 전압은 하단에 감겨 있는 1차 코일인 구리파이프와 직선원통형으로 감겨 있는 2차 코일인 솔레노이드 코일의 공진(공진이란 물체의 고유진동수와 외부에서 가해준 강제진동수가 같을 때 일어나는 현상으로 타코마 브리지가 무너진 원리입니다)의 원리로 인해 위의 도넛 모양으로 코일을 감아놓은 토로이드에 400만V의 고전압이 형성됩니다. 그러면 전위차에 의해 접지되어 있는 가장자리의 철재기둥 방향으로 전기가 흐르게 되어 강력한 방전(스파크)이 생기는데 이때 공기의 팽창으로 인해 큰 소음도 발생하게 됩니다. 이 현상은 번개가 치는 원리와 같습니다.

전문가들은 전기를 무선으로 사용할 경우 전선을 연결하는 경우보다 훨씬 저렴하고 안전하게 사용할 수 있다고 지적하고 있습니다. 그리고 현재 과학자들은 테슬라의 원리를 이용, 더욱 응용시키면서 전기를 무선으로 공급하는 방법을 다양하게 제시하고 있습니다.

그러나 전기를 무선으로 이동시키려면 현재의 기술로서는 거리가 짧은 것이 단점입니다. 현재 기술로는 약 1.5마일(약 2.4km)밖에 전송거리가 나오지 않습니다. 실례로 지난 2003년 피츠버그에서 파워캐스트라는 회사가 라디오 전파를 이용해 약한 전력의 LED 전구를 밝혔으나 거리가 모두 1.5마일 이내였고, 실제 사용한 것은 건물 밖의 전구에 불이 들어오게 하는 정도였습니다. 이 때문에 앞으로 무선전기를 본격적으로 사용하기 위해서는 거리를 넓혀야 하는 난제가 남아 있습니다.

〈그림 1〉 테슬라 코일

[내용 출처] http://news.naver.com/main/read.nhn?mode=LSD&mid=sec&sid1=104&oid=003&aid=0002
848102

[내용 출처] http://www.kasc.re.kr/information/webzin.php?board_code=board_view&board_
idx=24&page=10&start_page=0&Category=&order_type=RegDate&align=desc&sF=&sT=&
date_idx=10&mode=shop_board_webzine

4. 유망 기술 트렌드(2010)
— 하이프 사이클(Hype Cycle)을 중심으로

2010년은 이전보다 더욱 많은 유망 기술들이 출현한 한 해였습니다. 아직까지 대중에게 알려지지 않은 기술들이 새롭게 등장했는데, 갈수록 기술 발전 속도가 빨라지고 있음을 실감합니다. '부풀어 오른 기대의 정점'에 도달한 기술로는 3차원 평면 패널 TV(3D Flat-Panel TV), 4G 표준(Standard), 활동 내역 목록

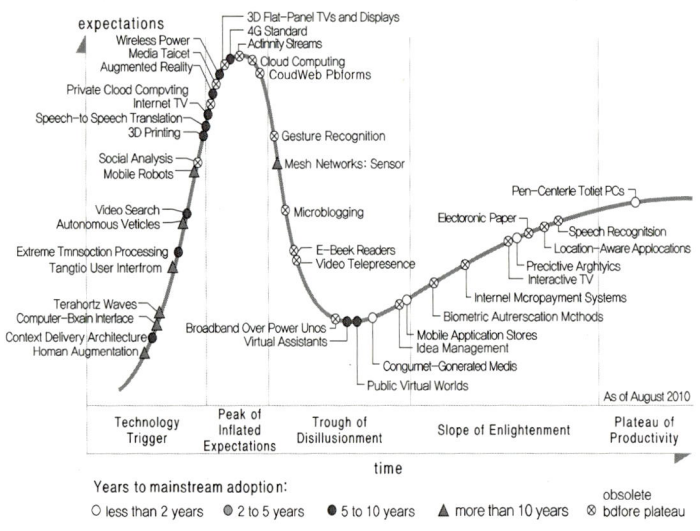

〈그림 7-31〉 2010년 유망 기술 하이프 사이클[1]

---

1) http://www.gartner.com/hc/images/205757_0001.gif;pvb3e071d23e611712

<그림 7-32> 안경 없는 3D TV 예[2]

(Activity Streams) 등이 있습니다. 클라우드 컴퓨팅 역시 많은 기대와 과대 포장 과정을 겪으며, 이제 막 '환멸의 터널'로 접어드는 고통을 맛볼 준비를 하고 있습니다(<그림 7-31> 참조).

3차원 TV가 2010년 초 본격적으로 출시되었고, 삼성이 북미 시장에서 압도적인 점유율을 기록하고 있지만, 그 인기가 점차 꺾이고 있다고 합니다. 3D 콘텐츠의 부족도 한 몫을 하고 있지만, 아무래도 안경을 착용하고 봐야 하는 불편함은 집에서 편히 휴식하려는 사람들에게는 분명 거추장스러운 물건임에 틀림없습니다. 결국 3차원 평면 TV의 성공은 자연스럽고 편안하게 시청할 수 있게 해줄 수 있느냐가 관건이라고 볼 수 있습니다. 2010년 12월부터 도시바가 세계최초로 안경 없는 3차원 TV를 양산할 계획이라고 하니[3] 앞으로의 기술 경쟁이 한층 치열해질 것이며, 결국 TV 기술을 한 단계 끌어올릴 것으로 기대합니다

---

2) http://thumb.mt.co.kr/06/2010/10/2010100508535819935_1.jpg
3) 도시바, 세계최초 안경 없는 3D TV 양산, 머니투데이, 2010년 10월 5일.
 (http://www.mt.co.kr/view/mtview.php?type=1&no=2010100508535819935&outlink=1)

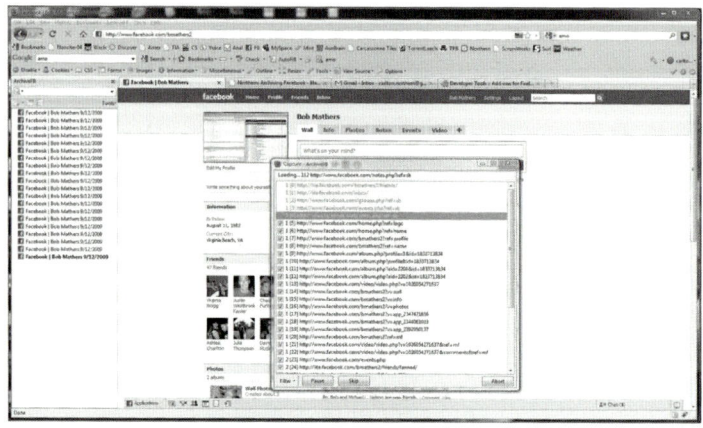

〈그림 7-33〉 페이스북에서의 활동 내역 목록 예[4]

(＜그림 7-32＞ 참조).

4세대 광대역 무선 통신 서비스인 4G는 종종 Mobile-WiMAX나 LTE(Long Term Evolution) 등 4세대 이전 기술들로 표현되기도 하는데, 엄격히 말해서 이들은 고속 이동시에 초당 100Mbit, 저속 이동 시에 초당 1Gbit의 데이터 전송 속도를 요구하는 국제 전기 통신 연합(ITU: International Telecommunication Union)의 요구 사항에 미치지 못하기 때문에 4G라고 볼 수는 없습니다. LTE-Advanced와 WirelessMAN-Advanced라는 두 개의 표준이 진행 중인데 향후 4G가 표준화되고 상용화되면 언제 어디에서나 인터넷과 끊임없이 연결되는 유비쿼터스 (Ubiquitous) 세상이 본격적으로 실현될 수 있을 것입니다. 물론 이것이 우리 삶을 여유롭게 해줄지 피곤하게 해줄지는 여러분들의 선택에 달려 있겠죠.

활동 내역 목록이나 원어인 Activity Streams가 우리에게 그리 친숙하지 않은 용어임에는 틀림이 없습니다만, 페이스북(Facebook)이나 트위터 등 소셜 미

---

4) http://aboutonlinetips.com/wp-content/uploads/2009/10/archive-facebook.jpg

디어에 비추어 본다면 이미 일상에 들어와 있는 기술이라고 할 수 있습니다 (<그림 7-33> 참조). 활동 내역 목록은 일반적으로 하나의 웹 사이트[예: 페이스북의 News Feed, 마이스페이스(MySpace), Salesforce.com의 Chatter, Traction TeamPage나 Ektron의 목록 등]에서의 한 개인에 대한 최근의 활동 내역이라고 정의할 수 있습니다. 네이버 블로그에서 최근에 올린 글들과 무슨 차이가 있을지 생각해 보겠습니다. 네이버 블로그에서는 마이크로블로깅 수준으로 자주 글을 올리기 어려울 뿐만 아니라 잘 정리해서 올리다 보니 그 사람의 리얼한 생각을 파악하는 게 쉽지도 않습니다. 그 사람이 처한 상황에서 1~2문장 크기로 계속 올라오는 글들은 심경 변화나 최근의 관심 사항을 파악하는 데 큰 도움을 줄 수 있기 때문에 소셜 커머스나 개인화 서비스에 적극 활용할 수 있는 중요한 단서가 될 수 있습니다. 우리나라에서도 일부 검색, 전자상거래 기업들이 활동 내역 목록을 분석하고 이를 비즈니스 모델에 반영하려는 시도를 하고 있습니다. 본인이 원하든지 원하지 않든지 누군가 그 정보를 분석하기 시작하고 있다는 점에서 빅브라더(Big Brother)의 출현이 머지않았음을 느끼게 됩니다.

새롭게 유망 기술로 진입했고, 주류 기술로 자리 잡기까지 10년 이상의 시간이 필요한 몇 가지 기술들을 살펴보겠습니다. 컴퓨터-뇌 인터페이스(Computer-Brain Interface), 테라헤르츠파(Terahertz Waves), 체감형 사용자 인터페이스(Tangible User Interfaces), 자율 주행 차량(Autonomous Vehicles) 등이 그 주인공입니다. 일단 명칭들만 봐도 미래 세계를 주제로 한 영화에서나 나옴직스러운 것들이라는 것을 한눈에 아실 수 있을 겁니다.

컴퓨터-뇌 인터페이스는 두뇌 활동을 통해 일어나는 뇌파를 감지해서 컴퓨터나 로봇을 제어할 수 있는 시그널로 바꿈으로써, 물체를 움직이거나, 글을 쓰거나, 문을 열거나, TV 채널을 바꾸거나 하는 등의 가정에서 일상적으로 필요한 행위들을 수행할 수 있게 해줍니다(<그림 7-34> 참조). 중요한 응용 분야 중 하나는 전신이 마비된 환자들이 다른 사람들과 대화하고 컴퓨터를 사용할 수 있게 하는 것입니다. 염력이나 전음 등의 초인간적 행동을 가능할 수 있게 하는 놀라운 기술입니다.

테라헤르츠파는 300기가헤르츠(3×10^{11} Hz)의 마이크로파 영역과 3,000기가헤르츠(3×10^{12} Hz or 3 THz)의 적외선 영역 사이의 영역에 해당하는 주파수를 가지는데, 의복, 종이, 골판지, 나무, 벽돌, 플라스틱, 세라믹 등 비전도체와 안개, 구름까지도 투과할 수 있는 특성을 가지고 있어 그 응용 범위가 상당히 넓습니다. 예를 들어, X선은 세포나 DNA에 피해를 주어 많은 양이나 오래 쐬는 것을 엄격히 금지하고 있지만, 테라헤르츠파는 세포나 DNA에 피해를 주지 않기 때

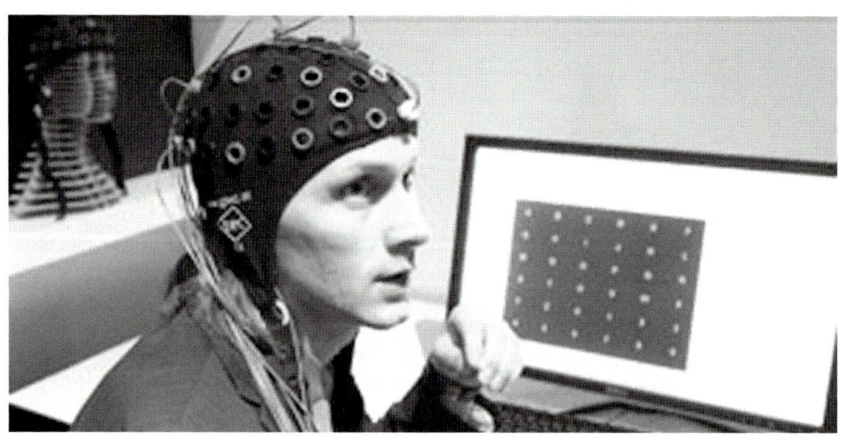

〈그림 7-34〉 컴퓨터-뇌 인터페이스 중 하나인 g.BCIsys를 착용하여 시연하는 예[5]

---

5) http://90.146.8.18/bilderclient/CE_2009_Opening0146_146_m.jpg

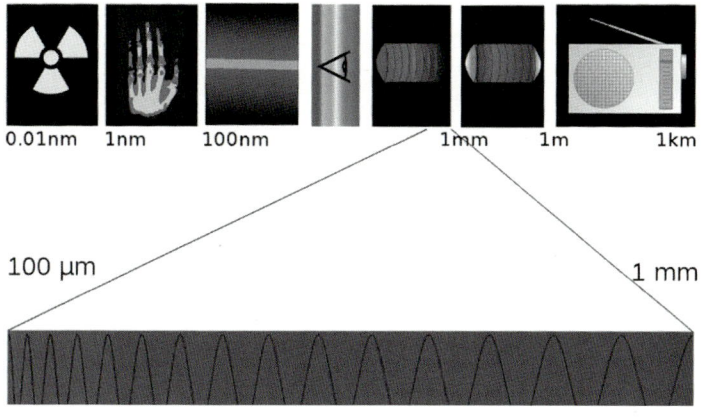

〈그림 7-35〉 적외선과 마이크로파 영역 사이에 위치한 테라헤르츠파[6]

문에 좀 더 안전한 의료기기에서 활용될 수 있습니다. 또한 의류, 플라스틱 등도 투과할 수 있기 때문에 감시 카메라 등 보안에도 활용할 수 있으며, 수증기를 통과할 수 있어 항공기, 위성 간 통신에서도 활용 가능합니다. 이 외에도 제품의 품질 관리와 상품 검사 등에도 널리 활용될 수 있는 강점이 있습니다.

체감형 사용자 인터페이스는 일상의 사물들을 만지고 움직임으로써 상호 작용을 유발하는 인터페이스라고 정의할 수 있습니다. 즉, 모든 사물들이 은 연중 동작할 수 있는 미디어가 될 수 있기 때문에, 자연의 모든 것이 사물 자체 가 아닌 인터페이스 대상이 될 수 있다는 것을 의미합니다. 그렇지만, 제가 설명 해 놓고도 상당히 어렵습니다. 현재의 사용자 인터페이스는 시각, 청각, 촉각, 미각, 후각 중 시각과 청각에 주로 초점을 맞추고 있습니다. 눈으로 디스플레 이를 보고 음악을 귀로 듣는 게 주된 상호 작용의 예입니다. 향기가 나는 TV가 개발 중이라는 얘기도 들리고 있고, 진동의 전달을 통해 감각을 자극하는 햅틱

---

6) http://en.wikipedia.org/wiki/File:Spectre_Terahertz.svg

〈그림 7-36〉 증강 현실과 결합된 체감형 사용자 인터페이스 예[7]

〈그림 7-37〉 반응형 멀티 터치스크린 기반의 체감형 사용자 인터페이스 예[8]

---

7) http://www.trendbird.co.kr/attach/1/1055891970.jpg
8) http://upload.wikimedia.org/wikipedia/commons/e/e3/Reactable_Multitouch.jpg

인터페이스(Haptic Interface)도 휴대전화의 여러 응용 프로그램들이나 게임으로 개발되었습니다. 사용자 인터페이스에서의 궁극적인 목표 중 하나가 오감을 모두 활용해서 상호작용하는 것인데, 체감형 사용자 인터페이스가 중요한 역할을 할 것으로 보입니다(<그림 7-36, 7-37> 참조).

체감형 사용자 인터페이스는 최근 상영된 영화 「아바타」에서 샘 워싱턴이 보여주었던 인터페이스와 같은 것을 말합니다(<그림 7-38> 참조). 또한 사용자의 동작에 따라 직접 프로그램을 제어하여 신체의 움직임을 최대한 반영하는 인터페이스로 닌텐도의 Wii가 개발되면서 게임에서 체감형 인터페이스가 부각되기 시작하였으며, 다양한 감각을 활용하는 인터페이스 개발이 확대되는 추세입니다. Wii를 비롯한 3축 가속도 센서가 내장된 인터페이스를 사용하는 게임 모듈들은 방향키를 사용하던 기존의 인터페이스 방식과는 달리 사용자의

〈그림 7-38〉 영화 「아바타」의 한 장면[9]

---

9) http://www.ecorazzi.com/wp-content/uploads/2010/03/avatar_tree1.jpg

모션에 따라 활동량을 필요로 하는 게임에 적용되어 사용자에게 게임으로부터 운동의 효과 및 몰입감을 제공합니다. 한편, 생체 신호를 기반으로 하는 인터페이스 기술은 국내외적으로 많은 연구들이 이루어지고 있으며 근전도, 심전도 및 뇌파와 같은 생체 신호를 이용할 수 있습니다. 그중에서도 표면 근전도를 이용하면 근육의 움직임을 통하여 게임에 필요한 구동 명령들을 생성하는 것이 가능해 집니다. 가속도 센서를 이용하여 모션만을 인식하는 방법에 비하여 직접 근육의 생체 신호를 이용할 경우, 운동의 효과는 방향에 대한 정보 외에도 근육에서 나오는 다양한 정보를 관찰할 수 있으므로 더욱 효과적입니다. 최근 근전도 신호를 통하여 손가락의 움직임을 분류하고 이를 기타 프릭스 게임에 적용한 연구도 있습니다(<그림 7-39> 참조).

오래전에 많은 사랑을 받았던 「전격 Z 작전 키트」를 기억하시는지요. 키트는

〈그림 7-39〉 근전도를 이용한 기타 연주 게임[10]

---

10) http://www.youtube.com/watch?v=6_7BzUED39A

주인공과 대화도 하고 원하는 목적지까지 알아서 주행하는 자율 주행 차량이었습니다. 스스로 주차하는 자동차도 출시가 되었는데[11], 앞으로는 스스로 목적지까지 사고 없이 갈 수 있는 자동차도 탄생할 것입니다. <그림 7-40>은 레이저나 레이더, GPS 등 센서와 기기들을 이용하여 차간거리를 조절하고 목적지까지의 거리를 자동으로 계산해서 주행하는 자동차들을 보여 주고 있습니다. 요즘 자동차들은 이미 기계적 메커니즘에 의해 동작한다고 얘기하기 무색할 정도로 컴퓨터에 의해 거의 모든 부분들이 제어되고 있습니다. 스마트폰처럼 각종 센서들을 장착하게 되면 좀 더 정교하게 제어될 수 있을 뿐만 아니라 스스로 상황을 판단해서 주행하게 될 것으로 보입니다. 최근에는 무인 자율주행차량 개발을 위한 경진 대회도 열리고 있습니다. 무인 자율주행차량의 경우는 사람이 차량 제어에 개입할 수 있는 일반적인 '무인 자동차'와는 달리 센서,

〈그림 7-40〉 각종 센서들을 장착한 자율 주행 차량 예[12]

---

11) 스스로 주차하고 알아서 멈추고… CAR~ 정말 똑똑하네, 한국경제신문, 2009년 6월 11일.
   (http://www.hankyung.com/news/app/newsview.php?aid=2009061094221)
12) http://www.cy-clops.com/images/autonomous_vehicle.png   http://superpositioned.com/files/stanley.jpg

카메라와 같은 '장애물 인식장치'와 GPS 모듈과 같은 '자동 항법 장치'를 기반으로 조향, 변속, 가속, 브레이크를 도로환경에 맞춰 스스로 제어해 목적지까지 주행할 수 있는 차입니다. 이번에 국내 기업에 의해 처음 공개된 '투싼 무인자율 주행차'는 장애물 인식장치인 카메라와 센서, 자동항법장치인 GPS센서 등을 통해 차량이 판단해 핸들을 작동하고 변속 및 가속, 브레이크를 스스로 제어하면서 최고 속도 80km/h로 달릴 수 있도록 개발되었다고 하니 이제 가족과 같이 편하게 즐기면서 운전 부담 없이 장거리 여행을 할 수 있는 시대가 도래하지 않을까 합니다.[13]

'환멸의 터널' 단계로 들어서고 있는 센서 메시 네트워크(Mesh Networks: Sensor)는 저전력 통신을 사용하는 수많은 센서 노드들로 구성된 네트워크로서 네트워킹, 컴퓨팅, 센싱 기능을 가지고 있습니다. '버즈 두바이'에도 메시 네트워크가 적용된 것으로 알려져 있는데, 통신 인프라가 제대로 갖추어지지 않은

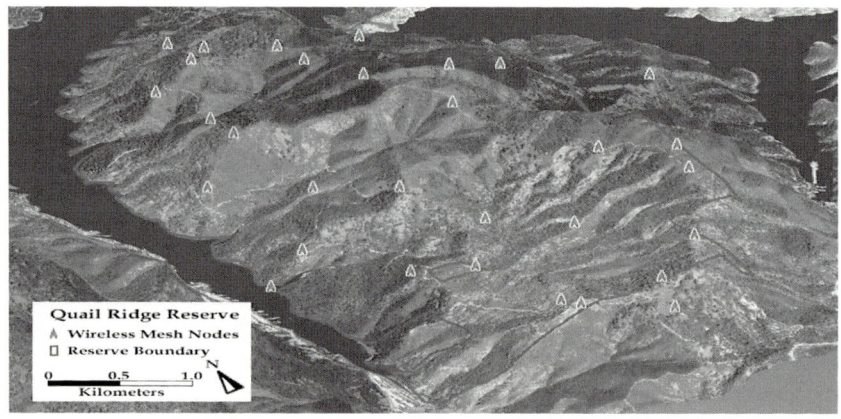

〈그림 7-41〉 산악 지대에 설치한 메시 네트워크 예[14]

13) http://article.joinsmsn.com/news/article/article.asp?total_id=4619083&cloc=rss|news|total_list
14) http://qurinet.cs.ucdavis.edu/images/aerial_nodes.jpg

소외된 지역 등에서 몇 년간 새로운 전력 공급이 없더라도 건물 내 온도, 전력 조절, 공장 시설 모니터링, 프로세스 관리, 침입 탐지, 공공시설 관리 등에 다양하게 활용될 수 있다는 장점을 가집니다.[15] 메시 네트워크에서는 센서 노드들이 다른 여러 노드들과 다중으로 연결되어 있어 동작 불능이 된 센서 노드들이 발생해도 유연하게 대처가 가능하기 때문에 네트워크의 신뢰성을 높일 수 있습니다.

이 외에도 2006~2009년까지 언급되었던 유망 기술들이 계속 발전하고 있습니다. 전자 종이, 생체 인증 기술 등은 이미 주류 기술로 자리 잡을 준비를 하고 있고, 비디오 화상회의, 전자책, 동작 인식 등은 대중을 대상으로 한 상용화 진입을 위해 한창 준비 중에 있습니다.

---

15) http://www.anto.kr/major/289

◎ 라이프 로깅(Life Logging)

라이프 로깅(Life Logging)은 일상생활에서 일어나는 모든 순간을 텍스트, 음성, 영상 등을 통해 캡처하고 그 내용을 네트워크를 통해 서버에 저장하여, 나중에 PC나 모바일 단말기를 통해 확인하며 정리할 수 있게 하는 서비스를 말합니다.

마이크로소프트 연구소의 수석 연구원 고든 벨은 잠을 자지 않는 시간에는 항상 두 대의 카메라를 목에 걸고 다닙니다. 그는 그중의 하나를 센스캠(SenseCam)이라고 부릅니다. 센스캠은 매년 하루도 빠짐없이 하루 종일 매 20초 전후마다 디지털 사진을 찍습니다. 나머지 카메라 하나는 벨이 오른쪽 버튼을 누를 때만 화상과 영상을 찍습니다. 이것은 마이라이프비츠(MyLifeBits)라고 부르는 프로젝트로 기사, 책, 편지, 메모, 사진, 프레젠테이션, 음악, 가정용 영화와 비디오 테이프에 녹화된 강의뿐만 아니라, 전화 호출, 여러 해 동안의 이메일, 방문한 웹페이지 등 일상생활을 포착해서 보존하고 필요 시 검색하는 서비스를 제공합니다.

또한 라이프 로깅 서비스는 저장된 정보를 통하여 개인의 행동 패턴 또는 삶의 패턴을 분석하여 개인의 구매, 행동에 대한 조언을 할 수 있는 서비스로 확장할 수 있기 때문에 미래 인간의 삶을 향상시킬 서비스로 주목받고 있습니다.

이와 같은 라이프 로깅 서비스는 무선 네트워크에 대한 비용이 비싸고, 모바일 단말기의 한계와 대규모 분산 처리 및 저장 시스템이 부족했던 모바일 3G 이하의 시대에는 상상으로만 존재했습니다. 하지만 최근에는 MIMO, OFDM 등의 기술로 발전된 4G 무선 서비스, 스마트폰, 클라우드 컴퓨팅, 가상화, 대용량 분산 파일 시스템 기술들의 발전으로 상용화 단계에 접어들었습니다.

[내용 출처] http://www.idg.co.kr/newscenter/common/newCommonView.do?newsId=59888

[그림 출처] http://online.wsj.com/article/SB124537742433730231.html

◎ 소셜 커머스(Social Commerce)

소셜 커머스는 '소비자의 경험을 소셜 네트워크와 실시간으로 공유하는 전자상거래의 일종'으로 포괄적이고 광범위한 개념으로 SNS 서비스를 이용한 공동구매 사이트라고 생각하면 됩니다. 요즘 소셜 커머스 사이트들이 많은 인기를 얻고 있는데, 이는 수많은 소셜 커머스 사이트들을 간편하게 살펴볼 수 있고 신뢰성 있는 다른 소비자들의 평가를 통해 합리적인 구매 결정을 할 수 있기 때문입니다. 이와 같은 소셜 커머스는 크게 아래의 네 가지 유형으로 구분해 볼 수 있으며, 경우에 따라 각각의 유형이 결합되기도 합니다.

◦ 소셜 링크형

커머스 사이트에 소셜 네트워크로 이동할 수 있는 버튼 형식의 링크를 게재하는 방식입니다. 버튼을 클릭하면, 웹문서의 웹링크가 생성되어 해당 소셜 네트워크 글쓰기에 자동으로 삽입되거나, 자신의 소셜 네트워크에 웹문서가 그대로 복사되어 게시물로 생성되게 됩니다. 소셜 커머스의 가장 기본적인 유형으로 '셰어디스(Share This)' 등을 통하면 아주 손쉽게 적용할 수 있습니다.

◦ 소셜 웹형

커머스를 소셜 네트워크와 적극적으로 결합하는 것으로, 커머스 사이트 안에서도 소셜 네트워크의 기능을 구현해주는 방식입니다. 커머스 사이트에서 이뤄지는 소비자의

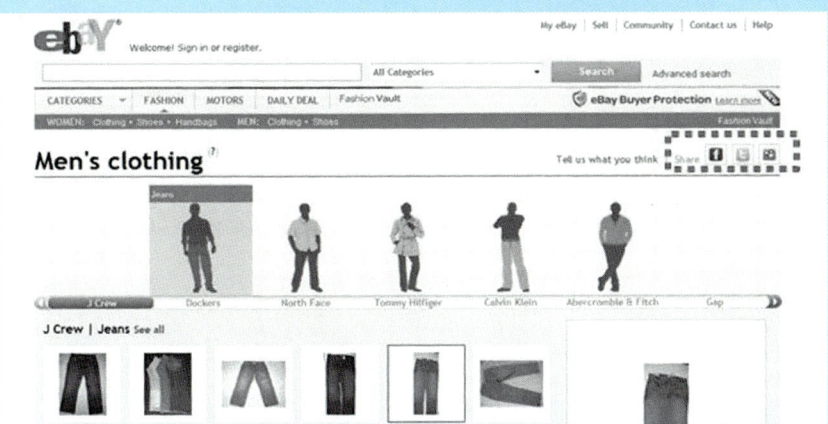

〈그림 1〉 소셜 링크형 소셜 커머스 사이트

구매, 평가, 리뷰 등의 활동이 소비자의 소셜 네트워크에 자동으로 반영되어, 친구들과 공유됩니다. 또한 같은 소셜 네트워크의 친구들이 커머스 사이트에서 어떤 활동을 하는지 보여 줄 수도 있습니다. '리바이스'처럼 페이스북의 플러그인을 적용한 사이트나, 게시물을 작성하면 자동으로 트위터로 배포되는 기능을 적용한 사이트들이 대표적인 사례입니다.

∘ 공동구매형

공동구매 사이트가 소셜 네트워크와 결합한 형태입니다. 제품별로 정한 최소 구매 수량이 달성되면 엄청난 할인 혜택을 받을 수 있도록 하여, 소비자들로 하여금 적극적으로 소셜 네트워크를 통해 친구들을 공동구매에 참여시키게 합니다. 초대한 친구가 회원 가입을 하거나 제품을 구매하면, 현금 또는 포인트를 적립해 주는 인센티브 프로

<그림 2> 소셜웹형 소셜 커머스 사이트

그램을 운영하기도 합니다. 그루폰, 위폰 등이 대표적인 사례입니다.

∘오프라인 연동형

오프라인 공간을 네트워킹이 가능한 단말기로 소셜 네트워크와 연결시키는 유형입니다. 포스퀘어, 고왈라, 런파이프 등 위치기반 서비스를 활용하여 소비자의 오프라인 상점에서의 경험을 모바일로 소셜 네트워크에 확산시키는 방식과 매장에 비치한 컴퓨터로 바로 소비자의 소셜 네트워크에 접속할 수 있도록 한 디젤의 프로모션 등이 이 유형에 해당합니다.

〈그림 3〉 공동구매형 소셜 커머스 사이트

5. 유망 기술 트렌드
— 여러 기관들의 예측을 중심으로

유망 기술들은 보는 관점에 따라 얼마든지 바뀔 수 있습니다. 어느 기관에서 어떤 전문가들이 분석하느냐에 따라 선정되는 유망 기술들이 바뀔 수 있기 때문입니다. 그렇기 때문에 한 기관의 유망 기술들을 알아보는 것보다 여러 기관들의 유망 기술들을 같이 비교해 보는 것이 좀 더 객관적인 시각을 가지는 데 도움을 줄 것입니다. 그런 의미에서 가트너(Gartner)[1], 인포월드(InfoWorld)[2], 호리즌 기술보고서(HorizonWatching)[3], ReadWriteWeb[4], 삼성 SDS를 중심으로 그들이 제시한 유망 기술들을 살펴보겠습니다.

가트너에서는 매년 IT(Information Technology) 분야의 10대 전략 기술을 발표하고 있습니다. 최근 3년간의 전략 기술을 비교하면 최근의 기술 트렌드를 이해하는 데 도움이 되겠네요(<표 7–1> 참조).

---

1) http://www.gartner.com
2) http://www.infoworld.com
3) http://www.horizonwatching.typepad.com/
4) http://www.readwriteweb.com/

<표 7-1> 가트너 2009~2010년 10대 전략 기술 비교

	2009년	2010년	2011년
1	가상화 (Virtualization)	클라우드 컴퓨팅 (Cloud Computing)	클라우드 컴퓨팅 (Cloud Computing)
2	클라우드 컴퓨팅 (Cloud Computing)	고급 분석 기술 (Advanced Analytics)	모바일 앱 및 미디어 태블릿 (Mobile Applications and Media Tablets)
3	서버 이상의 블레이드 (Servers—Beyond Blades)	클라이언트 컴퓨팅 (Client Computing)	소셜 커뮤니케이션 및 협업 (Social Communications and Collaboration)
4	웹 기반 아키텍처 (Web—oriented Architecture)	그린IT (IT for Green)	비디오 (Video)
5	엔터프라이즈 매시업 (Enterprise Mashups)	데이터센터 재구성 (Reshaping the Data Center)	차세대 분석기술 (Next Generation Analytics)
6	특화 시스템 (Specialized System)	소셜 컴퓨팅 (Social Computing)	소셜 분석기술 (Social Analytics)
7	소셜 소프트웨어 및 소셜 네트워킹(Social Software, Social Networking)	보안—액티비티 모니터링 (Security—Activity Monitoring)	상황인식 컴퓨팅 (Context—Aware Computing)
8	통합 커뮤니테이션 (Unified Communications)	플래시 메모리 (Flash Memory)	스토리지 클래스 메모리 (Storage Class Memory)
9	비즈니스 인텔리전스 (Business Intelligence)	가용성을 위한 가상화 (Virtualization for Availability)	유비쿼터스 컴퓨팅 (Ubiquitous Computing)
10	그린IT (GreenIT)	모바일 애플리케이션 (Mobile Applications)	패브릭 기반 인프라 및 컴퓨터(Fabric—based Infrastructure and Computers)

<表 7-2> 가트너의 10대 전략 기술(2010년)[5]

	기술	설명
1	클라우드 컴퓨팅 (Cloud Computing)	인터넷 공간에 분산된 IT 활용 애플리케이션을 자유롭게 쓸 수 있는 기술로 2008년부터 꾸준히 주요 화두에서 투자 우선순위로 부상.
2	고급 분석 기술 (Advanced Analytics)	광범위한 BI 투자보다 BI 수준을 한 단계 업그레이드할 수 있는 기술로 사업 프로세스와 의사결정의 최대 효과를 도모하는 전략으로 부상.
3	클라이언트 컴퓨팅 (Client Computing)	호스팅 방식의 가상 데스크톱 등 가상화 기반의 새로운 컴퓨팅 방식을 의미하며, 최근 국내에서도 급격히 부상.
4	그린 IT (IT for Green)	에너지 절감에 활용되는 IT 전략 기술로 IT가 기업의 에너지 효율화를 위해 기여해야 함을 강조.
5	데이터 센터의 재구성 (Reshaping the Data Center)	애플리케이션의 워크로드 비중에 따라 센터 내 전력 소모비용을 감축하고자 하는 전략으로 부상.
6	소셜 컴퓨팅 (Social Computing)	기업들의 자사 내 소셜 소프트웨어와 미디어 사용 및 외부에 대한 기업지원 커뮤니티 및 공공 부문 커뮤니티에 대한 참여와 통합을 위한 투자 증진 전망.
7	보안-액티비티 모니터링 (Security-Activity Monitoring)	다양한 보완적 감시, 분석 툴의 사용 등 민간 및 공공 부문의 수요가 높아지는 부문으로 전망.
8	플래시 메모리 (Flash Memory)	단순히 개인 사용자의 저장매체에서 새로운 발전 단계에 접어들고 있는 기술로 기업, 공공 부문 등 서버 아키텍처의 변화가 도입되는 전략으로 전망.
9	가용성을 위한 가상화 (Virtualization for Availability)	가상화의 동적 이전(live migration)과 같은 장기적인 의미를 갖는 새로운 기술 도입의 희망적 전망.
10	모바일 애플리케이션 (Mobile Applications)	모바일 부분과 인터넷 부문의 융합을 위한 환경 조성의 가속화에 따른 새로운 운영체제 인터페이스와 프로세서 아키텍처 설계에 대한 수요가 급증할 것으로 전망.

---

5) http://www.itglobal.or.kr/m_board/m_board_view.asp?seq=1966&root_code=30007&c_type=s&board_idx=7&gotopage= 5&key_value=&key_type=

<표 7-3> 가트너의 10대 전략 기술(2011년)[6]

	기술	설명
1	클라우드 컴퓨팅 (Cloud computing)	프라이빗 클라우드 서비스 시장이 빠르게 확대될 것으로 전망. 특히 3년 후에는 퍼블릭과 프라이빗 클라우드가 결합된 하이브리드형 클라우드 서비스가 시장을 주도해 나갈 것으로 예상.
2	모바일 애플리케이션과 미디어 태블릿 (Mobile Applications and Media Tablets)	모바일 애플리케이션과 단말기가 개인 사용자를 넘어 비즈니스 도구로 쓰이며 전방위적으로 확산할 것으로 전망. 이 과정에서 모바일 애플리케이션은 현재의 단말·운용체계(OS) 종속적인 폐쇄성을 던져버리고 개방형으로 전환할 것으로 예상.
3	소셜 커뮤니케이션과 협업 (Social Communications and Collaboration)	2016년경이 되면 대부분의 비즈니스 애플리케이션이 소셜 소프트웨어를 비롯한 다양한 소셜 기술과 통합될 것으로 전망. 특히 스마트폰 등 모바일 시장의 급성장은 3N3가 기입 협입과 혁신의 도구로 자리매김하는 데 촉매제 역할을 하게 될 것으로 분석.
4	동영상 (Video)	동영상 기반 커뮤니케이션 시스템·단말기 가격이 내려가고 이를 수용할 수 있는 네트워크 대역폭은 계속 커지면서 동영상이 커뮤니케이션의 '주류(mainstream)'로 올라설 것이라고 예상.
5	차세대 분석 (Next Generation Analytics)	2015년경 글로벌 2000대 기업들을 중심으로 패턴 검색 기술이 빠르게 성장할 것으로 전망. 또한 패턴화를 통해 비즈니스 예측 모델을 만들 수 있을 것으로 예상.
6	소셜 네트워크 분석 (Social Network Analytics)	기업들의 소셜 소프트웨어 애플리케이션으로부터 생성되는 데이터들에 대한 분석의 중요성 증가. 특히, 통신, 은행, 소비재 분야에서 수요가 높을 것으로 전망.
7	상황인지 컴퓨팅 (Context-Aware Computing)	2013년 『포춘』 500대 기업 가운데 절반 이상이 상황인지 컴퓨팅을 도입하고, 2016년에는 세계 모바일 컨슈머 마케팅의 3분의 1이 상황인지 컴퓨팅을 기반으로 이뤄질 것으로 전망.

---

6) http://www.gartner.com/it/page.jsp?id=1454221
http://www.itfind.or.kr/itfind/getFile.htm?identifier=02-001-101130-000011

8	메모리 스토리지 (Storage Class Memory)	데이터 영속성을 갖춘 플래시 메모리가 스토리지 분야에서 널리 쓰일 것으로 전망. 또한 메모리 스토리지의 효과를 극대화하기 위한 데이터 관리정책에 대한 중요성 증가.
9	유비쿼터스 컴퓨팅 (Ubiquitous Computing)	사용자 위치 및 행동 파악에 쓰일 수 있어 또 다른 전략기술인 상황인지 컴퓨팅과 소셜 네트워크 분석 등을 뒷받침하는 요소 기술로 각광. 컴퓨터가 사물 안으로 들어가고 많은 사물과 사물이 상호 통신하는 등의 변화가 일어날 것으로 예측.
10	패브릭 기반 인프라 및 컴퓨터 (Fabric–based Infrastructure and Computers)	IT시스템의 모든 구성요소를 독립 모듈 형태로 만들어 환경 변화에 빠르고 쉽게 대응할 수 있도록 돕는 기술로 시스템을 유연하게 확대·축소할 수 있기 때문에 클라우드 컴퓨팅 환경에 적합. 아직 초기 단계지만 앞으로 3~5년에 걸쳐 급속한 발전을 이룰 것으로 전망.

〈표 7–4〉 인포월드의 향후 10년 동안의 10가지 미래 쇼크[7]

	기술	설명
1	PC에서 클라우드로 (Triumph of the cloud)	앞으로 5년 이내 높은 전력과 공간 비용 때문에 IT 전반이 클라우드 서비스 기반으로 전환. 아마존의 EC2 서비스가 클라우드 서비스 초기 모델.
2	사이보그풍이 대세 (Cyborg chic → Tangible UI)	인간과 기계를 연결하는 인터페이스 확산. 인구의 절반이 사이보그가 되지만, 사람들은 기계의 도움을 받아 생활하고 있다는 사실을 인지하지 못함.
3	완벽한 OS (Everything works)	사용자가 원하는 작업을 에러 없이, 기다림 없이 바로 수행하는 컴퓨터 운영체제.
4	메멕스 시대 (Nothing escapes you)	한 사람의 일생을 기록하는 기기, '메멕스(Memex)' 등장. 당신이 한 말, 당신이 만난 사람, 당신의 동선이 모두 기록되며 검색 가능.
5	대권 잡은 스마트폰 (Smart phones take centre stage)	전화 통화하고 길을 찾을 때나 동영상을 보고 음악을 들을 때 가장 선호하는 기기로 스마트폰 선호. 스마트폰이 일상의 중심으로 자리 잡음.

6	노동 없는 제조업 시대 (Human-free manufacturing)	제조업 부분의 자동화. 이미 미국에서는 제조업이 부흥해도 고용률은 낮아지는 '탈노동화' 시대로 진입. 하지만 완벽한 복지 체제를 구축해 놓지 않는다면, 자동화는 사회를 붕괴시키는 요인.
7	완전한 이미지 인식 (Perfect image recognition)	완벽한 이미지 인식 기술은 들판에서 만난 각종 동식물, 지나가는 사람, 지나가는 신형 자동차 등 어떤 이미지든 그 실체를 밝혀 주는 서비스로 발전.
8	잠들지 않는 '빅브라더' (Big Brother never sleeps)	정부의 감시 시스템이 개개인의 일상을 매일 관찰하고 추적. 어떤 사람들은 개인의 안전을 위해 자동 추적 장치를 스스로 장착.
9	중단 없는 네트워크 (Unbroken connectivity)	언제 어디서나 끊김없이 정보를 주고받는 인터넷 환경.
10	더욱 강화되는 사회교류 (Relationship enhancement)	소셜 네트워크 서비스를 통해서 더욱더 강해지는 사회적 교류.

---

7) http://www.infoworld.com/t/tech-industry-analysis/10-future-shocks-next-10-years-989
http://www.etnews.co.kr/news/detail.html?id=200809240153

〈표 7-5〉 리즌 기술보고서의 6대 주목할 기술(2010년)[8]

채택시기	기술	설명
1년 이하	모바일 컴퓨팅 (Mobile Computing)	휴대용 컴퓨터와 보조장비를 사용해 언제, 어디서나 필요한 정보에 접근할 수 있는 환경을 구현, 물리적·시간적 제약에 구애받지 않고 컴퓨팅 기술을 이용할 수 있는 환경.
	개방형 콘텐트 (Open Content)	오픈 소스 개념을 확장하여 만들어진 개념으로, 문장, 영상, 음악 등의 창작물을 공공이 공유하여 이용할 수 있도록 한 상태. 하지만 라이선스 조건에 따라 그 이용이나 배포 제한 가능.
2~3년	전자책 (Electronic Books)	휴대기기(휴대전화, PMP, PDA 등)나 컴퓨터로 책을 볼 수 있도록 책의 내용을 디지털 정보로 가공하고 저장한 출판물.
	간단한 증강현실 (Simple Augmented Reality)	가상 현실의 한 분야로 실제 환경에 가상 사물이나 정보를 합성하여 원래의 환경에 존재하는 사물처럼 보이도록 하는 컴퓨터 그래픽 기법.
4~5년	행동 기반 컴퓨팅 (Gesture-based Computing)	사람과 컴퓨터의 상호작용으로 손동작, 얼굴 추적, 안구의 움직임 등 사람의 몸짓을 이용한 컴퓨터. 장애인 및 어린이들이 컴퓨터에 좀 더 쉽게 접근 가능.
	비주얼 데이터 분석 (Visual Data Analysis)	대용량 데이터에서 데이터들 간의 관계 및 패턴을 발견해 시각적으로 표현하는 기술. 최근 과학적 데이터 분석을 위해 활용되며, 판독 및 데이터 표현 기술의 발전으로 실시간 응용 및 연구에 활용되기 시작.

8) http://www.facultyfocus.com/articles/trends-in-higher-education/2010-horizon-report-identifies-six-technologies-to-watch/

	기술	설명
1	사설 클라우드 (Private Cloud)	기업의 방화벽 외부에 존재하는 공개 클라우드를 대체하기 위해서 사설 클라우드 운영.
2	가상화 (Visualization)	가상화를 통해 비즈니스 모델, 운영 구조와 비즈니스 프로세스가 활성화되는 방법으로 신속하게 변경 사항을 설정할 수 있기 때문에 비용 절감에 유리.
3	소셜 사업 (Social Business)	사회 공동 작업 방식의 사업이 실시되고, 사회 기능들이 모든 단일 웹 사이트에서 모두 내장되어 구현.
4	모바일 컴퓨팅 (Mobile Computing)	스마트폰 채택이 증가함에 따라 응용 프로그램 인프라가 더 정교화되고, 모바일, 메시징을 넘어서 사업 영역 확대.
5	저장장치 동향 (Storage Trends)	동영상, 사진, 오디오, 소셜 미디어 및 기타 구조화되지 않은 데이터의 거대한 성장으로 저장 기술 발달.
6	고급 비즈니스 분석 (Advanced Business Analytics)	미래의 행동과 사건을 예측할 수 있도록, 분석 기술이 발달하고, 비즈니스 리더는 능동적인 반응 전략 채택 가능.
7	개인화 웹 (The Personalized Web)	개인화된 온라인 경험과 마케팅 분석을 통해 얻은 통찰력을 기반으로 개인화 기술이 발달.
8	동영상 기반 비즈니스 프로세스 (Video-enabled Business Processes)	비주얼 커뮤니케이션을 중심으로 사업 결정과 공동 작업, 이를 통한 컨설팅 등 다양한 요구 사항 처리 가능.
9	서비스 지향 구조 (Service Oriented Architecture)	서비스 지향 기업은 사업 능력과 유연성의 증가로 인해서 제품과 서비스, 고객 대응 및 고객 만족을 위한 효율적인 구조 획득.
10	지속가능성 및 IT (Sustainability and IT)	지속 경향이 큰 기술은 에너지 낭비를 제거하는 데 큰 역할을 할 수 있으며, 기업들이 지속 가능한 방식으로 상품과 서비스를 배포함으로써 고객들은 에너지를 안전하고 재생 가능한 자원으로 사용.
11	위험 관리 (Risk Management)	위험 관리를 통해 보다 안전환 비즈니스 운영 환경을 제공하기 위한 기술 요구.

---

9) http://horizonwatching.typepad.com/horizonwatching/2010/12/horizonwatching-top-it-technology-trends-for-2011.html

	기술	설명
1	구조화된 데이터 (Structured Data)	여러 개의 단순 데이터가 어떠한 구조를 가지고 모여서 이루어진 복합적인 데이터.
2	실시간 웹 (Real-time Web)	사용자들로 하여금 창작자가 정보를 만들어내는 즉시 수신할 수 있도록 하는 기술. 페이스북의 뉴스피드나 트위터가 성공적인 실시간 웹서비스의 예.
3	개인화 (Personalization)	웹사이트에서 사용자 개인의 특성과 기호에 맞게 페이지 화면을 편집하여 볼 수 있는 기능. 웹사이트 운영자는 사용자에 대한 정보를 얻고 사용자의 지속적인 이용이나 구매를 얻어낼 수 있게 되며 사용자는 자신에게 가장 알맞은 정보를 편리한 방법으로 획득.
4	모바일 웹/ 증강 현실 (Mobile Web/ Augmented Reality)	이동 단말기에서 일반 웹에 접속할 수 있는 브라우징 기술 및 실제 환경에 가상 사물이나 정보를 합성하여 원래의 환경에 존재하는 사물처럼 보이도록 하는 컴퓨터 그래픽 기법.
5	사물의 인터넷 (Internet of Things)	사물 환경이 실시간 웹으로 연결. 정보의 수집 활용이 인간 대 인간관계에서 인간 대 사물관계, 사물 대 사물관계로 변화되어 사물 간 상호 정보교환 제어를 통해 사물 확인, 위치 파악, 모니터링, 원격 조정이 가능.

10) http://www.readwriteweb.com/archives/top_5_web_trends_of_2009_structured_data.php

〈표 7-8〉 ReadWriteWeb의 5대 트렌드(2010년)[11]

	기술	설명
1	모바일 (Mobile)	2011년 새로 출시되는 안드로이드는 다양한 클라우드 기반의 특징들을 가지고 애플에 도전. 애플 또한 2011년 중반까지 새로운 OS를 탑재한 아이폰을 출시할 계획. 디지털 업무 환경, 실시간 협업 및 원격 참여 등의 기술 발달로 온라인 근로가 용이해지면서 모바일의 중요성 더욱 부각.
2	사물의 인터넷 (Internet of Things)	사물정보가 기업경영, 생활영역, 공공서비스 등 각 분야에서 활용되어 전 산업 가치사슬 혁신 및 산업 고도화가 달성. 재난 재해 예보, 환경 방범 시설물 모니터링 등 각종 사회문제 해결로 기업 생산성 제고가 가능해져 국가 경쟁력 강화에 기여.
3	위치 기반 소셜 네트워크 (Location-Based Social Networks)	기존 트위터나 페이스북, 미투데이 같은 SNS에 위치를 접목한 서비스. 언제 어디서든 자신의 위치 정보를 지도 위에 기록하고 다른 사람들과 공유하며 이야기를 나눌 수 있는 서비스 제공. 이를 응용한 다양한 서비스들이 2010년에 이어 2011년에도 큰 활약 예상.
4	실시간 웹 (Real-Time Web)	실시간 웹 기술과 이 기술을 이용한 많은 서비스들이 발달하게 됨에 따라 많은 새로운 정보의 흐름이 형성. 또한, 이러한 정보의 흐름에 접근하기 위해 실시간 검색기술이 부각.
5	구조화된 데이터 (Structured Data)	2011년 기업, 정부 등 광범위한 분야에서 시맨틱 웹이 활용되면서 구조화된 데이터의 중요성 부각.

---

11) http://www.readwriteweb.com/archives/report_the_top_5_trends_of_2010.php

〈표 7-9〉 삼성 SDS의 7대 메가트렌드(2010년)[12]

	기술	설명
1	자유로운 협업 (Ubiquitous Collaboration)	개인들의 의사소통과 관계를 강화해 주는 기술과 서비스가 지속 발전하면서 언제, 어디서나, 디바이스에 상관없는 협업을 통한 창조적인 정보의 생산과 효율적인 업무 수행이 가능.
2	모바일 플랫폼 (Mobile Platform)	커뮤니케이ㅈ션 용도로 사용되던 모바일 디바이스들이 센서, 증강현실, 메타버스 등의 기술을 탑재한 "사용자의 인터페이스 접점"으로 발전하면서 데스크톱 환경에서 존재하지 않던 새로운 형태의 모바일 애플리케이션을 실행하는 플랫폼으로 발전.
3	클라우드 컴퓨팅 (Convergence in Cloud)	클라우드 컴퓨팅에 대한 인식이 확산되고 인프라와 개발 환경이 발전함으로써, 기존의 IT 영역과 전통적인 산업들이 클라우드를 기반으로 상호 융합되어 클라우드 컴퓨팅의 효과를 누릴 수 있는 새로운 서비스 제공 증가.
4	데이터 보안 (Data Privacy)	성능 모바일 디바이스의 확산으로 인해 데이터의 이동성이 증가하고, 클라우드 컴퓨팅의 도입에 따라 데이터가 클라우드로 이전함으로써 개인의 주요 정보 보호와 조직의 업무 연속성을 보장하기 위한 데이터의 관리, 보존, 복구, 소유/접근관리의 중요성 증가.
5	그린 IT (Green by IT)	지구 온난화/환경오염 억제를 위해 IT 자체의 효율을 높여 에너지 소비를 줄이는 Green IT를 넘어, IT를 통해 비IT 영역을 효율적으로 개선하여 온실가스 배출을 감소시키는 시도들이 증가하게 됨으로써, 환경과 에너지 문제를 해결하기 위한 IT의 주체적인 역할이 중요.
6	몰입형 인터페이스 (Immersive Interface)	제품과 서비스의 차별화를 위해 디자인과 사용 방법의 중요성이 증가하고, 가상환경, 증강현실, 동작인식 기술 등이 발전함으로써, 일상적인 행동 양식을 통해 쉽게 사용 할 수 있고, 흥미를 가지고 몰입하게 만들 수 있는 혁신적인 사용자 인터페이스가 지속적으로 등장.
7	지능형 분석 (Predictable Intelligence)	교통, 물류 및 정보통신 기술의 발달로 형성된 글로벌 네트워크 상에서 기업 환경의 불확실성과 복잡성이 증가하게 됨에 따라, 현재와 과거 데이터의 수집, 분석을 통해 신뢰할 수 있는 예측 정보를 생성하여 미래 환경에 능동적으로 대응하게 해주는 정보 처리 기술의 중요성 증가.

---

12) http://www.bloter.net/archives/18675

〈표 7-10〉 삼성 SDS의 8대 메가트렌드(2011년)[13]

	기술	설명
1	소셜비즈니스 (Social Business)	쇼핑, 게임 등 산업과 소셜네트워크의 결합으로 새로운 비즈니스 모델이 출현.
2	몰입형 인터페이스 (Immersive Interface)	사용자가 자신을 서비스 중심에 놓고 몰입할 수 있는 IT 서비스.
3	하이브리드 웹 (Hybrid Web)	개별 OS 기반 애플리케이션과 정보 플랫폼으로 진화해가는 웹이 당분간 공존하는 현상.
4	연결된 디바이스 (Connected Device)	단말기 종류에 관계없이 단말기 간 콘텐츠를 주고받으며 소통하는 것.
5	모바일 클라우드 서비스 (Mobile Cloud Service)	클라우드 컴퓨팅을 축으로 모바일 디바이스를 통한 다양한 서비스 제공.
6	지속적 지능화 (Continuous Intelligence)	대용량 데이터를 예측에 활용해 실시간 대응하는 기술과 서비스.
7	개방형 협업 (Open Collaboration)	스마트 디바이스 확산으로 조직이 외부 협력을 통해 창조적 혁신에 나섬.
8	서비스 주도 네트워크 (Service-driven-Network)	네트워크 서비스 발전(애플리케이션)이 네트워크 인프라(통신망) 발전을 앞당김.

이 외에도 많은 기관들이 유사한 내용들을 제시하고 있는데 몇 기관을 살펴보도록 하겠습니다.[14]

---

13) http://news.mk.co.kr/v3/view.php?year=2010&no=577648
14) http://www.itglobal.or.kr/_file/m_board/download.asp?file=iF1001(%B9%CC%B7%A1%BB%E7%C8%B8%C0%
C7% 20%BB%F5%B7%CE%BF%EE%20%B0%A1%B4%C9%BC%BA%B0%FA%20ICT%C0%C7%20%BF%A
A%C7% D2).pdf

◎ 미래 유망기술 전망

◦ 과학기술기획평가원(KISTEP), 2010년 10대 미래 유망 기술

1. 입는 컴퓨터	6. Home Healthcare System
2. 3차원 디스플레이	7. 고효율 휴대용 태양전지
3. 간병 도우미 로봇	8. 스마트원자로
4. 다목적 백신	9. 무선전력송수신기술
5. 유전자 치료	10. Eco—Energy Zero 건축

◦ 한국과학기술정보연구원(KISTI), 2009년 미래 유망 기술

1. 클라우드 컴퓨팅	7. 무선전력전송
2. 에너지 수확기술	8. 메타물질
3. 바이오 전지	9. 바이오 컴퓨팅(생물컴퓨터)
4. 바이오 장기	10. Non CO_2 저감기술
5. 나노치료	11. 스마트 하이웨이
6. 역분화 줄기세포	12. 기후변화 예측/모델링

◦ 삼성전자, 2009년 미래 유망 기술

1. 다이내믹 라디오 액세스 기술	9. 2D·3D 스위처블 디스플레이 기술
2. 초소형 셀기반 적응형 기지국 기술	10. 고휘도/고신뢰성 반도체 조명기술
3. 직감형 UI 기술	11. 심리스 인·아웃도어 포지셔닝 시스템
4. 컴퓨팅 플랫폼 가상화 기술	12. 모바일 파워 제너레이션
5. 친환경 고효율 냉각 기술	13. 에너지 수확 기술
6. 초고속 저전력 반도체 소자 기술	14. 고품질 실리콘 박막 고속증착 기술
7. 실리콘 나노포토닉스 기술	15. 고성능 초저가 의료영상 기술
8. 초박형 전 유기 OLED 기술	16. 모바일 헬스케어 플랫폼 기술

1. 액체 배터리	6. 레이스트랙 메모리
2. 진행파 반응기	7. 해시캐시
3. 종이 진단기	8. 지능형 소프트웨어 보조수단
4. 생물 모방기기	9. 소프트웨어 정의 네트워킹
5. 100달러 게놈 분석기	10. 나노압전 전자공학

▶ 편의성 효율성 향상을 위한 정보 기술, 건강한 삶을 위한 바이오 기술, 신재생에너지

기술, 저탄소 기술, 인지 기술 등이 주류.

◎ 가트너(Gartner)와 리드라이트웹(ReadWriteWeb)

가트너(Gartner, Inc.)는 미국 IT분야 리서
치 전문업체로 시장조사 및 컨설팅 서비스를
제공합니다. 본사는 미국 코네티컷 주 스탠
퍼드에 위치하고, 가트너의 고객은 대기업 및
정부 기관, IT 기업, 투자 회사 등 다양합니다.
최근 가트너는 안드로이드의 점유율이 25.5%를 기록하였다는 스마트폰의 플랫폼 점
유율과 타블렛이나 스마트폰과 같은 다른 형태의 기기를 주요 컴퓨팅 플랫폼으로 이
용하게 되면서 2010년 전 세계 PC 출하대수가 2009년에 비해 14.3% 증가했고 2011년에
는 15.9% 증가할 것으로 보고했습니다. 또한 2010년 3/4분기의 전 세계 휴대전화 판매량
예상 보고는 얼마 전 Market Research 기관 IDC에서 발표한 내용과 일치했습니다.

네트워킹 블로그인 리드라이트웹(ReadWriteWeb)은 일반적으로 웹 기술과 웹 2.0에
대해 리서치를 하며, 2010년 10월 전 세계 정상 100위 블로그에서 12위를 차지했고 뉴욕
타임스의 기술 뉴스는 리드라이트웹의 정보를 활용하고 있습니다. 또한 리드라이트웹
은 2011년 애플리케이션 시장은 위치기반기술, 재미, 커뮤니케이션 역할을 수행하는 앱
들이 뜰 것이라 전망했습니다. 특히 자동차, 모바일 영상통화, 소셜미디어, 증강현실, 성
인용 콘텐츠를 적용한 앱들이 유행할 것이며, 또한 구글 스마트폰 운영체제를 적용한
안드로이드 제품 확산이 예상돼 안드로이드 마켓을 중심으로 이러한 앱들이 대거 출시
될 것으로 예측했습니다.

|도움 주신 분들|

김평 pyung@kisti.re.kr

2004년 충남대학교에서 텍스트 마이닝 분야로 컴퓨터과학 박사 학위를 취득하였고, 현재 한국과학기술정보연구원(KISTI)에 근무 중이다. 2000년부터 3년간 정보 검색 및 자연어 처리 회사에 근무하면서, 충남대학교와 서원대학교에서 출강하였다. 특허 심사관을 대상으로 IT 신기술 강의를 진행하였으며, 정보 검색과 시맨틱 웹이 주요 관심 분야이다. 현재 한국정보교육학회 이사로도 활발히 활동하고 있는, IT 관련 분야의 신기술 및 기기에 열광하는 얼리어답터이다.

서동민 dmseo@kisti.re.kr

충북대학교에서 정보통신공학으로 박사 학위를 취득하였으며, XML 데이터베이스, 이동객체 데이터베이스, 센서 네트워크, 시공간 색인 등과 관련된 풍부한 이론 및 실무 경험을 보유하고 있다. 한국정보과학회 가헌학술상을 수상하였으며, 한국 RFID/USN 협회 연구논문 공모전에도 입상하였다. 항상 배우는 것을 즐기기 때문에 국내외 논문과 함께 많은 시간을 보내고 있으며, 여가 시간에는 편안한 사람들과 허물없는 술자리를 즐긴다. KAIST 정보전자연구소를 거쳐, 현재는 한국과학기술정보연구원(KISTI)에 재직하면서 시맨틱 웹 연구를 수행 중이다.

이미경 jerryis@kisti.re.kr

경북대학교에서 XML 기술을 연구하여 컴퓨터공학 석사 학위를 취득하였으며, 2002년부터 4년간 한국전자통신연구원(ETRI)에서 지능형 로봇의 지식 추론 관련 연구를 수행하였다. 2005년부터 현재까지 한국과학기술정보연구원(KISTI)에 선임연구원으로 재직하면서 시맨틱 웹 서비스 연구 개발에 몰두하고 있는 자타 공인 미모의 여성 공학자이다.

|지은이|

정한민 jhm@kisti.re.kr ────────────────────────────

POSTECH에서 박사까지 마치고, 한국전자통신연구원(ETRI) 등을 거쳐 현재 한국과학기술정보연구원(KISTI) 책임연구원으로 재직 중이다. 과학기술연합대학원대학교(UST) 겸임교수, 한국콘텐츠학회 이사, ISO/IEC JTC 1/SC 32 전문위원회 위원, 한국정보과학회 컴퓨터지능소사이어티 이사, 한국외국어대학교 초청연구원으로도 활동하고 있으며, 세계 3대 인명사전인 Marquis Who's Who in the World, Cambridge IBC, ABI 등에 모두 등재되었다. 지식경제부 IT 멘토/지식경제 전문가, 녹색기술 로드맵 전문가, 특허청 CPR 기술전문가, 법제처 정책고객 등 여러 정부 부처 내 활동을 통해 과학기술 발전에도 힘을 쏟고 있다. 또한 한국정보과학회, 언어정보학회, 한국콘텐츠학회, 한국HCI학회, 한국인지과학회, 한국외국어대학교 언어연구소 등과 유수 해외 학회들에서 논문지 편집/심사, 학술대회 조직/운영에 직접 관여하고 있는 등 학술 활동에도 왕성하게 참여하고 있다. IT와 관련하여 230여 편이 넘는 국내외 논문과 120여 건이 넘는 국내외 특허 실적을 보유하고 있으며, 특히 지식경제부 장관상과 제1회 '자랑스런 KISTI人 賞' 수상을 통해 대내외적으로 그 연구 성과를 인정받고 있다. 현재 중앙공무원교육원, 국가정보대학원을 비롯한 다양한 학계, 산업계에서 최신 IT 트렌드, 정보통신 기술 등에 대한 세미나와 특강들도 진행하고 있다.

초판발행 2011년 6월 30일
초판 3쇄 2019년 1월 11일

지은이 정한민
펴낸이 채종준
기 획 강태우
디자인 홍은표

펴낸곳 한국학술정보(주)
주소 경기도 파주시 회동길 230 (문발동)
전화 031 908 3181(대표)
팩스 031 908 3189
홈페이지 http://ebook.kstudy.com
E-mail 출판사업부 publish@kstudy.com
등록 제일산-115호(2000. 6. 19)

ISBN 978-89-268-2247-0 13560 (Paper Book)
       978-89-268-2248-7 18560 (e-Book)